自密实再生混凝土材料性能和受弯构件结构性能及设计理论

余芳　姚大立　著

图书在版编目(CIP)数据

自密实再生混凝土材料性能和受弯构件结构性能及设计理论/余芳,姚大立著.—武汉:武汉大学出版社,2023.5

ISBN 978-7-307-23576-2

Ⅰ.自… Ⅱ.①余… ②姚… Ⅲ.再生混凝土—建筑材料—结构构件—结构力学—研究 Ⅳ.TU528.59

中国国家版本馆 CIP 数据核字(2023)第 015794 号

责任编辑:胡 艳　　责任校对:李孟潇　　版式设计:韩闻锦

出版发行:**武汉大学出版社**　(430072 武昌 珞珈山)

(电子邮箱:cbs22@ whu.edu.cn 网址:www.wdp. com.cn)

印刷:武汉邮科印务有限公司

开本:720×1000　1/16　印张:16　字数:262 千字　插页:1

版次:2023 年 5 月第 1 版　2023 年 5 月第 1 次印刷

ISBN 978-7-307-23576-2　定价:55.00 元

前　　言

进入21世纪以来，随着城市化进程的不断推进，我国每年都需要新建和拆除大量的建筑物和构筑物，这就造成一方面混凝土的需求量巨大，自然资源耗竭；另一方面建筑废弃物无处堆放，环境问题日益严重。显然，若能将建筑垃圾回收并重新利用于新建混凝土结构，就能有效缓解资源紧缺和环境污染之间的矛盾。如何解决这个矛盾，也已成为广大科研工作者和土木工程师研究的当务之急。

笔者在大连理工大学攻读博士学位期间，已经意识到了这个问题，同时也查阅了大量文献，找到了一种合适的替代混凝土——再生混凝土。通过不断学习，笔者了解掌握了再生混凝土在力学和耐久方面的相关特性。同时，在学习的过程中，笔者还留意到再生混凝土的浇筑仍然采用以振捣为主的传统施工工艺，并且再生混凝土的耐久性显著低于普通混凝土，这些都给再生混凝土的推广带来了不利影响。结合我国未来人口老龄化的社会问题和现代建筑结构形式复杂多样的特点，笔者认为，单一使用再生混凝土不仅需要更多的人力成本，同时也难以满足建筑结构的构造需求和耐久性要求。因此，笔者构想结合再生混凝土和自密实混凝土的特点，配制一种新型的自密实再生混凝土，使其兼具二者优点，以适应我国未来建筑结构发展的需要。从2014年起，笔者及研究团队成员先后进行了自密实再生混凝土的配制、材料试验和受弯性能试验等研究工作。本书可以视为上述研究工作的总结。

本书系统论述了自密实再生混凝土材料性能和受弯构件结构性能及设计理论。其中，第1章为绪论，简单叙述了自密实再生混凝土的产生和特点，以及自密实再生混凝土梁和预应力混凝土梁的受弯性能分析和设计理论研究的必要性。第2章为自密实再生混凝土材料的基本性能，着重介绍了工作性能、力学性能和抗渗透性能。第3章为自密实再生混凝土梁的受弯性能，重点介绍了力学机理和现有国家标准对受弯梁的适用性。第4章为自密实再生混凝土梁的受剪性能，主要介绍了受剪机理和受剪理论计算公式及构造措施。第5、6章为腐蚀自密实再生混凝土梁受弯性能的试验和理论研究，主要介绍了荷载与腐蚀对自密实再生混凝土梁的锈蚀程度和受弯性能的影响，并介绍了腐蚀自密实再生混凝土梁的受弯承载力、黏结退化系数，以及延性的计算方法。第7、8章为预应力自密实再生混凝土梁的受弯性能和设计方法研究，通过试验研究了预应力自密实再生混凝土梁的受弯性能，并从梁的开裂荷载、受弯承载力、工作挠度和裂缝宽度等方面，计算和探讨中、美及欧各国规范对预应力自密实再生混凝土梁受弯设计计算公式的适用性。通过这些内容，希望引导读者了解自密实再生混凝土受弯构件性能分析的研究前沿。

本研究先后得到了国家自然科学基金青年科学基金项目（51608331）、辽宁省科技厅基金（201601171、201601170、2022-MS-270）、辽宁省教育厅基金（LJKZ0149、LJKZ0151、L2014043）和沈阳工业大学重点科研项目专项基金等多方支持，在此表示诚挚的感谢。

在长期的共同研究进程中，我们的研究生也做出了各自的贡献。具体如下：胡绍金、谢关飞、刘磊等开展了第2章的研究工作，杨卫闯等开展了第3、4章的研究工作，黄潇宇、迟金龙等开展了第5、6章的研究工作，刘云峰等开展了第7、8章的研究工作。在此，对他们的创造性劳动表示真诚的感谢。另外，研究生王敏、朱祥龙和雷东升等承担了本书的资料整理和校对工作，在此一并感谢。

本书自2014年起逐年开展各章节的研究和撰写工作，前后历时8年，书中内容难免有些不当之处，期待读者指出错误并给出建议。

余芳

2022年9月1日

目　　录

第1章　绪　　论

1.1　自密实再生混凝土

1.1.1　自密实再生混凝土的产生

混凝土的历史可追溯到古代，起初是用石膏、石灰和火山灰等胶凝材料配制混凝土，可谓之混凝土的前身。而真正意义上的混凝土，应是从1824年波特兰水泥的发明并以水泥作为胶凝材料生产混凝土开始的。自出现了波特兰水泥后，由于用它配制成的混凝土具有工程所需要的强度和耐久性，而且原料易得，造价较低，特别是能耗较低，因而开始大量地应用于工程。20世纪初，水灰比等学说初步奠定了混凝土强度的理论根基，之后相继出现了轻集料混凝土、加气混凝土等其他混凝土，各种混凝土外加剂也开始使用，这些外加剂的使用，不仅大大提高了混凝土的强度和耐久性，还开创了流动性混凝土的时代。

随着时代的发展，混凝土技术已不再仅仅追求高强度，而是越来越重视其工作性、体积稳定性、耐久性等性能方面，即向高性能方向发展。世界各国对混凝土结构的耐久性问题十分关注，而目前所有混凝土均靠充分振捣来达到密实，满足所需要的强度和耐久性，振捣不良，会大大降低混凝土的最终性能。对此，日本岗村教授提出研究开发自密实混凝土，利用其自身优良的施工性能，保证混凝土即使在不利施工的条件下，也能密实成型，避免因振捣不足而造成的空洞、蜂窝、麻面等质量缺陷。自密实混凝土拌合物良好的工作性不仅是为了满足施工要求，更有利于改善混凝土结构的匀质性，减少原始缺陷，从而保证混凝土的长期耐久性能。

现在世界各地基础建设飞速发展，需要大量的建筑材料，其中混凝土用量最大，与混凝土相关的材料消耗也日益增大。同时，随着建筑物的不断拆除重建，产生了大量的建筑垃圾，造成环境污染，所以对混凝土再生利用的研究与开发便显得尤为重要。据统计，在我国，建筑拆迁所形成的建筑垃圾，已达到城市垃圾的30%~40%，如此庞大数量的建筑垃圾给城市带来巨大环境污染。然而，将废弃混凝土块经过破碎、清洗和分级，按一定比例混合形成再生骨料部分或全部替代砂、石等天然骨料而配制成的再生混凝土，推广其应用于建筑工程，是消耗建筑垃圾的一种有效方法，既能有效地减少自然资源的消耗，又能减轻废弃混凝土对环境的污染，符合"节能减排"的国家战略。

考虑到现下对高性能混凝土的使用需求以及坚持可持续发展的要求，我们提出自密实再生混凝土，即以回收利用的再生骨料替代自密实混凝土的天然骨料配制混凝土。自密实再生混凝土结合了自密实混凝土的性能优势和再生混凝土的节能环保特点，既满足工程需要，解决复杂结构的浇筑难题，提高浇筑质量，从而增大混凝土构件的耐久性，又增大了建筑固废利用率，符合当前可持续发展主题，必将带来更高的社会效益和经济效益。

1.1.2　自密实再生混凝土的特点

再生骨料虽然可以弥补天然骨料不足的现状，有效保护环境和国土资源，但再生骨料棱角多、表面粗糙、组分中还含有硬化水泥砂浆，再加上混凝土块在破碎过程中因损伤累积在内部造成大量微裂纹，导致建筑垃圾再生骨料自身的孔隙率大、吸水率大、堆积空隙率大、压碎指标值高、堆积密度小，性能明显劣于天然骨料。因此，自密实再生混凝土的混凝土性能也会因再生骨料的缺陷而有所不同。

1. 新拌混凝土性能

流动性是自密实混凝土与传统振捣混凝土的主要区别特性，流动性主要通过坍落度试验、J型环试验、V-漏斗试验等试验测试。再生骨料的使用会影响自密实混凝土的流动性，而对再生骨料如何影响流动性，有不同的解释：第一，再生骨料会降低自密实混凝土的流动性，其中再生骨料取代率越大，混凝土拌合物的黏度越大，流动性越低，这是由于再生骨料具有较高的吸水率造成的；第二，自密实混凝土的流动性会随着再生细骨料掺入量的增加而增大，这是由于这是由于再生细骨料相对于河砂吸水能力较高，随着再生骨料含量的增加，添加了更多的水，并且额外的水可能并没有完全被吸收，因此，多余的水导致了流动性的增加；第三，在相对较小的再生骨料掺入量时，流动性有所增加，这种增加可以归因于拌合料中粗骨料含量较少；对于较高的再生骨料取代率，自密实混凝土的流动性减小，这是由于再生骨料吸水率较高的缘故。

2. 混凝土的力学性能

1)抗压强度

一般来说，在自密实混凝土中加入再生骨料会导致抗压强度降低，这是由于再生骨料的高吸水率引起水胶比增加。但也有研究认为再生骨料掺量对自密实再生混凝土抗压强度影响不大，这是由于再生骨料的高吸水率能够一定程度上降低再生骨料周围界面过渡区的水胶比，增强了界面过渡区的强度，从而增强了混凝土抗压强度。

2)抗拉强度

一般认为，自密实再生混凝土的抗拉强度会随再生骨料掺量的增加而降低，这是由于再生骨料相对于天然骨料的强度较低，再生骨料的掺入会使再生骨料于新砂浆之间形成较弱的界面过渡区。

3)弹性模量

自密实再生混凝土的弹性模量随着再生骨料掺量的增加而减小，这是由于旧的砂浆附着在再生骨料上，并且这种旧的砂浆变形能力较低，以致再生骨料的刚度相对于天然骨料较低。

1.2 自密实再生混凝土梁的性能及设计理论

梁是钢筋混凝土结构的主要构件之一，一般是指承受垂直于纵轴方向荷载的线性构件，梁受到外荷载作用后，在横截面上产生内力，即剪力和弯矩，并且横截面上的剪力和弯矩随截面位置而变化。混凝土梁在荷载作用下可能发生两种破坏，即正截面受弯破坏和斜截面受剪破坏。

1.2.1 梁的受弯性能

钢筋混凝土梁的受弯性能主要表现在构件的承载力、变形和裂缝上，对于受弯构件，承载力主要受混凝土强度、钢筋强度、配筋率和截面尺寸的影响；影响受弯构件变形的因素主要是混凝土抗拉强度、混凝土弹性模量及混凝土的收缩、徐变；而裂缝开展的影响因素主要是钢筋直径、钢筋应力、混凝土强度及混凝土保护层厚度。综上所述，混凝土材料对受弯构件承载力、变形和裂缝等受弯性能均有不同程度的影响，因此自密实再生混凝土的使用，会对此类混凝土受弯构件的力学性能造成影响。

钢筋混凝土构件在主要承受弯矩的区段产生垂直裂缝，若承载力不够，将导致正截面受弯破坏。为防止构件发生正截面受弯破坏，需要保证构件具有足够的受弯承载力，同时，为满足钢筋混凝土受弯构件的适用性和耐久性要求，需要控制裂缝宽度和挠度不超过规定限制。对于钢筋混凝土构件的受弯承载力，主要通过增大截面高度、提高材料强度及增大配筋数量等方式保证。各国规范均以适筋梁正截面受弯破坏特征，结合试验数据并采用半理论半经验的方式建立了构件受弯承载力计算公式，经过计算配置纵向受拉钢筋，并验算构件承载能力是否满足安全要求。对于受弯构件的变形和裂缝宽度，主要通过增大构件截面高度来控制变形，采用直径较小的钢筋来控制构件的裂缝发展。各国规范根据大量试验资料分析，提出了受弯构件的刚度和裂缝经验计算式，并根据工作条件和使用要求给出了裂缝和变形的规范限值，通过验算使裂缝宽度和挠度不超过其限值。

1.2.2 梁的受剪性能

影响受弯构件斜截面受剪性能的因素很多，主要有剪跨比、混凝土强度、箍筋配筋率、纵筋配筋率、斜截面上的骨料咬合力、截面尺寸和形状等。自密实再生混凝土的使用，影响斜截面骨料咬合力、混凝土和钢筋的黏结性能，从而对此类混凝土受弯构件的受剪性能产生影响。

钢筋混凝土构件正截面在弯矩作用下会发生正截面受弯破坏，同时，在剪力和弯矩共同作用的支座附近区段内，还可能沿着斜向裂缝发生斜截面受剪破坏。因此，对钢筋混凝土受弯构件，除保证正截面承载力满足要求外，还必须验算构件的斜截面受剪承载力。为了保证构件的斜截面受剪承载力，要保证构件足够的截面尺寸，纵向钢筋弯起、截断等构造要求及通过计算和构造合理配置腹筋。构件的斜截面受剪性能及破坏机理比正截面的受弯性能及破坏机理复杂得多，通过钢筋混凝土梁受剪性能试验，分析构件破坏形态、受力机理等，为建立受剪承载力计算公式提供依据。各国规范依据剪压破坏特征，采用半理论半经验的方法建立了钢筋混凝土构件受剪承载力计算公式，通过计算配置箍筋或配置箍筋和弯起钢筋来满足受剪承载力要求。

1.2.3　氯盐腐蚀梁的受弯性能

在海港、近海结构中的混凝土构筑物，经常受到海水的侵蚀，海水中的氯离子对混凝土有较强的腐蚀作用，氯盐侵蚀会引起钢筋锈蚀、结构锈胀开裂以及黏结力退化等问题。氯离子侵入混凝土孔隙、微裂缝，并累积在钢筋表面，当钢筋周围的氯离子浓度达到阈值时，钢筋表面的氧化膜即遭到破坏，引起钢筋锈蚀；锈蚀产物体积膨胀引起了作用在混凝土保护层上的锈胀力，当锈胀力增大使得混凝土保护层达到其抗拉强度时，即出现开裂。而裂缝的发展进一步加速了钢筋锈蚀，当锈蚀产物体积膨胀到使锈胀力等于混凝土极限拉应力时，混凝土保护层剥落；由于锈蚀程度的进一步加深，钢筋力学性能、黏结性能下降，导致构件极限承载能力降低最终达到极限状态，构件安全性失效、寿命终结。

在构件整个寿命周期结构性能劣化的不同阶段，由各类不同的性能指标加以反映，包括混凝土内氯离子浓度值、钢筋力学性能指标、混凝土裂缝、挠度、极限承载力等。氯盐侵蚀环境下结构功能将退化，混凝土内钢筋锈蚀导致其自身有效截面积减小，其屈服强度、极限强度与延性等力学性能随之降低，且受钢筋锈蚀程度与锈蚀状态影响显著；锈蚀产物体积膨胀致使保护层混凝土开裂甚至剥落，以致受拉区混凝土提前丧失抵抗能力，梁截面中和轴上移，横截面有效受压区高度减小；由于锈蚀产物削弱了钢筋与混凝土间的黏结力，在荷载作用下引发钢筋滑移，降低构件抗弯性能。由于自密实再生混凝土较普通混凝土更易开裂，所以在氯盐环境下，氯离子更易于沿着裂缝侵入钢筋表面，更易导致钢筋的锈蚀，因此，研究处在氯盐环境中的自密实再生混凝土梁的受弯性能尤为重要。

1.3　预应力自密实再生混凝土梁的受弯性能及设计理论

普通钢筋混凝土构件由钢筋和混凝土自然地结合在一起而共同受荷载作用，但这种构件最大的缺点是抗裂性差，为了改善构件的抗裂性能，预应力混凝土构件应运而生，可减少甚至避免裂缝的出现。预应力混凝土构件在受荷载作用前施加预压应力，来减少或抵消荷载所引起的混凝土拉力，从而提高构件的抗裂性。预应力混凝土梁受到外荷载作用后，与普通混凝土梁的受力过程相似，但其抗裂性好、刚度大，推迟了裂缝的出现。

1.3.1 梁的受弯性能

预应力混凝土有利于改善构件的抗裂性能，而预应力构件受弯性能的研究也比普通混凝土构件复杂得多，影响预应力混凝土构件受弯性能的因素很多，如混凝土材料、预应力筋配筋率、受拉钢筋配筋率、构件尺寸和张拉控制应力等。自密实再生混凝土的运用，降低了混凝土材料的力学性能，也会对预应力构件的受弯承载力和变形造成影响。预应力混凝土构件的特点是对构件施加预压应力，以提高构件的抗裂能力，减少或避免裂缝的出现，然而自密实再生混凝土的抗裂性较差，对预应力混凝土受弯构件的抗裂能力产生影响。混凝土材料的改变影响了钢筋与混凝土的黏结性能，影响了预应力混凝土构件的裂缝发展。综上，自密实再生混凝土的使用将对预应力构件的承载力、变形及裂缝等受弯性能造成一定的影响。

1.3.2 设计理论

预应力混凝土受弯构件与普通混凝土受弯构件发生类似的破坏，当构件承载力不足时，会导致正截面受弯破坏，因此，要保证预应力混凝土构件的受弯承载力要求，同时为满足正常使用要求，需要控制构件的变形和裂缝在允许范围内，预应力构件对变形和裂缝的要求更高。为使预应力混凝土构件的承载力、变形和裂缝都满足要求，除保证混凝土构件的尺寸、混凝土材料强度及规范的构造要求外，还需通过计算，合理配置受拉钢筋和预应力筋。各国规范均在预应力混凝土构件受弯性能试验的基础上，研究预应力构件的破坏特征、受力特点和应变规律等，采用半理论半经验方法，结合试验数据建立了预应力混凝土构件的受弯承载力、变形和裂缝的计算公式，通过计算配置受拉纵筋和预应力筋来满足承载力要求，并确保预应力构件的变形和裂缝满足使用要求。

参考文献

[1]冷发光，田冠飞，张仁瑜，等．绿色高性能混凝土现状和发展趋势[C]//第三届国际智能、绿色建筑与建筑节能大会论文集．北京：中国建筑科学研究院，2007：22-27.

[2]张晓华，孟云芳，任杰．浅析国内外再生骨料混凝土现状及发展趋势[J].混凝土，2013(7)：80-83.

[3]杨欢，牛季收．自密实高性能混凝土的研究现状[J].硅酸盐通报，2015，34(S1)：207-210.

[4]乔宏霞，关利娟，曹辉，等．再生骨料混凝土研究现状及进展[J].混凝土，2017(7)：77-82.

[5]刘锟，陈宣东，黄达．再生混凝土的研究现状及未来研究趋势分析[J].混凝土，2020(10)：47-50.

[6]Kou S C, Poon C S. Properties of self-compacting concrete prepared with coarse and fine recycled concrete aggregates[J]. Cement & Concrete Composites, 2009, 31(9): 622-627.

[7]Grdic Z J, Toplicic-Curcic G A, Despotovic I M, et al. Properties of self-compacting concrete prepared with coarse recycled concrete aggregate[J]. Construction and Building Materials, 2010, 24(7): 1129-1133.

[8]潘云峰，张思佳，蒋亚清．自密实再生混凝土性能研究[C]//第八届全国混凝土耐久性学术交流会论文集．杭州：河海大学，2012：305-310.

[9]Nili M, Sasanipour H, Aslani F. The effect of fine and coarse recycled aggregates on fresh and mechanical properties of self-compacting concrete[J]. Materials, 2019, 12(7).

[10]向星赟，赵人达，李福海，等．自密实再生混凝土的基本力学性能试验研究[J].西南交通大学学报，2019，54(2)：359-365.

[11]Santos S, da Silva P R, de Brito J. Self-compacting concrete with recycled aggregates — A literature review[J]. Journal of Building Engineering, 2019, 22: 349-371.

[12]Sun Chang, Chen Qiuyi, Xiao Jianzhuang, et al. Utilization of waste concrete recycling materials in self-compacting concrete[J]. Resources Conservation and

Recycling, 2020, 161: 104930.

[13] Revilla-Cuesta V, Skaf M, Faleschini F, et al. Self-compacting concrete manufactured with recycled concrete aggregate: An overview[J]. Journal of Cleaner Production, 2020, 262: 121362.

[14] Martínez-García R, Jagadesh P, Búrdalo-Salcedo G, et al. Impact of design parameters on the ratio of compressive to split tensile strength of self-compacting concrete with recycled aggregate [J]. Materials, 2021, 14 (13): 3480.

[15] 牟新宇，于子浩，鲍玖文，等. 自密实再生混凝土工作及力学性能研究进展[J]. 硅酸盐通报，2022，41(5)：1638-1648.

[16] 陈爱玖，王璇，解伟，等. 再生混凝土梁受弯性能试验研究[J]. 建筑材料学报，2015，18(4)：589-595.

[17] Li Jing, Guo Tiantian, Gao Shuai, et al. Study on effects of different replacement rate on bending behavior of big recycled aggregate self compacting concrete[J]. IOP Conference Series: Materials Science and Engineering, 2018, 322(2): 022032.

[18] 单云宁，王林富，刘力搏. 再生大骨料自密实混凝土梁表观裂缝开展浅析[J]. 价值工程，2018，37(30)：122-123.

[19] Gao Shuai, Liu Xuliang, Li Jing, et al. Research on durability of big recycled aggregate self-compacting concrete beam[J]. IOP Conference Series: Materials Science and Engineering, 2018, 322(3): 032002.

[20] Mohammed S I, Najim K B. Mechanical strength, flexural behavior and fracture energy of recycled concrete aggregate self-compacting concrete[J]. Structures, 2020, 23: 34-43.

[21] 兰阳. 再生混凝土梁受弯与受剪性能研究[D]. 上海：同济大学，2004.

[22] Gonzalez-Fonteboa B, Martinez-Abella F. Shear strength of recycled concrete beams[J]. Construction and Building Materials, 2007, 21(4): 887-893.

[23] Lee Young-Oh, Yun Hyun-Do, You Young-Chan, et al. Shear performance of reinforced concrete beams utilized mixed recycled coarse aggregates[J]. Journal of the Architectural Institute of Korea Structure & Construction, 2010, 26(4): 39-46.

[24]王磊. 再生混凝土梁受剪承载力及可靠度分析[D]. 哈尔滨：哈尔滨工业大学，2012.

[25]Tosic N, Marinkovic S, Ignjatovic I. A database on flexural and shear strength of reinforced recycled aggregate concrete beams and comparison to Eurocode 2 predictions[J]. Construction and Building Materials, 2016, 127(30): 932-944.

[26]闫国新，孙红霞，张晓磊，等. 再生混凝土梁抗剪承载力公式再探析[J]. 混凝土，2019(7)：37-40.

[27]吴庆，汪俊华，耿欧，等. 硫酸盐和氯盐侵蚀的混凝土梁抗弯性能[J]. 中国矿业大学学报，2012，41(6)：923-929.

[28]吴庆，曹俊镐，陈小健. 氯盐和硫酸盐侵蚀下 RC 梁受弯性能分析[J]. 江苏科技大学学报(自然科学版)，2013，27(4)：322-325.

[29]Yu Linwen, Raoul François, Vu Hiep Dang, et al. Development of chloride-induced corrosion in pre-cracked RC beams under sustained loading: Effect of load-induced cracks, concrete cover, and exposure conditions[J]. Cement & Concrete Research, 2015, 67: 246-258.

[30]尹世平，余玉琳，那明望. 氯盐侵蚀下 TRC 加固承载 RC 受弯梁抗裂性能[J]. 水利学报，2018，49(7)：886-891.

[31]Zhang Hongru, Zhao Yuxi. Cracking of reinforced recycled aggregate concrete beams subjected to loads and steel corrosion[J]. Construction and Building Materials, 2019, 210: 364-379.

[32]刘云雁，范颖芳，喻建，等. 氯盐环境下锈蚀预应力混凝土梁抗弯性能试验[J]. 复合材料学报，2020，37(3)：707-715.

[33]Peng Ligang, Zhao Yuxi, Zhang Hongru. Flexural behavior and durability properties of recycled aggregate concrete (RAC) beams subjected to long-term loading and chloride attacks — Science Direct[J]. Construction and Building Materials, 2021, 277.

[34]汪一骏，胡匡璋. 部分预应力混凝土受弯构件的变形计算[J]. 土木工程学报，1984(4)：45-50.

[35]张利梅，赵顺波，黄承逵. 高效预应力混凝土梁受力性能试验研究[J]. 东南大学学报(自然科学版)，2005，35(2)：288-292.

[36] Rodriguez-Gutierrez J A, Aristizabal-Ochoa J D. Short- and long-term deflections in reinforced, prestressed, and composite concrete beams [J]. Journal of Structural Engineering, 2007, 133(4): 495-506.

[37] 杨剑, 方志. 预应力超高性能混凝土梁的受弯性能研究[J]. 中国公路学报, 2009, 22(1): 39-46.

[38] 越国明. 预应力混凝土受弯构件的变形控制[D]. 广州: 华南理工大学, 2011.

[39] Cattaneo S, Giussani F, Mola F. Flexural behaviour of reinforced, prestressed and composite self-consolidating concrete beams[J]. Construction & Building Materials, 2012, 36: 826-837.

[40] 熊学玉, 华楠, 王怡庆子. 配高强钢筋的部分预应力混凝土梁受弯承载力和裂缝性能研究[J]. 建筑结构, 2018, 48(8): 52-55, 59.

[41] 陈爱玖, 韩小燕, 杨粉, 等. 预应力碳纤维布加固钢筋再生混凝土梁受弯承载力研究[J]. 土木工程学报, 2018, 51(11): 104-112.

[42] Wang Xiaomeng, Petru M, Jun Ai, et al. Parametric study of flexural strengthening of concrete beams with prestressed hybrid reinforced polymer[J]. Materials, 2019, 12(22).

[43] 肖自强, 诸成烽, 冯楚祥, 等. 预应力陶粒混凝土与普通混凝土叠合梁受弯性能研究[J]. 宁波大学学报(理工版), 2022, 35(3): 25-31.

第2章　自密实再生混凝土的材料性能

由第1章可知，再生骨料替代率对自密实再生混凝土性能的影响是非常显著的，在较小的替代率下，自密实混凝土的力学性能保持较好。然而，替代率太小，再生骨料的利用率就会非常低，这与我们最初设想的、要充分利用再生骨料的初衷相悖。因此，本研究团队在一开始就设定采用100%的再生粗骨料替代天然粗骨料的目标，通过多次的试验，成功配制了不同强度等级的满足SF2级要求(自密实混凝土工作性能)的自密实再生混凝土。

本章针对本研究团队自行配制的100%再生粗骨料替代天然粗骨料的自密实再生混凝土进行力学性能和耐久性能方面的试验研究。试验全面考虑了混凝土强度(C30~C50)、混凝土类型[自密实再生骨料混凝土(RA-SCC)、普通混凝土(NA-C)、自密实天然骨料混凝土(NA-SCC)]、粉煤灰掺量(0、25%、50%、75%)和再生骨料特性(原生混凝土强度为C20、C50)等参数对自密实再生骨料混凝土的抗压强度、劈裂抗拉强度、轴心抗压强度、抗折强度、弹性模量等基本力学性能的影响，然后通过吸水试验、水渗透性试验和氯离子渗透性试验对自密实再生骨料混凝土的渗透性能进行了研究。

2.1　力学性能

2.1.1　混凝土强度与混凝土类型对力学性能的影响

1. 试验概况

试验用水泥品牌为“山水工源”，其中配制C30和C40混凝土采用PS32.5级矿渣硅酸盐水泥，配制C50混凝土时采用PO42.5级普通硅酸盐水泥，其表观密度为3100kg/m^3；粉煤灰采用沈西热电生产的Ⅰ级粉煤灰，其表观密度为2200kg/m^3；细骨料均采用含泥量小于1%的天然水洗中砂，其表观密度为

2620kg/m^3；天然粗骨料采用辽宁抚顺生产的石灰石碎石，再生粗骨料为试验室强度等级为C50的废弃混凝土试块经破碎、筛分而成，粒径范围均为5.00~20.00mm，如图2.1所示，实测试验用天然骨料和再生骨料的表观密度分别为2830kg/m^{3}和2730kg/m^3；吸水率分别为0.91和5.10；压碎指标分别为8.71和14.7；减水剂采用辽宁省建筑科学研究院生产的LJ612型聚羧酸高效减水剂。

为保证RA-SCC质量，采取如下工艺来制备RA-SCC：颚式破碎机破碎—筛选(控制最大粒径)—搅拌机搅拌打磨—二次筛选(控制最小粒径)。

(a)天然骨料

(b)再生骨料

图2.1 混凝土用粗骨料

本试验设计了强度等级为C30~C50的NA-C、NA-SCC和RA-SCC共9种混凝土试件，混凝土配合比及工作性能见表2.1，工作性能测试如图2.2所示。每种混凝土制作15个100mm×100mm×100mm的立方体试块，用于测定其7d、28d、56d、90d的立方体抗压强度和28d的劈裂抗拉强度，制作6个100mm×100mm×300mm的棱柱体试块，用于测定28d的棱柱体强度和弹性模量，制作了3个100mm×100mm×400mm的棱柱体试块，用于测定28d的抗折强度。NA-C试块装模后放置于振动台上振实，NA-SCC和RA-SCC试块装模后直接放置于水平地面，所有试块均于装模后24h拆模，拆模后立即置于标准养护室内进行养护至规定日期后进行试验。基本力学性能试验的加载制度参照《普通混凝土力学性能试验方法标准》(GB/T50081—2002)进行。

表 2.1　　　　混凝土配合比

编号	水 (kg/m³)	水泥 (kg/m³)	粉煤灰 (kg/m³)	砂 (kg/m³)	天然骨料 (kg/m³)	再生骨料 (kg/m³)	减水剂 (%)	坍落扩展度(mm)
NA-C-30	189	420	0	680	1110	—	0.07	—
NA-C-40	171	450	0	640	1138	—	0.33	—
NA-C-50	189	450	0	670	1090	—	0.10	—
NA-SCC-30	192	336	144	839	839	—	1.00	620
NA-SCC-40	176.8	364	156	826.6	826.6	—	1.20	685
NA-SCC-50	180	350	150	835	835	—	1.20	725
RA-SCC-30	192	336	144	839	—	839	1.00	600
RA-SCC-40	176.8	364	156	826.6	—	826.6	1.20	720
RA-SCC-50	180	350	150	835	—	835	1.20	705

图 2.2　混凝土性能指标测试

2. 试验结果分析

1)立方体抗压强度

按照 GB/T50081—2002《普通混凝土力学性能试验方法标准》分别测试 NA-C、NA-SCC 和 RA-SCC 三种混凝土的 7d、28d、56d 和 90d 立方体抗压强度，测试结果见表 2.2。由表 2.2 可以看出，随着养护时间的延长，RA-SCC 混凝土的立方体抗压强度也随之增大。与 NA-SCC 相比较，RA-SCC 的 7d 的立方体抗压强度分别降低了 13.7%、7.6%和 11.0%；28d 的立方体抗压强度分别仅降低了 1.7%、4.1%和 0.1%。这是因为粉煤灰能与水泥水化反应后的产物氢氧化钙发生二次水化反应生成凝胶体，有效地填充了再生骨料内部的裂隙和表面的孔洞，改善了 RA-SCC 的内部结构，使 RA-SCC 的抗压强度逐渐接近 NA-SCC。然而，由于早期水泥水化反应不充分，限制了粉煤灰的二次水化反应速度，导致生成胶凝体数量有限，因此，RA-SCC 的 7d 抗压强度与 NA-SCC 相差较大。随着养护龄期的增长，水泥熟料不断发生水化，促使粉煤灰二次水化反应持续进行，进一步细化和改善再生骨料内外的孔隙特征，使 RA-SCC 和 NA-SCC 的 56d 和 90d 强度差异继续缩小。

表 2.2　　　　混凝土试验结果

No.	f_{cu}(MPa)				f_t(MPa)	f_t/f_{cu}
	7d	28d	56d	90d	28d	28d
NA-C-30	21.67	44.17	45.70	47.22	3.51	0.079
NA-C-40	29.43	50.71	52.75	53.86	3.90	0.077
NA-C-50	29.75	53.40	55.47	54.72	4.14	0.076
NA-SCC-30	19.37	35.33	40.53	40.57	2.73	0.078
NA-SCC-40	24.87	49.40	55.60	57.91	3.35	0.068
NA-SCC-50	30.73	53.20	55.75	57.13	3.50	0.066
RA-SCC-30	17.03	34.73	40.80	41.50	2.25	0.064
RA-SCC-40	26.75	47.45	55.23	58.34	2.82	0.059
RA-SCC-50	27.93	51.90	56.00	57.27	2.98	0.057

为研究 RA-SCC 随不同龄期的强度发展规律，并将不同龄期时的立方体抗压强度值与 28d 混凝土抗压强度的比值定义为强度发展系数，如图 2.3 所示。从图 2.3 可以发现，抗压强度等级为 C30~C50 的 RA-SCC 的 7d 强度发展系数在 0.49~0.54 范围内，与 NA-C(0.49~0.58)和 NA-SCC(0.50~0.57)基本相同，说明 RA-SCC 与 NA-C、NA-SCC 的早期强度发展速率基本一致，粉煤灰和再生骨料对 RA-SCC 的早期强度影响较小。随着混凝土龄期的增长，RA-SCC 的强度发展比 NA-C 更加显著，以 C30 为例，RA-SCC 的 56d 和 90d

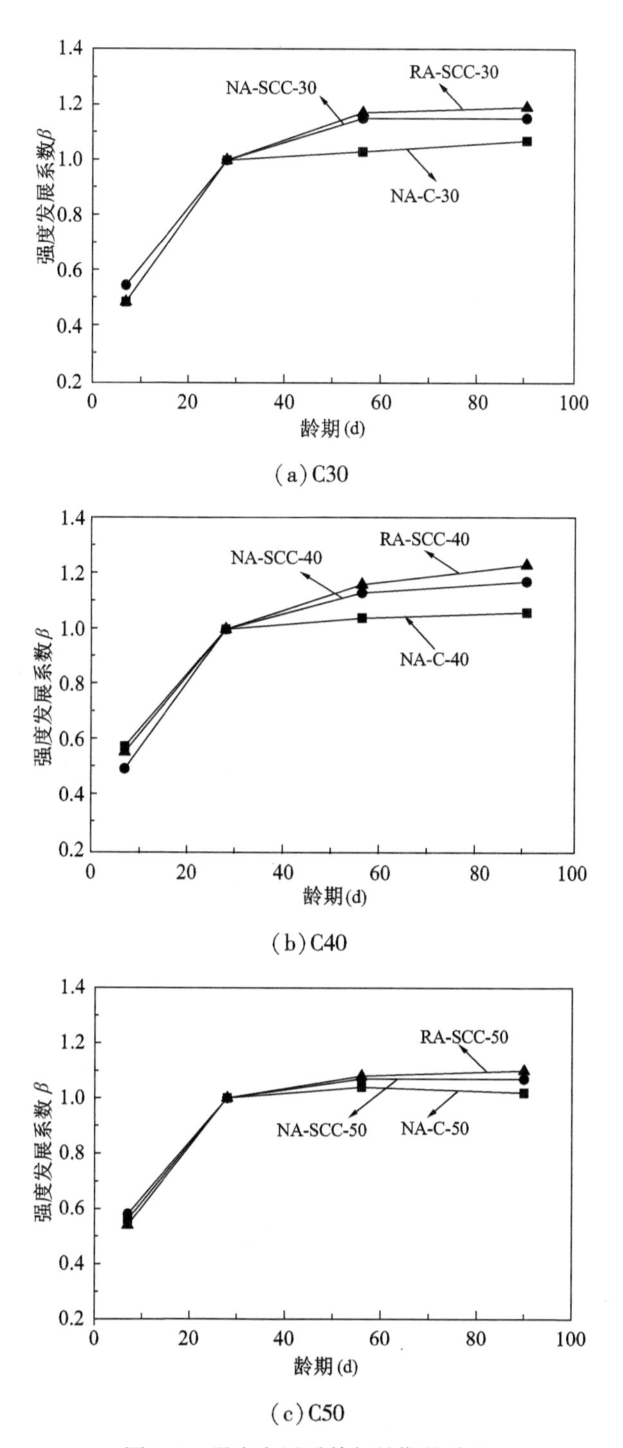

图 2.3　强度发展系数与龄期的关系

强度发展系数分别为 1.17 和 1.19，而 NA-C 仅为 1.03 和 1.07。这是由于粉煤灰的二次水化反应随水泥水化反应的进行而充分发展的结果。与 NA-SCC 相比较，RA-SCC 的 56d 和 90d 略优于 NA-SCC，NA-SCC 的 56d 和 90d 的强度发展系数都为 1.14。这是再生骨料表面疏松多孔会吸收拌合水中的部分水分，造成 RA-SCC 的实际水胶比降低，导致抗压强度有所提高。

2)劈裂抗拉强度

按照 GB/T50081—2002《普通混凝土力学性能试验方法标准》测定混凝土的 28d 劈裂抗拉强度 f_t，试验结果列于表 2.2 中，并绘于图 2.4 中，由图 2.4 可以看出，随着抗压强度等级的提高，RA-SCC 的劈裂抗拉强度也随之提高，这与 NA-C 和 NA-SCC 劈裂抗拉强度的变化规律是一致的。通过表 2.2 中的数据发现，与 NA-SCC 相比，同等抗压强度等级下的 RA-SCC 的劈裂抗拉强度降低了 17.5%~21.3%，这是由于再生骨料表面附着了较多的旧水泥浆，显著影响了水泥浆体与骨料之间的黏结作用，同时再生骨料内部存在较多裂隙，也会影响骨料之间的机械咬合作用；与 NA-C 相比，RA-SCC 的劈裂抗拉强度降低了 38.3%~56.1%，造成这种结果的原因，除了再生骨料自身性质的影响外，NA-C 中粗骨料含量显著高于 RA-SCC 也是主要原因之一，粗骨料含量越高意味着骨料之间的机械咬合力越好，因此劈裂抗拉强度也越高。

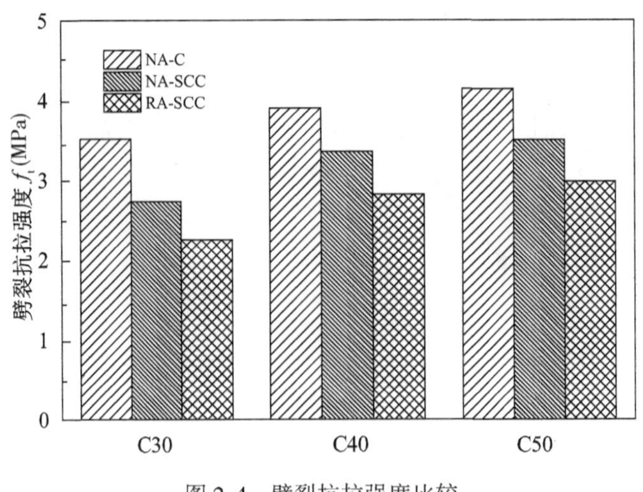

图 2.4　劈裂抗拉强度比较

对表 2.2 中的试验结果进行回归分析，可得出如式(2.1)所示的 28d 劈裂抗拉强度与 28d 立方体抗压强度的线性关系：

$$f_{t,28}=0.04302f_{cu,28}+0.7605 \tag{2.1}$$

该线性关系是本实验 28d 立方体抗压强度介于 34～51MPa 的拟合结果，相关系数为 0.996。

3)拉压比性能

拉压比为劈裂抗拉强度与立方体抗压强度之比，混凝土拉压比性能是混凝土脆性的主要标志，混凝土强度越高，拉压比越小，脆性越大，韧性越小，已有研究资料表明，普通混凝土的拉压比为 0.058～0.125，且强度越高，拉压比越小。本书涉及 NA-C、NA-SCC 和 RA-SCC 三种混凝土的拉压比值列于表 2.2 中，从图 2.5 所示的混凝土拉压比的比较可以看出，RA-SCC 的拉压比随着抗压强度等级的提高而降低，与 NA-C 和 NA-SCC 的拉压比发展规律一致。此外，通过表 2.2 中拉压比的分析可以得出，RA-SCC 的拉压比均值较 NA-C 的拉压比降低 28.9%，较 NA-SCC 的拉压比降低 17.8%，这说明 RA-SCC 的脆性特征较 NA-C 和 NA-SCC 更加明显，意味着 RA-SCC 应用于高烈度地震区应采取必要的构造措施以保证结构的抗震性能。

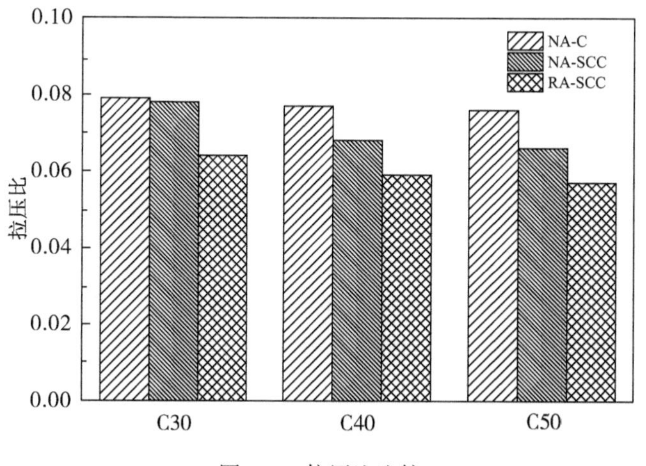

图 2.5　拉压比比较

4）棱柱体强度

棱柱体强度是混凝土构件设计的主要指标之一。本书采用试件尺寸为 100mm×100mm×300mm 的棱柱体，按照《普通混凝土力学性能试验方法标准》(GB/T50081—2002)测得棱柱体强度 f_c，试验结果列于表 2.3 中，可以看出，RA-SCC 的棱柱体强度随抗压强度的提高而提高，这与 NA-C 和 NA-SCC 的棱柱体强度发展规律一致。将各组试件的棱柱体强度与抗压强度比值记作 α_{c1}，试验结果列入表 2.3 中，可以看出，抗压强度等级为 C30～C50 的 RA-SCC 的 α_{c1} 在 1/1.20～1/1.28 范围内，与 NA-C 的 α_{c1}(1/1.28～1/1.40)和 NA-SCC 的 α_{c1}(1/1.24～1/1.35)相比略有提高，这说明自密实再生混凝土的棱柱体强度与抗压强度的差异最小。

表 2.3　**棱柱体强度试验结果**

编号	f_{cu}(MPa)	f_c(MPa)	α_{c1}
NA-C-30	44.17	31.45	1/1.40
NA-C-40	50.71	38.50	1/1.32
NA-C-50	53.40	41.74	1/1.28
NA-SCC-30	35.33	26.17	1/1.35
NA-SCC-40	49.40	39.86	1/1.24
NA-SCC-50	53.20	39.43	1/1.35
RA-SCC-30	34.73	28.87	1/1.20
RA-SCC-40	47.45	37.20	1/1.28
RA-SCC-50	51.90	42.30	1/1.23

5）抗折强度

抗折强度是评价混凝土构件受弯性能的一个重要指标。本书采用试件尺寸为 100mm×100mm×400mm 的棱柱体，按照《普通混凝土力学性能试验方法标准》(GB/T50081—2002)测得混凝土 28d 抗折强度 f_w，试验结果列于表 2.4 中，可以看出，随着立方体抗压强度的提高，RA-SCC 的抗折强度缓慢提高，这与 NA-C 和 NA-SCC 的抗折强度发展相似。将抗折强度与立方体抗压强度之比记作折压比，可知抗压强度等级为 C30～C50 的 RA-SCC(1/18.0～1/18.2)和 NA-SCC(18.1～18.7)的折压比均在 1/18.0 左右，这说明粗骨料的性质对折压比几乎无影响。但与 NA-C 的折压比(1/16.2～1/17.2)相比，RA-SCC 的折压比(1/18.0～1/18.2)较低，这意味着在相等抗压强度下，RA-SCC 的抗折强度明显较小，因此简单地按普通混凝土规范进行自密实再生混凝土受弯构件设计是不合适的。

表 2.4　　抗折强度试验结果

编号	f_{cu}(MPa)	f_w(MPa)	折压比
NA-C-30	44.17	2.73	1/16.2
NA-C-40	50.71	3.03	1/16.7
NA-C-50	53.40	3.11	1/17.2
NA-SCC-30	35.33	1.94	1/18.2
NA-SCC-40	49.40	2.71	1/18.2
NA-SCC-50	53.20	2.96	1/18.0
RA-SCC-30	34.73	1.86	1/18.7
RA-SCC-40	47.45	2.62	1/18.1
RA-SCC-50	51.90	2.86	1/18.1

6)弹性模量

弹性模量是评价混凝土变形性能的主要指标，反映了混凝土抵抗变形的能力。为了比较 RA-SCC 与 NA-C、NA-SCC 的变形性能，本书采用试件尺寸为 100mm×100mm×300mm 的棱柱体，按照 GB/T50081—2002《普通混凝土力学性能试验方法标准》测定混凝土的 28d 弹性模量 E_c，试验结果列于表 2.5 中。根据以往文献成果，不同学者对于普通混凝土建立的弹性模量计算公式大致分为：

$$E_c = \frac{10^5}{A + \frac{B}{f_{cu}}} \tag{2.2}$$

$$E_c = (A\sqrt{f_{cu}} + B) \times 10^4 \tag{2.3}$$

我国混凝土结构设计规范采用的是式(2.2)的形式，蒲心诚等(2002)采用的是式(2.3)形式。根据本书得到的 RA-SCC 弹性模量试验结果按以上各式进行拟合，发现用式(2.3)形式的计算值与试验值吻合较好，其相关系数为 0.9988，公式如下：

$$E_c = (0.63\sqrt{f_{cu}} - 1.63) \times 10^4 \tag{2.4}$$

将拟合曲线与试验数据点绘于图 2.6 中，可以看出，NA-C 与 NA-SCC 对应的数据点均位于 RA-SCC 的拟合曲线上方，这说明 NA-C 和 NA-SCC 的弹性模量均大于 RA-SCC，这是由于再生骨料的弹性模量低于天然骨料而造成的。根据图 2.6 还可发现，当抗压强度等级不小于 C40 时，NA-C 的弹性模量相对 RA-SCC 拟合曲线的偏离程度远大于 NA-SCC；而当抗压强度等级小于 C40 时，NA-C 的弹性模量相对 RA-SCC 拟合曲线的偏离程度与 NA-SCC 相近。这是因为当水胶比较小(抗压强度等级不小于 C40)时，混凝土的弹性模量主要取决于骨料的弹性模量和含量，骨料含量越高，混凝土的弹性模量越大；而当水胶比较大(抗压强度等级小于 C40)时，混凝土的弹性模量主要取决于水泥石的弹性模量，即水胶比的大小，此时骨料含量对弹性模量的影响较小。

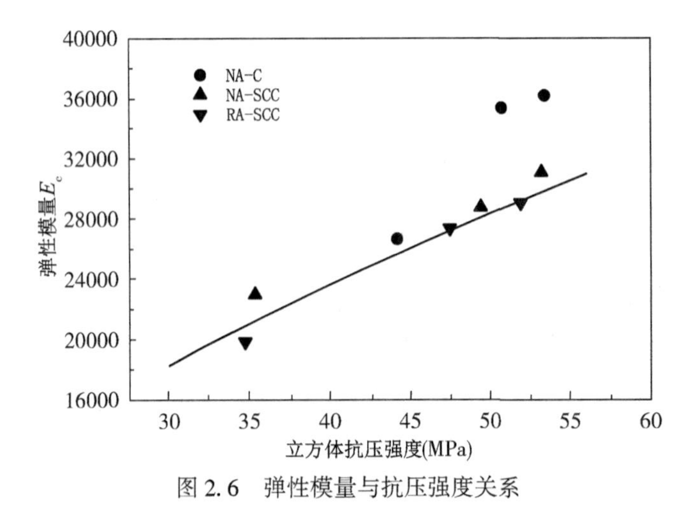

图 2.6 弹性模量与抗压强度关系

表 2.5 **弹性模量试验结果**

编号	抗压强度(MPa)	弹性模量(GPa)
NA-C-30	44.17	25.7
NA-C-40	50.71	35.4
NA-C-50	53.40	36.2
NA-SCC-30	35.33	23.0
NA-SCC-40	49.40	28.8
NA-SCC-50	53.20	31.1
RA-SCC-30	34.73	20.9
RA-SCC-40	47.45	27.4
RA-SCC-50	51.90	29.1

2.1.2 粉煤灰掺量和再生骨料特性对力学性能的影响

1. 试验概况

本试验水泥采用的是PO42.5级普通硅酸盐水泥，粉煤灰采用Ⅰ级粉煤灰，其表观密度为2200kg/m³，细骨料均采用含泥量小于1%的天然水洗中砂，其表观密度为2620kg/m³，天然粗骨料采用辽宁抚顺生产的石灰石碎石，减水剂采用辽宁省建筑科学研究院生产的LJ612型聚羧酸高效减水剂。为分析再生骨料的原生混凝土强度对自密实再生骨料混凝土力学性能的影响，再生粗骨料由试验室浇筑的抗压强度等级为C20和C50的原生混凝土养护至28d后经破碎、筛分而成，其粒径范围与天然骨料粒径范围相同，均为5.00~20.00mm。所测得再生粗骨料与天然粗骨料的基本性质见表2.6。

本试验以粉煤灰掺量和再生骨料特性为研究因素，共设计了12组试件，其混凝土配合比及工作性能测试结果见表2.7。力学性能主要测试项目：按照《普通混凝土力学性能试验方法标准》(GB/T50081—2002)进行试验，主要测试的是立方体抗压强度，养护龄期为28d、56d和90d，立方体劈裂强度和轴心抗压强度，养护龄期为28d。

表2.6 **粗骨料的基本性质**

名称	类型	强度等级	表观密度(kg/m³)	压碎指标(%)	吸水率(%)
再生骨料	C20A	C20	2634	16.2	3.7
	C50A	C50	2730	14.7	5.1
天然骨料	—	—	2830	8.7	0.9

表 2.7　　　　　　　　自密实混凝土配合比及工作性能

编号	水 (kg/m³)	水泥 (kg/m³)	粉煤灰 (kg/m³)	砂 (kg/m³)	天然骨料 (kg/m³)	再生骨料(kg/m³)		减水剂 (%)	坍落扩展度
						C20A	C50A		
R0F0	190	500	0	913.6	849	—	—	0.82	705
R0F25	190	375	125	870.4	849	—	—	0.63	780
R0F50	190	250	250	827.4	849	—	—	0.31	675
R0F75	190	125	375	783.9	849	—	—	0.30	670
C20R100F0	190	500	0	913.6	—	790	—	0.83	695
C20R100F25	190	375	125	870.4	—	790	—	0.60	715
C20R100F50	190	250	250	827.4	—	790	—	0.31	675
C20R100F75	190	125	375	783.9	—	790	—	0.32	680
C50R100F0	190	500	0	913.6	—	—	819	0.83	650
C50R100F25	190	375	125	870.4	—	—	819	0.60	670
C50R100F50	190	250	250	827.4	—	—	819	0.31	640
C50R100F75	190	125	375	783.9	—	—	819	0.29	620

2. 试验结果分析

1)立方体抗压强度

图 2.7 所示为不同粉煤灰掺量对自密实再生混凝土 28d 立方体抗压强度影响的关系曲线。由图 2.7 可以看出，随着粉煤灰掺量的增加，自密实再生骨料混凝土的立方体抗压强度表现出先增大后减小的趋势，这点与自密实普通混凝土的立方体抗压强度发展规律一致。当粉煤灰掺量在 0~25%时，混凝土的立方体抗压强度随着粉煤灰掺量的增加而变大，这是因为适量的粉煤灰可与水泥中的氢氧化钙充分发生二次水化反应生成凝胶体，有效地填充了再生骨料内部的裂隙和表面的孔洞，改善了自密实再生骨料混凝土的内部结构，起到了提高混凝土抗压强度的作用；而当粉煤灰掺量在 25%~75%时，混凝土的立方体抗压强度随着粉煤灰掺量的增加而减小，这是由于过量的粉煤灰取代水泥，减少了水泥用量，使水泥水化反应减弱，

这就导致一方面水泥水化反应所贡献的混凝土强度大为降低，另一方面水化产物之一的氢氧化钙的产量减少，并且水化反应产生的热量也大为降低，致使粉煤灰二次水化反应受到阻滞，因此自密实再生骨料混凝土的立方体抗压强度显著降低。由此可见，当粉煤灰掺量为25%时，自密实再生骨料混凝土的立方体抗压强度最高。

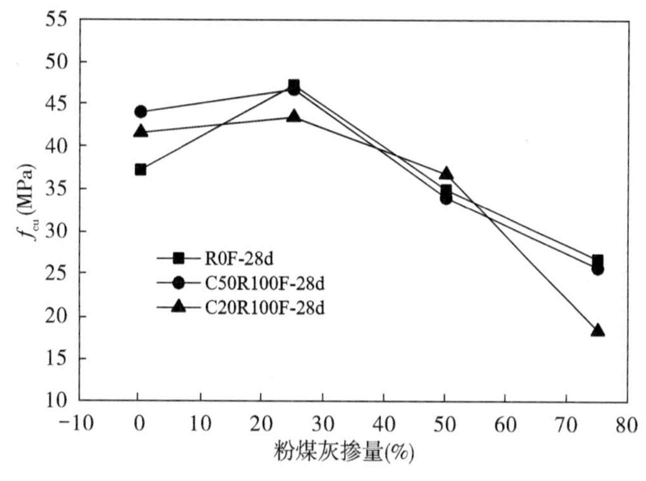

图 2.7　粉煤灰掺量与立方体抗压强度的关系

另外，结合表2.8发现，当粉煤灰掺量从0%增加到50%时，两种再生骨料配制的自密实再生骨料混凝土的28d立方体抗压强度相差仅为3.46%~8.29%，而当粉煤灰掺量增加到75%时，两种再生骨料配制的自密实再生骨料混凝土的28d立方体抗压强度差值达到40.25%，这说明，当粉煤灰掺量低于50%时，可以忽略再生骨料强度对自密实再生骨料混凝土立方体抗压强度的影响。

此外，本研究还对自密实天然骨料混凝土和以再生骨料为C20A、C50A配制的自密实再生骨料混凝土在龄期分别为56d和90d的立方体抗压强度进行试验，分析不同粉煤灰掺量的混凝土立方体抗压强度随龄期的发展规律。结合表2.8中的试验数据可以发现，随着养护龄期的增加，自密实天然骨料混凝土和两种再生骨料配制的自密实再生骨料混凝土的立方体抗压强度均呈现增大的趋势。这是因为，随着龄期的增长，水泥水化反应产物不断增加，促使粉煤灰的二次水化反应继续进行，进而提高了混凝土的强度。

表 2.8　　　　混凝土力学性能试验结果

编号	f_{cu}(MPa)			δ_{90}	f_t(MPa)	f_c(MPa)	f_t/f_{cu}
	28d	56d	90d				
R0F0	37.24	45.70	44.18	1.19	2.89	47.34	0.078
R0F25	47.28	47.72	46.93	0.99	2.64	45.89	0.056
R0F50	34.99	39.40	45.32	1.30	2.27	29.02	0.065
R0F75	26.76	27.93	36.67	1.37	1.96	19.41	0.073
C20R100F0	41.64	45.03	44.90	1.08	2.78	32.56	0.067
C20R100F25	43.48	44.99	45.70	1.05	2.04	38.60	0.047
C20R100F50	36.83	38.56	44.08	1.20	1.89	29.78	0.051
C20R100F75	18.36	26.10	33.70	1.84	1.36	19.95	0.074
C50R100F0	43.08	45.34	45.32	1.05	2.86	34.68	0.066
C50R100F25	46.77	45.56	47.32	1.01	2.59	42.69	0.055
C50R100F50	34.01	38.95	45.32	1.33	2.52	32.54	0.074
C50R100F75	25.75	29.26	41.77	1.62	2.13	18.51	0.083

由于粉煤灰二次水化反应与龄期密切相关，为探讨粉煤灰掺量对混凝土长龄期抗压强度的影响，定义强度发展系数 δ_{90} 为养护龄期 90d 的混凝土立方体抗压强度与养护龄期 28d 的混凝土立方体抗压强度的比值。由表 2.8 可知，当粉煤灰掺量不大于 25%时，C20R100F0 和 C20R100F25 的 δ_{90} 为 1.08 和 1.05，而 C50R100F0 和 C50R100F25 的 δ_{90} 为 1.05 和 1.01；而当粉煤灰掺量大于 25%时，C20R100F50 和 C20R100F75 的 δ_{90} 为 1.20 和 1.84，而 C50R100F50 和 C50R100F75 的 δ_{90} 为 1.33 和 1.62。这说明，当粉煤灰掺量为 25%时，自密实再生骨料混凝土的长龄期立方体抗压强度最为稳定。

2）劈裂抗拉强度

图 2.8 所示为不同粉煤灰掺量对自密实再生混凝土 28d 劈裂抗拉强度影响的关系曲线。由图 2.8 可以看出，自密实天然骨料混凝土和两种再生骨料

配制的自密实再生骨料混凝土的劈裂抗拉强度均随着粉煤灰掺量的增加而降低。通过表2.8的试验结果得出，当粉煤灰掺量从0%提高到75%时，自密实天然骨料混凝土和以再生骨料为C20A、C50A配制的自密实再生骨料混凝土的劈裂抗拉强度分别降低了47.45%、104.41%和34.27%，可以发现，以再生骨料C20A配制的自密实再生骨料混凝土的劈裂抗拉强度较自密实天然骨料混凝土和以再生骨料C50A配制的自密实再生骨料混凝土的劈裂抗拉强度降低幅度更为明显。分析表2.8数据还可以发现，当粉煤灰掺量从0%增加到75%时，以再生骨料为C50A配制的自密实再生骨料混凝土与自密实天然骨料混凝土的劈裂抗拉强度变化仅为1.05%~9.92%，另外，对比分析两种再生骨料配制的自密实再生骨料混凝土的劈裂抗拉强度得出，当粉煤灰掺量为0%时，C20R100F0仅比C50R100F0的劈裂抗拉强度低2.88%，然而当粉煤灰掺量从25%提高到75%时，可以看出，C20R100F25的劈裂抗拉强度较C50R100F25降低了26.71%，而C20R100F75的劈裂抗拉强度较C50R100F75降低了56.61%。综上可见，以再生骨料为C50A配制的自密实再生骨料混凝土，其劈裂抗拉强度与自密实天然骨料混凝土的劈裂抗拉强度相当，而与以再生骨料为C20A配制的自密实再生骨料混凝土劈裂抗拉强度与自密实天然骨料混凝土的劈裂抗拉强度相差较大。

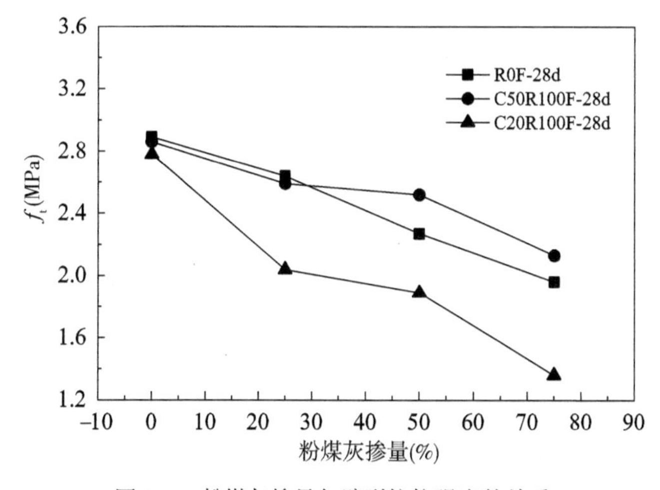

图2.8 粉煤灰掺量与劈裂抗拉强度的关系

3)拉压比性能

图 2.9 所示为不同粉煤灰掺量对自密实再生骨料混凝土拉压比的关系曲线，由图可以看出，自密实再生骨料混凝土与自密实天然骨料混凝土的变化规律相似，当粉煤灰掺量小于 25%时，自密实混凝土的拉压比随着粉煤灰掺量增加而减小，当粉煤灰掺量大于 25%时，自密实混凝土的拉压比则随着粉煤灰掺量的增加而变大。另外，发现当粉煤灰掺量从 0%增加到 75%时，以再生骨料 C50A 配制的自密实再生骨料混凝土的拉压比均大于以再生骨料 C20A 配制的自密实再生骨料混凝土；而当粉煤灰掺量为 25%时，以再生骨料为 C50A 配制的自密实再生骨料混凝土的拉压比与自密实天然骨料混凝土仅相差 1.82%，这意味着，使用以高强度原生混凝土为再生骨料配制自密实再生骨料混凝土，能得到不低于自密实天然骨料混凝土的抗震性能。

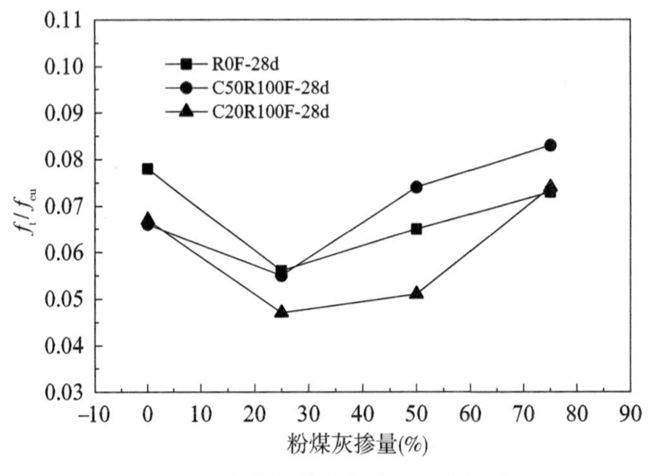

图 2.9　粉煤灰掺量与拉压比的关系

4) 轴心抗压强度

图 2.10 所示为不同粉煤灰掺量对自密实再生混凝土 28d 轴心抗压强度的关系曲线。粉煤灰掺量从 0%增加到 25%时，自密实天然骨料混凝土以及以再生骨料为 C20A、C50A 配制的自密实再生骨料混凝土的轴心抗压强度分别变化了 3.16%、15.65%和 18.76%，可以看出，此阶段粉煤灰掺量的增加对天然骨料自密实混凝土的轴心抗压强度几乎没有影响，但对自密实再生骨料混凝土的影响较为明显。然而，当粉煤灰掺量从 25%增加到 75%时，自密实再生骨料混凝土的轴心抗压强度与自密实天然骨料混凝土的轴心抗压强度变化

规律相似，均随粉煤灰掺量的增加呈现出降低趋势，这意味着，粉煤灰掺量为25%时，自密实再生骨料混凝土的轴心抗压强度最好。对比以再生骨料为C20A、C50A配制的自密实再生骨料混凝土的轴心抗压强度可以发现，当粉煤灰掺量从0%增大到75%时，两种再生骨料配制的自密实再生骨料混凝土的轴心抗压强度相差仅为6.51%～10.61%。

另外，对于表2.8中的试验结果进行回归分析，可得到考虑粉煤灰掺量的立方体抗压强度与轴心抗压强度的关系式，如下所示：

$$f_c = 0.88 f_{cu}\left(\gamma + \frac{1}{1.82\gamma^2 + 0.28\gamma + 1.11}\right) \tag{2.5}$$

式中：f_c——轴心抗压强度，MPa；

f_{cu}——立方体抗压强度，MPa；

γ——粉煤灰掺量,%。

式(2.5)的相关系数为0.9931，拟合程度较好。

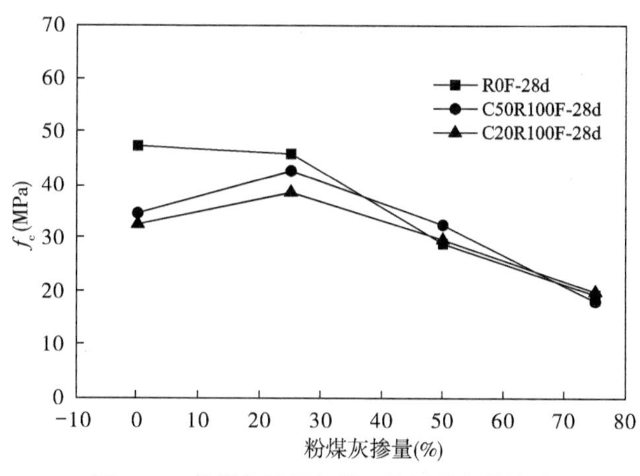

图2.10 粉煤灰掺量与轴心抗压强度的关系

2.2 抗渗性能

2.2.1 吸水性试验

1. 试验概况

水泥采用辽宁“山水工源”矿渣硅酸盐水泥，其中配制C30和C40混凝土采用PS32.5级矿渣硅酸盐水泥，配制C50混凝土时采用PO42.5级普通硅酸盐水泥，其表观密度为 3100kg/m³；细骨料均采用含泥量小于 1%的天然水洗中砂，其表观密度为 2620kg/m³，再生粗骨料为普通混凝土通过粉碎、清洗、分级而得，其粒径大小为 5～20mm，实测试验用天然骨料和再生骨料的表观密度分别为 2830kg/m³和 2730 kg/m³；吸水率分别为 0.91 和 5.10；压碎指标分别为 8.71 和 14.7；粉煤灰采用沈西热电生产的Ⅰ级粉煤灰，其表观密度为 2200kg/m³；减水剂采用辽宁省建设科学研究院研发的 LJ612 型聚羧酸系高效减水剂；拌合水为沈阳市自来水。

本试验以混凝土类型和强度、加载方式为因素，共设计了 45 组试件，每组两个，尺寸 100mm×100mm×100mm，混凝土配合比与工作性能见表 2.9。其中，循环加载试件采用等幅匀速加卸载制度，加卸载速率为 2kN/s，见图 2.11。循环荷载后立即进行吸水率试验。

表 2.9　**混凝土配合比**

编号	水 (kg/m³)	水泥 (kg/m³)	粉煤灰 (kg/m³)	砂 (kg/m³)	天然骨料 (kg/m³)	再生骨料 (kg/m³)	减水剂 (%)	坍落扩展度 (mm)
NA-C-30	189	420	0	680	1110	—	0.07	—
NA-C-40	171	450	0	640	1138	—	0.33	—
NA-C-50	189	450	0	670	1090	—	0.10	—
NA-SCC-30	192	336	144	839	839	—	1.00	620
NA-SCC-40	176.8	364	156	826.6	826.6	—	1.20	685
NA-SCC-50	180	350	150	835	835	—	1.20	725
RA-SCC-30	192	336	144	839	—	839	1.00	600
RA-SCC-40	176.8	364	156	826.6	—	826.6	1.20	720
RA-SCC-50	180	350	150	835	—	835	1.20	705

试验结束后，根据《水运工程混凝土试验规程》(JTJ270—1998)的相关规定，采用测重法测定混凝土吸水率，计算公式为：

$$P = \frac{W - W_0}{W_0} \times 100\% \tag{2.6}$$

式中：P——试件 3h 后吸水率；

W——试件吸水 3h 后重量，单位 g；

W_0——试件干重，单位 g。

(a)试件循环加载　　(b)循环 50 次加载程序

图 2.11　试件循环加载

根据吸水率计算公式(2.6)，计算结果见表 2.10。

表 2.10　**不同工况下的混凝土吸水率**　(单位:%)

混凝土类型	强度等级	荷载=0	荷载水平=0.4f_{cu}		荷载水平=0.8f_{cu}	
			10 次	50 次	10 次	50 次
NA-C	C30	0.83	0.85	0.86	0.87	0.92
	C40	0.58	0.62	0.63	0.65	0.68
	C50	0.35	0.36	0.39	0.42	0.47
NA-SCC	C30	1.12	1.15	1.16	1.25	1.36
	C40	0.65	0.72	0.77	0.80	0.85
	C50	0.30	0.32	0.37	0.39	0.41
RA-SCC	C30	1.09	1.11	1.12	1.20	1.26
	C40	0.62	0.70	0.74	0.76	0.78
	C50	0.25	0.29	0.31	0.31	0.35

2. 试验结果分析

图 2.12 所示为强度等级为 C30~C50 的 RA-SCC、NA-C 和 NA-SCC 在不同循环荷载水平和循环次数下的吸水率。可以看出，RA-SCC 在不同循环荷载水

平和次数下的吸水率变化规律与无荷载时基本相同，即混凝土的吸水率随其抗压强度的提高而降低，NA-C 和 NA-SCC 同样保持这种规律；但随着循环荷载水平或次数的增大，RA-SCC 的吸水率与 NA-C、NA-SCC 差异趋于显著。例如，当荷载为 0 时，RA-SCC-30、NA-C-30、NA-SCC-30 的吸水率分别为 1.09、0.83、

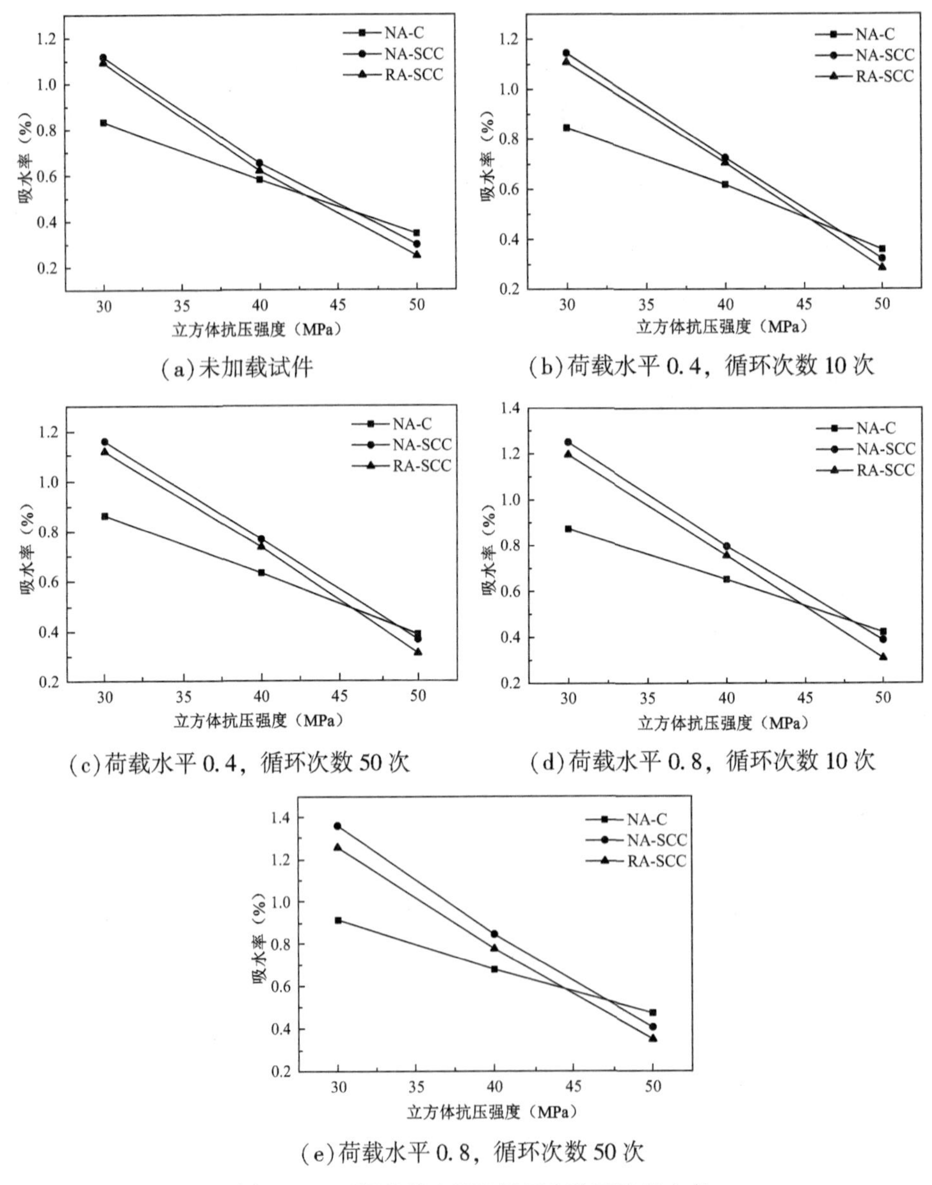

图 2.12　不同荷载水平及循环次数下的吸水率

1.12，当荷载水平为0.4、循环次数为50次时，RA-SCC-30、NA-C-30、NA-SCC-30的吸水率分别为1.12、0.86、1.16，当荷载水平为0.8、循环次数为50次时，RA-SCC-30、NA-C-30、NA-SCC-30的吸水率分别为1.26、0.92、1.36。

图2.13表示RA-SCC、NA-SCC和NA-C在不同荷载工况下的吸水率。由图2.13(a)可以看出，当荷载水平为0.4时，自密实再生混凝土的吸水率略有增长，当荷载水平为0.8时，自密实再生混凝土的吸水率增长较快。例如，RA-SCC-40在荷载水平为0.4，循环次数为10次时的吸水率较不加载时增加了12.9%，而在荷载水平为0.8，循环次数为10次时的吸水率较不加载时增加了22.6%，后者的增长幅度约为前者的1.75倍。这说明，荷载水平对自密实再生混凝土的吸水率有明显影响。由图2.13(b)(c)可以看出，NA-SCC、NA-C与RA-SCC的规律相同，究其原因主要是荷载水平对混凝土的损伤程度

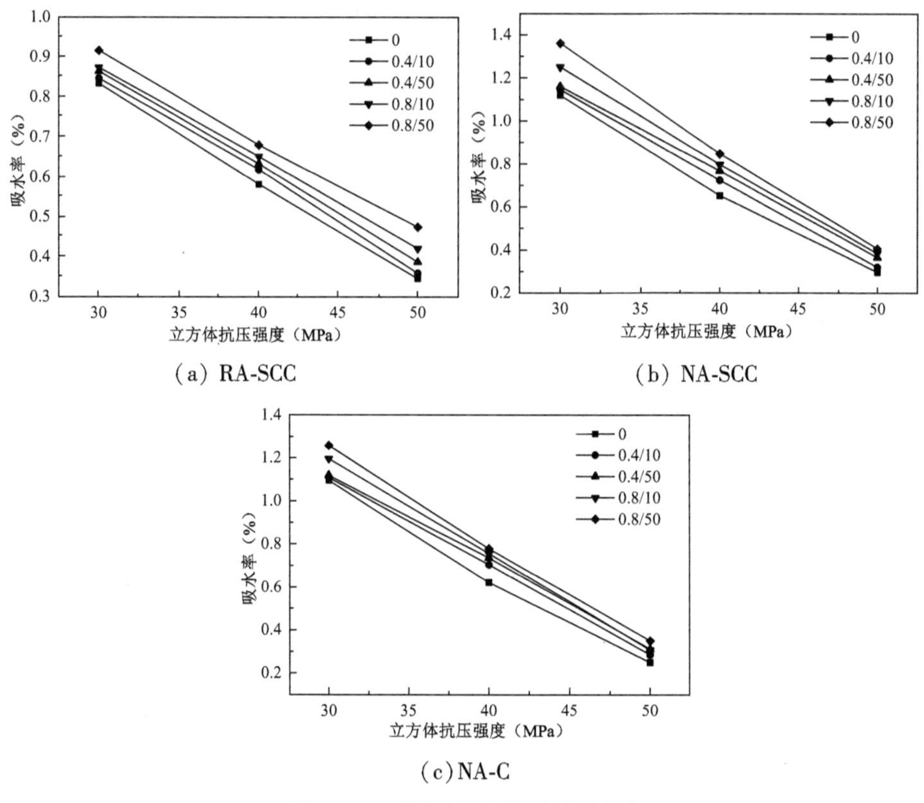

(a) RA-SCC　　(b) NA-SCC

(c) NA-C

图2.13　不同混凝土类型下吸水率

有直接影响。因此，通过吸水率也可以间接反映混凝土内部的损伤情况。此外，循环加载次数对混凝土的吸水率也具有明显影响，随着加载次数的增加，吸水率变大。以 RA-SCC-50 为例，荷载水平为 0.8、循环次数为 10 次的吸水率较荷载水平为 0.4、循环次数为 10 次的吸水率增加了 6.9%，而荷载水平为 0.8、循环次数为 50 次的吸水率较荷载水平为 0.4、循环次数为 50 次的吸水率增加了 12.9%，这说明循环加载次数越多，混凝土的累积损伤越大。

综上，RA-SCC 的吸水性随混凝土强度等级的提高而逐渐降低，其降低速率与 NA-SCC 基本相同，但显著高于 NA-C 的降低速率。同等条件下，RA-SCC 的吸水性略低于 NA-SCC，而与 NA-C 存在较大差异。循环荷载与次数对自密实再生骨料混凝土的吸水性有明显影响。

2.2.2　水渗透性试验

1. 试验概况

本试验以混凝土类型与强度为研究因素，共制作了抗渗试验标准试件 9 组，每组 3 个，试件为圆台形，上底面直径为 175mm，下底面直径为 185mm，高度为 150mm，混凝土配合比见表 2.9。

按照《水运工程混凝土试验规程》(JTJ270—1998)以及《普通混凝土长期性能和耐久性能试验方法标准》(GB/T50082—2009)的相关规定，将试件侧面用石蜡密封，并放置于抗渗仪上；然后结合本试验材料的自身特点，设定抗渗仪压力为 2.5±0.1MPa，渗透时间为 72h；待试验结束后，使用千斤顶卸下渗透试件，用压力机将试件劈开，用防水笔描出水纹，并根据规范测定渗透高度，如图 2.14(a)～(c)所示。然后根据《水运工程混凝土试验规程》(JTJ270—1998)的公式计算混凝土的相对渗透性系数：

$$S_k = \frac{mD_m^2}{2TH} \tag{2.7}$$

式中：S_k——相对渗透性系数，mm/h；

m——吸水率，由吸水率试验可得；

D_m——平均渗水高度，mm；

T——渗透时间，h；

H——水压力，以水柱高度表示，mm。

根据以上公式计算所有试件的相对渗透性系数，其计算结果见表 2.11。

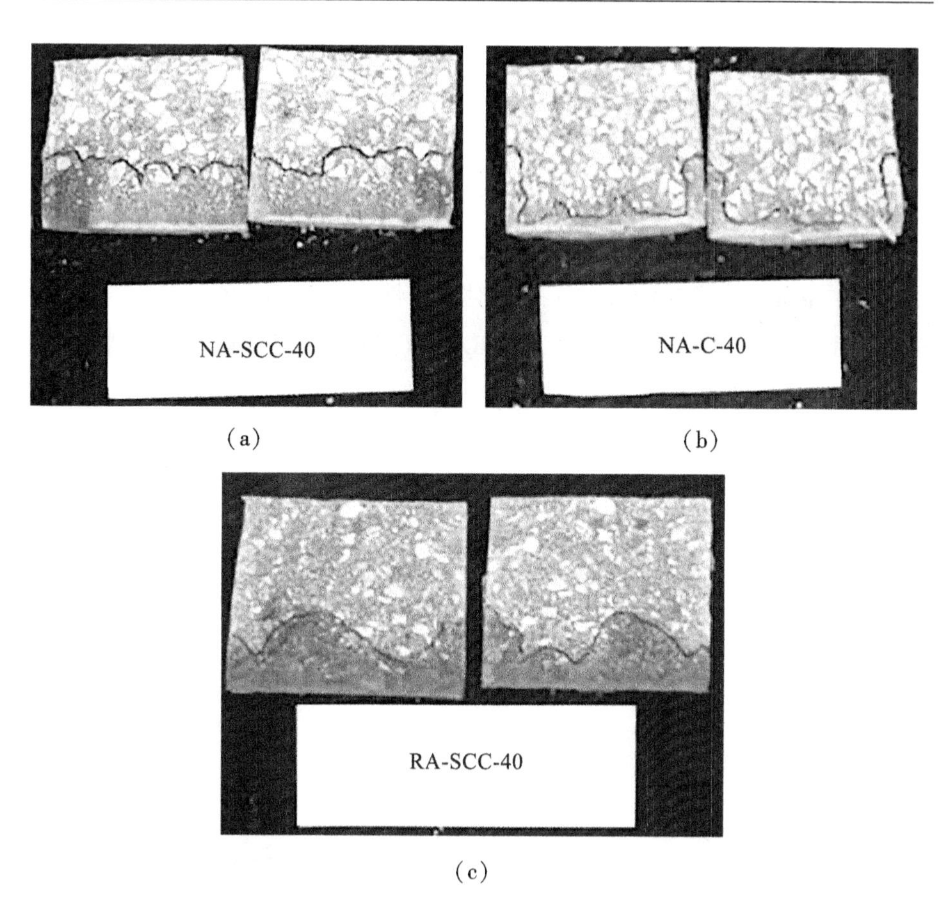

(a)　　(b)

(c)

图 2.14　渗水高度

表 2.11　**混凝土的相对渗透性系数**　($\times10^{-5}$mm/h)

强度等级	NA-C	NA-SCC	RA-SCC
C30	5.67	5.39	4.87
C40	2.20	0.72	0.94
C50	0.03	0.04	0.03

2. 试验结果分析

根据相对渗透性系数计算结果，绘制相对渗透性系数曲线，如图 2.15 所示。由图可以看出，随着混凝土强度等级的提高，RA-SCC 的相对渗透性系数逐渐降低，其下降速率逐渐减小。例如，RA-SCC-30、RA-SCC-40 和 RA-SCC-

50 的相对渗透性系数分别为 4.87×10^{-5} mm/h、0.94×10^{-5} mm/h 和 0.03×10^{-5}mm/h，RA-SCC-40 较 RA-SCC-30、RA-SCC-50 较 RA-SCC-40 的相对渗透性系数分别减小了 3.93×10^{-5}mm/h 和 0.91×10^{-5}mm/h。同一强度等级下，RA-SCC 与 NA-SCC 的相对渗透性系数相差在 10%以内，但 RA-SCC 与 NA-SCC 的相对渗透性系数存在较大差异，例如，NA-C-30 的相对渗透性系数为 5.67×10^{-5}mm/h，较 RA-SCC-30 的相对渗透性系数大 16.4%；NA-C-40 的相对渗透性系数为 2.20×10^{-5}mm/h，较 RA-SCC-40 的相对渗透性系数大 134%；而 NA-C-50 与 RA-SCC-50 的相对渗透性系数则相同。综上，RA-SCC 具有与 NA-SCC 相近的抗水渗透性能，但与 NA-C 的抗水渗透性能相差较大。

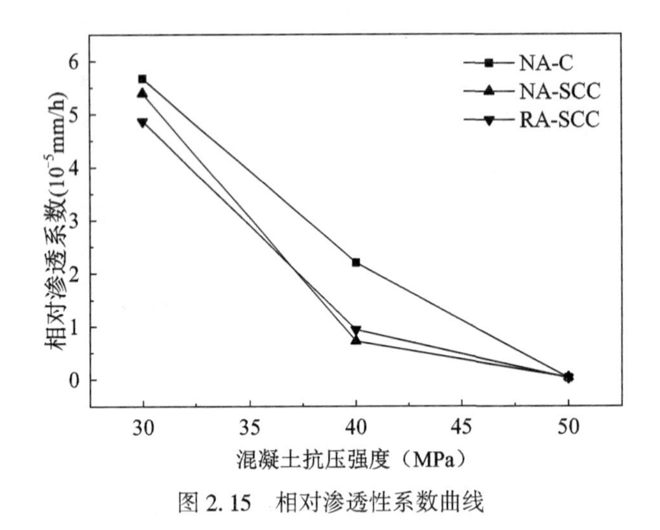

图 2.15　相对渗透性系数曲线

2.2.3　氯离子渗透性试验

1. 试验概况

本试验试件均采用 100mm×100mm×100mm 立方体试块，以混凝土种类、浸泡时间和循环荷载为研究因素，分为 120 组，每组 2 个试件，共计 240 个。其中，循环加载制度与吸水性试验相同。循环荷载结束后，采用环氧树脂将立方体试块的 5 个面全部密封，保留一个浸泡面，以保证氯离子沿单一方向进行渗透。待环氧树脂完全晾干后，将所有试件放置在浓度为 5%的 NaCl 溶液中浸泡。浸泡到期后采用分层钻孔法钻取并收集每个试件浸泡面从表面到垂直深度分为

0~5mm、5~10mm、10~15mm、15~20mm 的每层粉末，如图 2.16 所示。

(a)分层钻孔取粉

(b)钻孔试件

图 2.16 钻孔试验

将收集好的混凝土粉末分装整理，并按《水运工程混凝土试验规程》(JTJ270—1998)的化学滴定法操作规程测定各层氯离子的浓度。氯离子浓度测定所需的仪器设备包括钻床、烘箱、0.63mm 孔径的筛子、感量 1mg 电子天平 1 台、支架、铝盒 60 个、漏斗 4 个、1000ml 棕色容量瓶 1 个、100ml 容量瓶 3 个、250ml 三角烧瓶 60 个、烧杯 6 个、移液管 5 支、25ml 棕色滴定管 1 支、滴管 3 支、玻璃棒、滤纸，以及酒精灯等；化学药品包括分析纯氯化钠 1 瓶、铬酸钾 1 瓶、酚酞 1 瓶、浓硫酸 1 瓶、无水乙醇 1 瓶、蒸馏水，如图 2.17 所示。

(a)粉末称量

(b)氯离子浓度滴定

图 2.17 氯离子浓度测定试验

2. 试验结果分析

1）自由氯离子浓度随深度的变化关系

图 2.18 表示不同强度等级的 RA-SCC、NA-C、NA-SCC 在氯盐中自然浸泡 30d、60d、90d 和 120d 的自由氯离子含量随深度变化的关系，图中 R3-30d 表示强度等级为 C30，浸泡时间为 30d 的 RA-SCC，以此类推，S 代表 NA-SCC，N 代表 NA-C。由图 2.18 可以看出，RA-SCC 的自由氯离子含量随深度的增大而显著降低，其衰减速率由快而慢，最终趋于稳定。比较图 2.18(a)(b)(c)可以发现，RA-SCC 表层的自由氯离子含量随混凝土强度等级的提高而显著减小，例如，R3-30d、R4-30d 和 R5-30d 在距离表面深度为 0~5mm 处的自由氯离子浓度分别为 0.427%、0.326%和 0.263%。

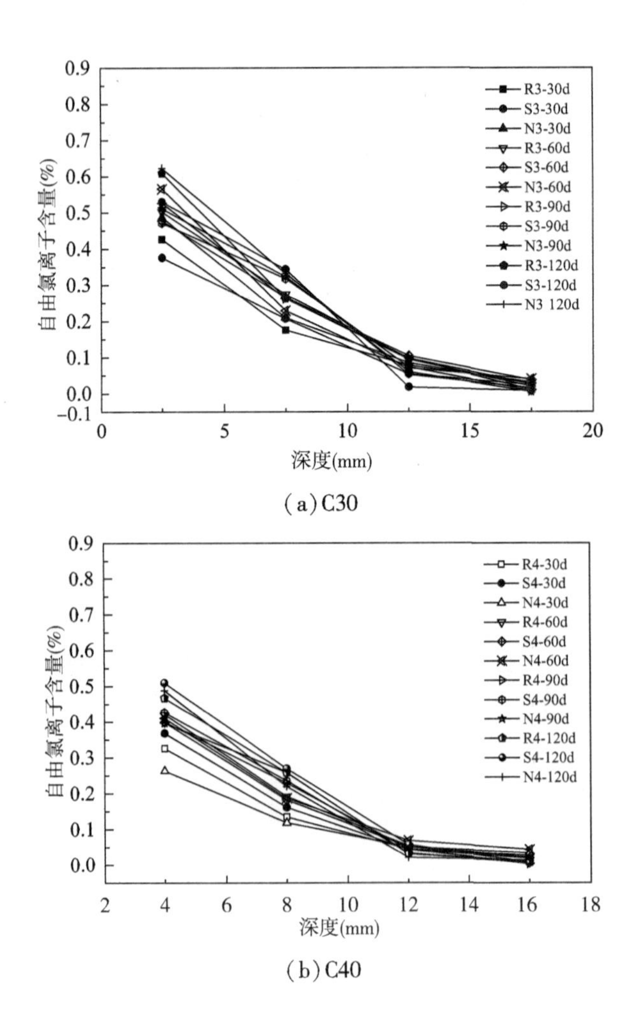

(a)C30

(b)C40

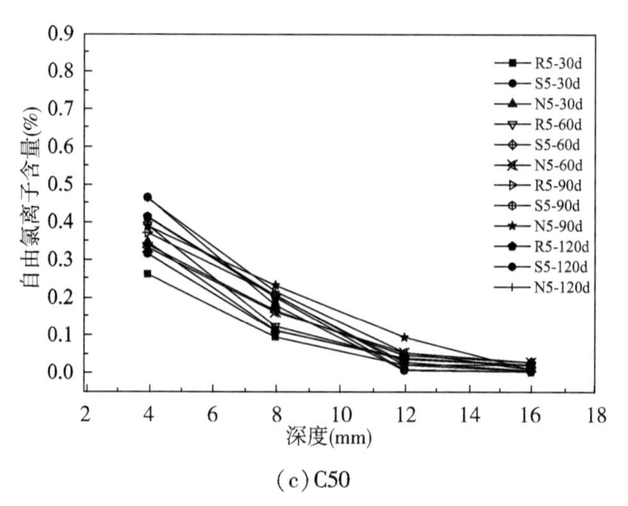

(c) C50

图 2.18 自由氯离子浓度随深度变化关系

2）扩散行为模型

由于本试验采用的是自然浸泡法，通常可采用 Fick 第二定律来描述氯离子在混凝土中的扩散，见式 2.8，根据 Fick 第二定律可计算出混凝土的氯离子扩散系数和表面氯离子浓度，见表 2.12。

$$C_{x,t} = C_0 + (C_S - C_0)\left[1 - \mathrm{erf}\left(\frac{x}{2\sqrt{D_f t}}\right)\right] \tag{2.8}$$

式中：$C_{x,t}$——混凝土在时刻 t 距离混凝土表面 x 处的氯离子浓度，%；

C_0——混凝土初始时刻氯离子浓度，%；

C_S——混凝土表面氯离子浓度，%；

D_f——氯离子在混凝土中的扩散系数，是一个描述混凝土内部氯离子迁移的物理量，m^2/s；

t——浸泡时间，s；

$\mathrm{erf}(z)$——误差函数，$\mathrm{erf}(z) = 1 - \frac{2}{\sqrt{\pi}}\int_0^z e^{-t^2}dt$。

3）氯离子扩散系数与暴露时间的关系

由表 2.12 可以看出，RA-SCC、NA-SCC、NA-C 的氯离子扩散系数均随暴露时间的延长显著减小。Thomas(1999)指出混凝土试件的表面氯离子扩散系数随暴露时间的衰减规律遵循幂函数变化规律，其表达公式如下：

$$D_f = At^{-m} \tag{2.9}$$

式中：A——回归系数；

m——时间依赖指数。

表 2.12　　　　混凝土氯离子扩散系数与表面氯离子浓度

编号	30d		60d		90d		120d	
	D_f ($10^{-12}m^2/s$)	C_S (%)	D_f ($10^{-12}m^2/s$)	C_S (%)	D_f ($10^{-12}m^2/s$)	C_S (%)	D_f ($10^{-12}m^2/s$)	C_S (%)
RA-SCC-30	97.71	0.36	48.30	0.46	31.09	0.53	25.98	0.58
NA-SCC-30	95.90	0.34	51.28	0.42	30.93	0.46	22.38	0.50
NA-C-30	95.78	0.42	47.79	0.47	30.37	0.48	22.72	0.55
RA-SCC-40	96.86	0.27	46.91	0.36	30.17	0.37	22.43	0.42
NA-SCC-40	93.41	0.31	48.14	0.33	29.93	0.38	21.91	0.45
NA-C-40	94.47	0.32	50.15	0.35	30.48	0.36	21.97	0.36
RA-SCC-50	94.88	0.21	46.10	0.31	29.82	0.34	21.92	0.36
NA-SCC-50	94.47	0.26	48.60	0.30	29.82	0.36	21.71	0.38
NA-C-50	93.31	0.28	49.12	0.29	31.87	0.37	24.23	0.38

根据式(2.9)对表面氯离子扩散系数与暴露时间进行回归分析，结果见表 2.13。可以看出，混凝土强度等级越高，RA-SCC 和 NA-SCC 的表面氯离子扩散系数的时间依赖指数 m 越大，RA-SCC 和 NA-SCC 的表面氯离子扩散系数 D_f 随暴露时间的增加的下降速度越快；同等强度下，NA-SCC 的 m 值较 RA-SCC 要小，这说明相同强度等级下，RA-SCC 的表面氯离子扩散系数 D_f 的降低速度较 NA-SCC 小；与 RA-SCC、NA-SCC 不同的是，NA-C 的表面氯离子扩散系数时间依赖指数 m 随混凝土强度等级的提高而减小，这说明 NA-C 的表面氯离子扩散系数 D_f 随暴露时间的增加的下降趋势变缓。这意味着，相对于 NA-C，提高混凝土强度对改善 RA-SCC 和 NA-SCC 的抗氯离子渗透性能更为有效。

表 2.13　自由氯离子扩散系数与暴露时间回归关系

编号	A	m	R^2
RA-SCC-30	2.96×10^{-19}	1.0036	0.9987
NA-SCC-30	2.91×10^{-19}	1.0010	0.9935
NA-C-30	3.20×10^{-19}	1.0308	0.9995
RA-SCC-40	3.51×10^{-19}	1.0512	0.9999
NA-SCC-40	2.98×10^{-19}	1.0169	0.9976
NA-C-40	2.88×10^{-19}	1.0046	0.9944
RA-SCC-50	3.39×10^{-19}	1.0550	0.9999
NA-SCC-40	3.20×10^{-19}	1.0325	0.9972
NA-C-50	2.47×10^{-19}	0.9622	0.9990

4）混凝土表面氯离子浓度与暴露时间的关系

图 2.19 所示为强度等级为 C350 的 RA-SCC、NA-SCC 和 NA-C 的表面氯离子浓度随暴露时间的变化关系。由表 2.14 可知，当暴露时间小于 60d 时，混凝土的表面氯离子浓度增长显著，但当暴露时间超过 60d 后，混凝土的表面氯离子浓度增长缓慢得多。例如，暴露时间为 60d 的 RA-SCC-30 的表面氯离子浓度较暴露时间为 30d 时增长了 27.8%，而暴露时间为 90d 的 RA-SCC-30 的表面氯离子浓度较暴露时间为 60d 时仅增长了 15.2%，NA-C、NA-SCC 同样也具有此规律。然而，相较于 NA-C 和 NA-SCC，RA-SCC 的表面氯离子浓度在暴露时间小于 60d 时，具有更快的增长速率，而在暴露时间大于 60d 时，其表面氯离子浓度增长更为平缓，这可能与 RA-SCC 中再生骨料的性质有关。

一般认为，混凝土表面氯离子浓度随时间的变化关系可用以下关系式表示：

$$C_S(t) = C_0(1 - e^{-rt}) \tag{2.10}$$

式中：$C_S(t)$——t 时刻的混凝土表面氯离子浓度，%；

C_0——混凝土表面氯离子浓度最大值，%；

t——暴露时间；

r——累积系数的拟合系数。

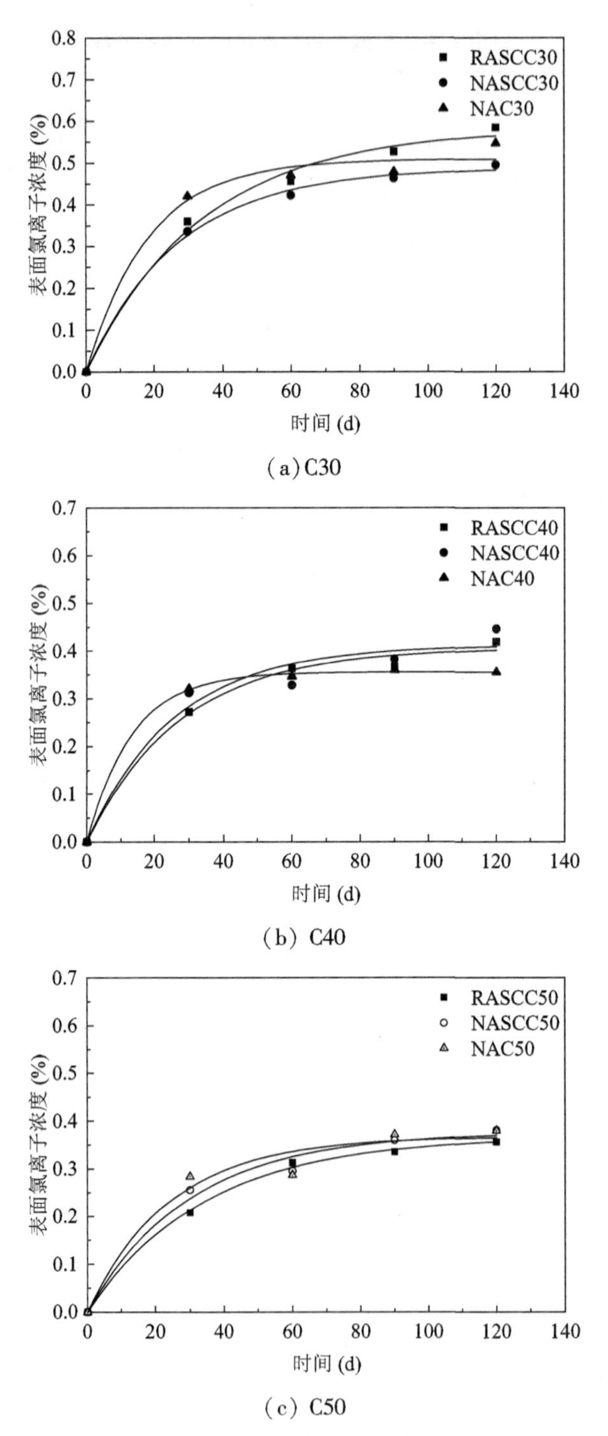

(a) C30

(b) C40

(c) C50

图 2.19　表面氯离子浓度与暴露时间的关系

根据试验数据，按照式(2.10)计算出混凝土表面氯离子浓度与暴露时间函数模型的参数，见表2.14。

表2.14 混凝土表面氯离子浓度最大值与暴露时间的关系

编号	C_0	r	R^2
RA-SCC-30	0.5820	0.0291	0.9899
NA-SCC-30	0.4887	0.0369	0.9961
NA-C-30	0.5093	0.0547	0.9816
RA-SCC-40	0.4067	0.0361	0.9812
NA-SCC-40	0.4127	0.0388	0.9499
NA-C-40	0.3557	0.0758	0.9993
RA-SCC-50	0.3673	0.0290	0.9977
NA-SCC-50	0.3762	0.0333	0.9807
NA-C-50	0.3670	0.0412	0.9533

由表可知，三种混凝土表面氯离子浓度的最大值的大小顺序为C30>C40>C50，其基本规律为混凝土表面氯离子浓度的最大值随着混凝土强度的提高而降低，表明高强度的混凝土更有利于抵抗氯离子腐蚀。

本章小结

本章通过对自密实再生混凝土的力学性能与抗渗性能进行试验研究，主要得到以下结论：

(1)RA-SCC的立方体抗压强度随养护龄期的延长而提高，其早期强度(7d)发展速率与NA-C、NA-SCC基本一致，但56d和90d的强度发展速率则显著高于NA-C，略高于NA-SCC；RA-SCC的劈裂抗拉强度、棱柱体强度、抗折强度、弹性模量均随混凝土抗压强度等级的提高而增大，但拉压比随混凝土抗压强度等级的提高而降低；抗压强度等级为C30～C50的RA-SCC的劈裂抗拉强度较NA-C降低38.3%～56.1%，较NA-SCC降低17.5%～21.3%；RA-SCC的拉压比较NA-C、NA-SCC更小；RA-SCC的棱柱体强度与抗压强度的比值与NA-C、NA-SCC相比略有提高；RA-SCC的抗折强度与抗压强度之比与NA-SCC基本相同，但显著低于NA-C；RA-SCC的弹性模量低于NA-C和NA-SCC。

(2)随着粉煤灰掺量的提高，RA-SCC的立方体抗压强度和轴心抗压强度先增大后减小，拉压比先减小后增大，劈裂抗拉强度持续减小，当粉煤灰掺量为25%时，RA-SCC的立方体抗压强度和轴心抗压强度最大，拉压比最小；再生骨料的原生混凝土强度越低，所配制的自密实再生骨料混凝土的拉压比越小，劈裂抗拉强度越小，但对其轴心抗拉强度几乎无影响；当粉煤灰掺量低于50%时，对自密实再生骨料混凝土的立方体抗压强度也基本无影响。

(3)RA-SCC的吸水率随混凝土抗压强度等级的提高而显著减小；与NC相比，RA-SCC的吸水率随强度提高的衰减速度较大；同一强度等级下，RA-SCC的吸水率略低于NA-SCC；循环加载会促进RA-SCC的吸水率增大，且其增大程度会随混凝土强度的提高有所降低；当混凝土强度一定时，RA-SCC的吸水率会随荷载水平与循环次数的增大而增大；与NA-C相比，RA-SCC与NA-SCC的吸水率在循环荷载作用下的增长速度较快。

(4)RA-SCC的相对渗透性系数随混凝土抗压强度等级的提高而显著降低，但其下降速率逐渐减小；同一强度等级下，RA-SCC具有与NA-SCC相近的抗水渗透性能，但与NA-C的抗水渗透性能相差较大。

(5)RA-SCC的氯离子扩散系数随暴露时间的衰减规律遵循幂函数变化规律，混凝土强度等级越高，RA-SCC、NA-SCC的表面氯离子扩散系数的时间依赖指数m越大，同等强度下，NA-SCC的m值较RA-SCC要小；RA-SCC的表面氯离子浓度随暴露时间的增长规律同样遵循幂函数变化规律，当暴露时间超过60d后，RA-SCC的表面氯离子浓度增长十分缓慢。

参考文献

[1]姚大立，余芳，谢关飞．自密实再生骨料混凝土不同龄期的力学性能[J]. 沈阳工业大学学报，2019，41(5)：589-593.

[2]余芳，姚大立，胡绍金．自密实再生骨料混凝土的基本力学性能[J]. 沈阳工业大学学报，2019，41(3)：356-360.

[3]罗素蓉，郑建岚，王国杰．自密实高性能混凝土力学性能的研究与应用[J]. 工程力学，2005，22（1）：164-169.

[4] Craeye B, Van Itterbeeck P, Desnerck P, et al. Modulus of elasticity and tensile strength of self-compacting concrete: Survey of experimental data and structural design codes [J]. Cement & Concrete Composites, 2014, 54: 53-61.

[5]Ashtiani M S, Scott A N, Dhakal R P. Mechanical and fresh properties of high-strength self-compacting concrete containing class C fly ash [J]. Construction and Building Materials, 2013, 47(5): 1217-1224.

[6]Druta C, Linbing Wang, Lane D S. Tensile strength and paste-aggregate bonding characteristics of self-consolidating concrete [J]. Construction & Building Materials, 2014, 55 (4): 89-96.

[7]张延年，董浩，刘晓阳，等．聚丙烯纤维增强混凝土拉压比试验[J]. 沈阳工业大学学报，2017，39（1）：104-108.

[8]蒲心诚，王志军，王冲，等．超高强高性能混凝土的力学性能研究[J]. 建筑结构学报，2002，23(6)：49-55.

[9]汪振双，王立久．粗集料对粉煤灰混凝土性能影响[J]. 大连理工大学学报，2011，51(5)：714-718.

[10]张学兵，匡成钢，方志，等．钢纤维粉煤灰再生混凝土强度正交试验研究[J]. 建筑材料学报，2014，17(4)：677-684，694.

[11]朋改非，黄艳竹，张九峰．骨料缺陷对再生混凝土力学性能的影响[J]. 建筑材料学报，2012，15(1)：80-84.

[12]王绎景，李珠，秦渊，等．再生骨料替代率对混凝土抗压强度影响的研究[J]. 混凝土，2018(12)：27-30，33.

[13]侯永利，郑刚．再生骨料混凝土不同龄期的力学性能[J]. 建筑材料学报，2013，16(4)：683-687.

[14] Iris G T, Belén G F, Luis P O J, et al. Prediction of self-compacting recycled concrete mechanical properties using vibrated recycled concrete experience[J]. Construction and Building Materials, 2017, 131: 641-654.
[15] Salesa A, Pérez-Benedicto J A, Esteban J M, et al. Physico-mechanical properties of multi-recycled self-compacting concrete prepared with precast concrete rejects [J]. Construction and Building Materials, 2017, 153: 364-373.
[16] Güneyisi E, Gesoglu M, Algın Z, et al. Rheological and fresh properties of self-compacting concretes containing coarse and fine recycled concrete aggregates[J]. Construction and Building Materials, 2016, 113: 622-630.
[17] 吴相豪，岳鹏君．再生混凝土中氯离子渗透性能性能试验研究[J]. 建筑材料学学报，2011，14(3)：381-384，417.
[18] 姚大立，迟金龙，余芳，等．粉煤灰与再生骨料对自密实再生混凝土的影响[J]. 沈阳工业大学学报，2020，42(2)：236-240.
[19] 阎西康，丁其元，杜林倩．基于两种腐蚀环境下氯离子在混凝土中的扩散试验研究[J]. 混凝土，2010(12)：37-39，53.
[20] Collepardi M, Marcialis A, Tuttiziani R. Penetration of chloride ions intocement pastes and concretes [J]. Journal of American Ceramic Society, 1972, 55(10): 534-535.
[21] 刘俊龙，麻海燕，胡蝶，等．矿物掺合料对混凝土氯离子扩散行为的时间依赖性的影响[J]. 南京航空航天大学学报，2011，43(2)：279-282.
[22] 胡蝶，麻海燕，余红发，等．矿物掺合料对混凝土氯离子结合能力的影响[J]. 硅酸盐学报，2009，37(1)：129-134.

第3章　自密实再生混凝土梁受弯性能研究

在第2章中，我们已经对自密实再生混凝土的基本材料性能进行了研究，并通过与普通混凝土和自密实天然骨料混凝土的对比试验，指出了自密实再生混凝土与其他两种混凝土在材性上的差异。显然，材料性能上的差异必然会影响到混凝土构件的力学性能。

本章在材性试验的基础上，开展了自密实再生混凝土梁受弯性能的专题研究。拟以纵筋配筋率为参数，对自密实再生混凝土梁的破坏形态、弯矩-挠度曲线、开裂弯矩与极限承载力、挠度与裂缝宽度、钢筋与混凝土的应力应变变化规律等受弯性能进行深入分析，并与普通混凝土梁的受弯性能进行比较；并基于试验结果探讨了现行规范对自密实再生混凝土梁的适用性，对规范计算公式进行修正，为自密实再生混凝土梁的设计提供参考依据。

3.1　试 验 材 料

3.1.1　试验原材料及制备

1. 再生粗骨料

本书中再生粗骨料的制备是在沈阳工业大学结构实验室完成，采用实验室废弃混凝土，其强度为C40，经人工破碎，再由颚式破碎机破碎、人工筛分而成，再生粗骨料的粒径范围为5~20mm，为连续级配碎石，具体制备过程如图3.1所示。

2. 天然粗骨料

天然粗骨料为辽宁省抚顺市某采石场生产的粒径范围为5~20mm级配良好的碎石。

(a)大骨料混凝土

(b)机械破碎

(c)未筛分骨料

(d)人工筛分后骨料

图3.1　再生粗骨料形态及制备过程

3. 天然细骨料

天然细骨料为沈阳市浑河上游水洗中砂，细度模数为2.8。

4. 水泥

试验所采用的水泥为工源牌42.5普通硅酸盐水泥以及32.5普通矿渣水泥。

5. 粉煤灰

粉煤灰采用阜新市某粉煤灰厂生产的Ⅰ级粉煤灰。

6. 减水剂

减水剂采用辽宁省建筑科学研究院生产的聚羧酸高效减水剂。

7. 水

采用沈阳工业大学结构实验室自来水。

3.1.2 材料基本性能

自密实再生混凝土和钢筋的材料性能的试验如图3.2所示。

(a)钢筋性能试验

(b)棱柱体抗压试验

(c)混凝土弹性模量试验

图3.2 材料性能试验

1. 粗骨料基本性能

采用GB/T14685—2011中的试验方法标准对再生及天然粗骨料的基本物理性能和材料性能进行试验，试验结果如表3.1和表3.2所示。

表3.1 **粗骨料物理性能**

名称	颗粒级配(mm)	表观度(kg/m^3)	堆积度(kg/m^3)	空隙率(%)	压碎指标(%)	吸水率(%)
再生粗骨料	5~20	2730	1525	41.2	14.1	5.10
天然粗骨料	5~20	2830	1632	39.5	8.71	0.91

表3.2 **自密实再生混凝土的力学性能**

混凝土强度设计等级	混凝土种类	混凝土抗压强度(MPa)	混凝土抗拉强度(MPa)	弹性模量($\times10^4$MPa)
C30	再生	38.5	2.27	2.41
C40	再生	45.0	2.57	3.26
C50	再生	59.7	2.94	3.76
C40	普通	48.5	2.77	3.41

2. 钢筋材料性能

通过对试验所购买的同批次钢筋进行材料性能试验结果见表3.3。

表3.3　　**钢筋基本材料性能**

钢筋等级	钢筋直径(mm)	屈服强度f_y (N/mm^2)	极限强度f_u (N/mm^2)	弹性模量E_s $10^5N/mm^2$
HPB300	6.5	380	550	2.10
HRB400	8	440	620	2.28
	12	492	678	2.05
	18	420	599	1.98
	22	450	600	2.00
	28	465	650	2.02

3.1.3　自密实再生混凝土配合比方案

本试验配合比设计是建立在本研究团队多次配合比试验基础上，综合考虑混凝土工作性能和力学性能测试方法，通过优化设计而得到的最优方案，具体配合比见表3.4。

表3.4　　**自密实再生混凝土配合比**

编号	配合比(kg/m^3)							
	水胶比	水	水泥	粉煤灰	沙	再生骨料	天然骨料	减水剂
SRCC-30	0.40	192	360	120	884	781.25	0	1.19
SRCC-40	0.38	190	375	125	870.4	816	0	1.07
SRCC-50	0.32	172.8	465	135	849.3	816	0	1.62
NC-40	0.42	168	400	0	585.6	0	1244.4	0.45

注：SRCC-30代表混凝土强度等级为C30的完全自密实再生混凝土，NC-40代表混凝土强度等级为C40的普通混凝土。

3.2 自密实再生混凝土梁受弯性能试验

3.2.1 试验目的

(1) 研究自密实再生混凝土梁是否满足平截面假定；

(2) 研究自密实再生混凝土梁少筋梁、适筋梁和超筋梁的破坏过程、破坏形态和破坏机理与普通混凝土梁的区别；

(3) 研究纵筋配筋率对自密实再生混凝土梁承载力及变形性能的影响；

(4) 确定自密实再生混凝土梁的少筋梁、适筋梁和超筋梁的界限配筋率的大致范围；

(5) 建立自密实再生混凝土梁开裂弯矩、挠度以及极限承载力的计算公式，并与普通混凝土梁作比较。

3.2.2 试验方案

在参照国内外再生混凝土梁和自密实混凝土梁受弯性能试验的基础上，本章共设计了7根自密实再生混凝土梁，同时作为对比，设计了4根普通混凝土梁。试验的主要参数是混凝土种类(普通混凝土和自密实再生混凝土)，纵筋配筋率(ρ_s = 0.25%、1.12%、1.32%、1.72%、2.02%、2.27%、2.82%)。试验梁的截面尺寸120mm×200mm，梁长1600mm，纯弯段为420mm。箍筋采用HPB300直径为6.5mm，受拉钢筋采用HRB400，直径分别为8mm、12mm、14mm、16mm、18mm，具体试验参数见表3.5，构造图如图3.3和图3.4所示。

表3.5 **试验参数**

构件编号	截面尺寸 b×h(mm×mm)	梁长 l(mm)	保护层厚度 h_0(mm)	配筋率 ρ_s(%)	纵筋形式	箍筋形式
FRCB-40-0.25	120×200	1600	20	0.25	1 ⌀ 8	ϕ6.5@100
FRCB-40-1.12	120×200	1600	20	1.12	2 ⌀ 12	ϕ6.5@100
FRCB-40-1.32	120×200	1600	20	1.32	2 ⌀ 12+1 ⌀ 8	ϕ6.5@100
FRCB-40-1.72	120×200	1600	20	1.72	2 ⌀ 14+1 ⌀ 8	ϕ6.5@100

续表

构件编号	截面尺寸 $b\times h$(mm×mm)	梁长 l(mm)	保护层厚度 h_0(mm)	配筋率 ρ_s(%)	纵筋形式	箍筋形式
FRCB-40-2.02	120×200	1600	20	2.02	2Φ16	ϕ6.5@100
FRCB-40-2.27	120×200	1600	20	2.27	2Φ16+1Φ8	ϕ6.5@100
FRCB-40-2.82	120×200	1600	20	2.82	2Φ18	ϕ6.5@100
FNCB-40-0.25	120×200	1600	20	0.25	1Φ8	ϕ6.5@100
FNCB-40-1.32	120×200	1600	20	1.32	2Φ12+1Φ8	ϕ6.5@100
FNCB-40-1.72	120×200	1600	20	1.72	2Φ14+1Φ8	ϕ6.5@100
FNCB-40-2.27	120×200	1600	20	2.27	2Φ16+1Φ8	ϕ6.5@100

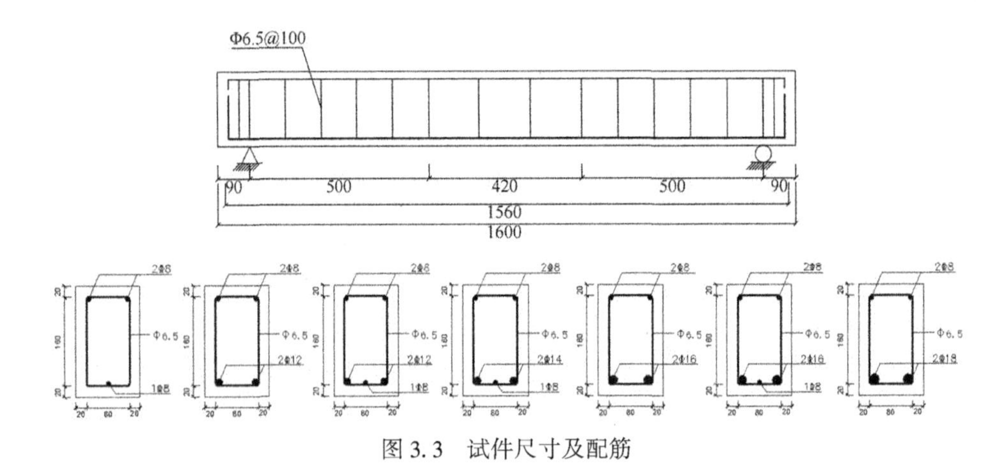

图 3.3　试件尺寸及配筋

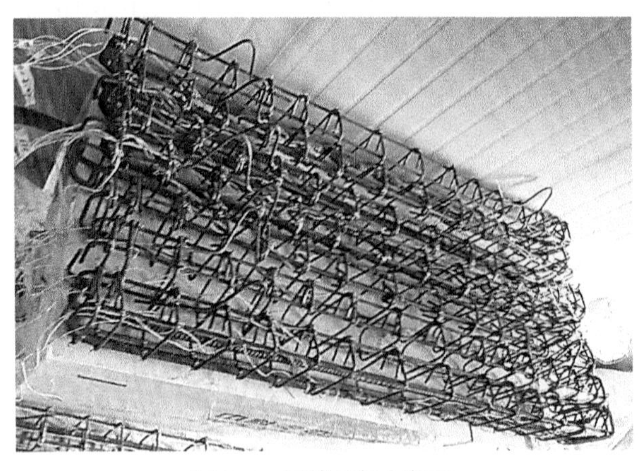

图 3.4　钢筋骨架实物图

3.2.3　加载装置与加载制度

试验是在沈阳工业大学结构实验室500kN试验机上进行，通过分配梁，采用四点弯曲加载方法。试验按照《混凝土结构试验方法标准》(GB50152—2012)的规定采用分级加载制度。试验开始时，先对试验梁进行预加载，以检查各测试设备是否正常工作，预加荷载值为理论计算极限荷载值的5%，使加载系统各部分之间紧密接触，检查无误后卸载到零，重复两次，然后调整各仪器设备。正式开始试验时，每级荷载为极限荷载值的10%，力控制速率为0.2kN/min，持荷10min，以便于测量试验数据，在达到预估开裂荷载之前，每级加载为计算极限荷载的5%，试验梁第一条裂缝出现后，仍按照极限荷载的10%继续进行分级加载，加载至极限荷载的85%后，则以位移控制加载，加载速率为0.02mm/min，直到构件破坏。试验加载装置图及实际加载图如图3.5所示。

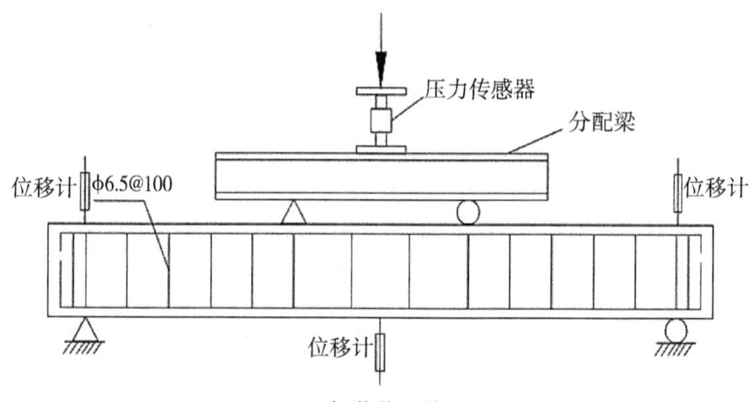

(a)加载装置简图

(b)实际加载图

图3.5　加载装置图

3.2.4　观测内容及测点分析

本书中试验测试设备采用 IMC 动态采集仪如图 3.6(a)所示。测试内容包括：

(1)荷载：开裂荷载、屈服荷载和极限荷载，荷载采用压力传感器测试；

(2)位移：跨中位移及支座位移，位移的采集为 YDH-100 型位移计，试验前对位移计进行标定，标定架如图 3.6(b)所示；

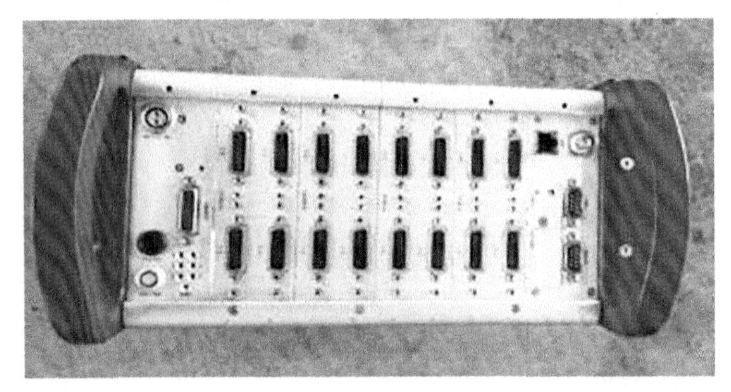

(a)IMC

(b)标定架

图 3.6　IMC 和标定架

(3)裂缝：裂缝采用裂缝测宽仪测试，在混凝土梁侧面，用石灰水涂刷，然后用墨斗绘制 5cm×5cm 方格，以观测裂缝的产生和发展，记录每级荷载作用下的裂缝的长度和宽度；

(4)应变：应变的采集包括钢筋应变和混凝土应变，其中：①在纯弯段内的最外侧钢筋上等间距布置 5 个布置规格为 2.0mm×3.0mm 的应变片，为了混凝土梁浇筑后便于区分和后续工作，依次给钢筋应变片编号分别为 R-1、R-2、R-3、R-4、R-5，以了解纯弯段内纵筋的应变变化规律；②在试验梁的跨中底部和顶部设置规格为 100mm×5mm 的混凝土应变片，编号分别为 C-1、C-2、C-3、C-4、C-5，用于掌握试件在加载过程中混凝土弯曲裂缝出现截面处的混凝土应变值和受压区混凝土的压应变值，在混凝土侧面跨中位置，沿梁高方向等间距布置 3 个规格为 100mm×5mm 的混凝土应变片，验证自密实再生混凝土梁是否满足平截面假定。具体测点布置图如图 3.7 所示。

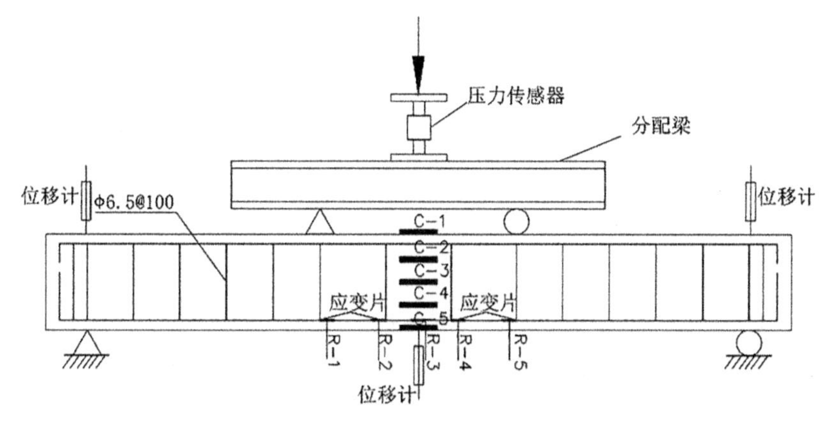

（C-1 表示标号为 1 的混凝土应变片；R-1 表示标号为 1 的钢筋应变片）

图 3.7 试件测点布置图

3.3 试验结果及分析

3.3.1 平截面假定

图 3.8 给出了以配筋率和混凝土种类两个参数，部分试验梁跨中混凝土应变沿截面高度的变化情况。由图 3.8 可知自密实再生混凝土梁与普通混凝土梁相同，均满足平截面假定。

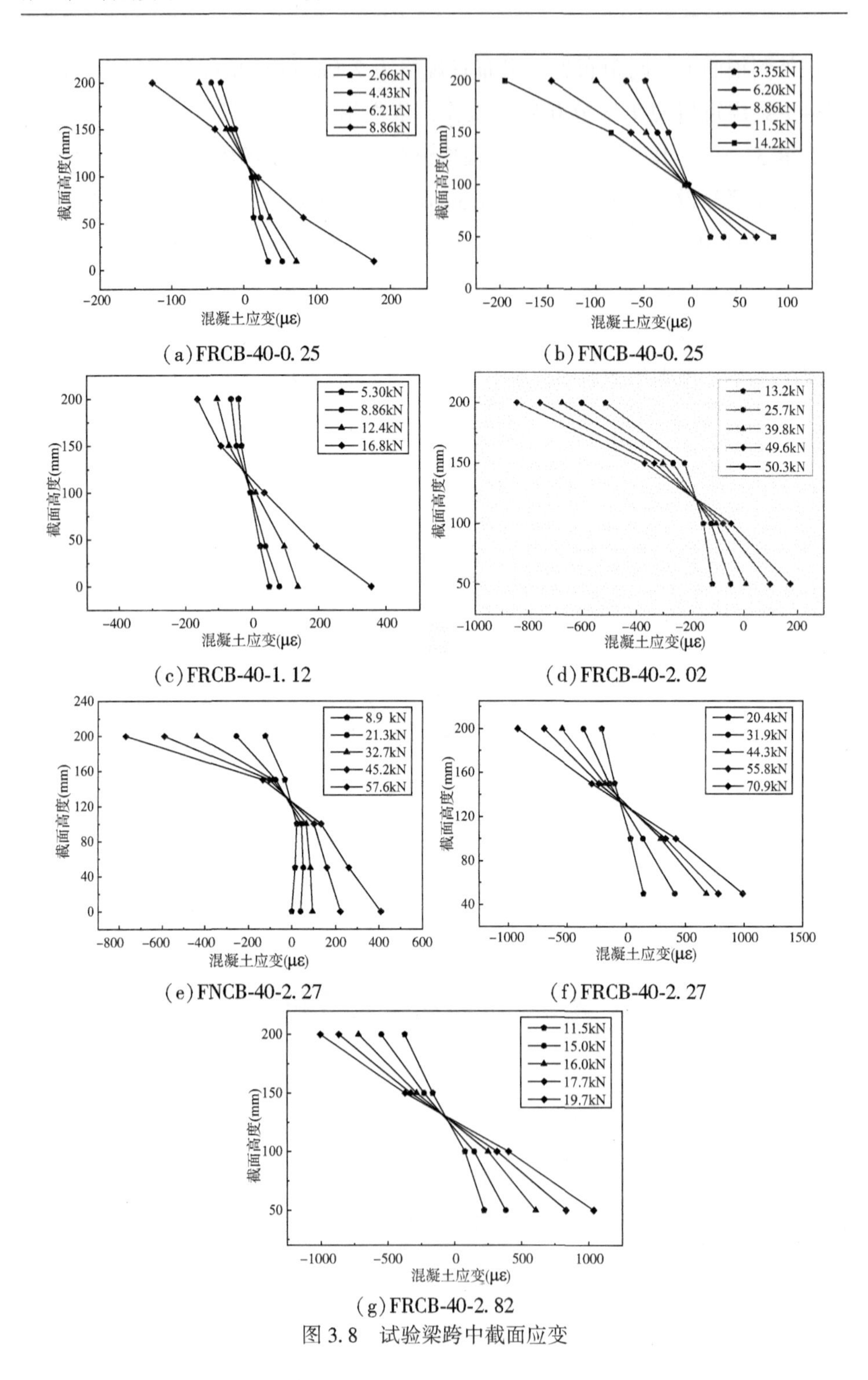

图 3.8　试验梁跨中截面应变

3.3.2　试验现象及破坏形态描述

图 3.9 所示为不同配筋率下的 RASCC 梁的破坏形态图，可以看出，随着配筋率的增长，RASCC 梁的破坏形态也发生很大变化。当配筋率为 0.25%时，梁 FRCB-40-0.25 的受拉区混凝土一旦开裂，受拉纵筋随即屈服，此时钢筋达到 2680με，但受压区混凝土仍未被压碎，属于典型的少筋梁破坏，此时梁的纯弯段内仅有少量裂缝，其裂缝长度均接近于梁长，且主裂缝的宽度明显大于其他裂缝，这与梁 FNCB-40-0.25 的破坏形态相一致。不同的是，梁 FRCB-40-0.25 的裂缝间距明显较大，裂缝数量较少，这表明 RASCC 少筋梁的裂缝发展可能较 NC 梁更不充分。

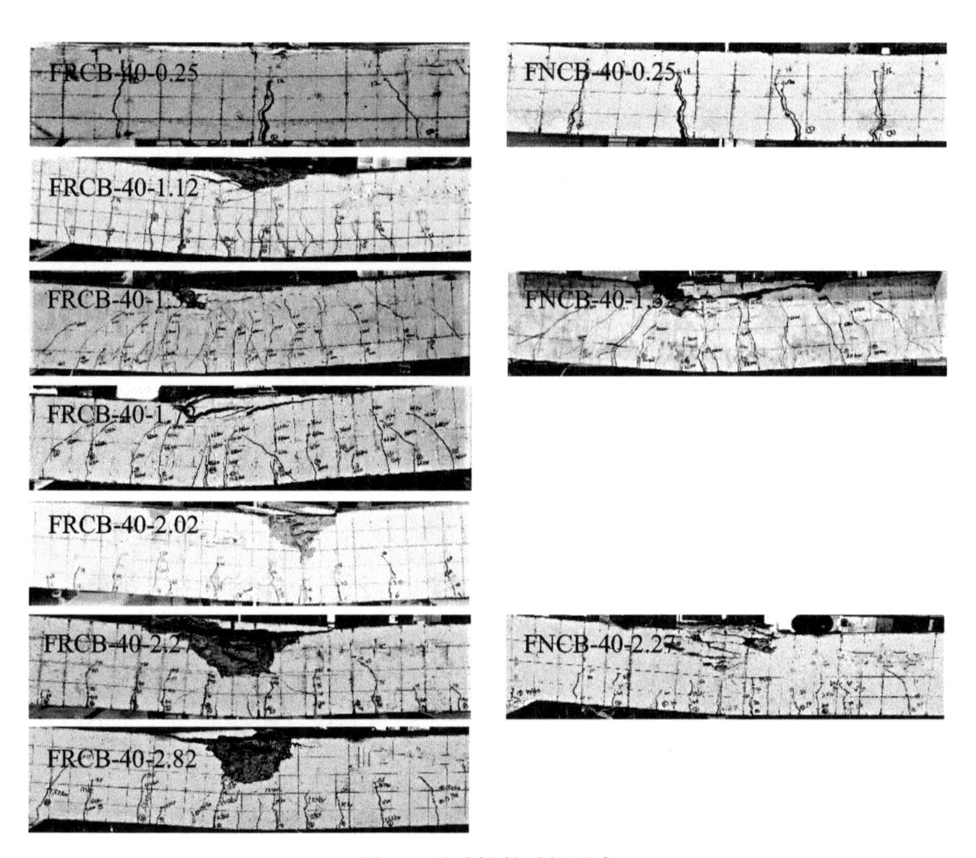

图 3.9 试验梁的破坏形态

当配筋率为 1. 12%～2. 02%时，RASCC 梁的受拉纵筋首先发生屈服，然后混凝土受压区应变不断增大直至混凝土被压碎，属于典型的适筋梁破坏，此时 RASCC 梁的平均裂缝高度随着配筋率的提高而逐渐缩短，但其混凝土受压区面积却逐渐扩大，由图可以看出，试验梁的裂缝高度和受压区高度均随配筋率的增加逐渐向中和轴靠近。比较梁 FRCB-40-1. 32 和 FNCB-40-1. 32 可以看出，RASCC 梁的破坏形态与 NC 梁相似，但梁 FRCB-40-1. 32 的平均裂缝间距和最大裂缝宽度较小。

当配筋率为 2. 27%时，RASCC 梁 FRCB-40-2. 27 的梁底纵筋发生屈服，同时受压区混凝土隆起脱落，属于界限破坏，而 NC 梁 FNCB-40-2. 27 在受压区混凝土被压碎时，裸露在外的受压区钢筋已发生屈曲，此时纵筋应变达到 1275$\mu\varepsilon$，受拉纵筋尚未屈服，属于典型的超筋梁破坏，图中可见，试验梁受压区混凝土的高度和压碎面积远超过适筋梁，但平均裂缝间距较适筋梁稀疏，且裂缝宽度较适筋梁小。比较梁 FRCB-40-2. 27 和 FNCB-40-2. 27 还可以看出，FRCB-40-2. 27 总体裂缝较高且裂缝宽度较大，这说明 FRCB-40-2. 27 梁的裂缝发展程度较 FNCB-40-2. 27 充分。此外，试验梁 FRCB-40-2. 82 同样经历了超筋破坏，试验梁受压区混凝土的高度和破碎面积远远大于适筋梁，但其裂缝间距较稀疏，裂缝宽度较小。

由破坏形态可以看出，随着配筋率的增加，RASCC 梁也会发生类似于 NC 梁的少筋破坏、适筋破坏和超筋破坏，但 RASCC 梁与 NC 梁的平均裂缝间距和裂缝宽度会随配筋率的变化而不同。

3. 3. 3　弯矩-挠度曲线

RASCC 梁在不同配筋率下的弯矩-挠度曲线如图 3. 10(a)所示。在开裂前，RASCC 梁处于弹性阶段，曲线呈线性变化，所有 RASCC 梁在开裂前的曲线基本重合，表明配筋率对曲线的弹性刚度无影响；开裂后，梁的刚度退化，随着裂缝的发展，混凝土受拉区逐渐退出工作，受拉纵筋承担的弯矩逐渐增大，在达到纵筋屈服前，试验梁的挠度仍随弯矩变化呈线性增加，此阶段为梁的弹塑性阶段，由图可见，配筋率为 1. 12%～2. 82%的 RASCC 梁的弹塑性刚度随配筋率的增大而增大，但少筋梁 FRCB-40-0. 25 缺少梁的弹塑性阶段；当纵筋屈服后，纵筋的应变迅速增长，在弯矩基本不变的情况下，梁的挠度大幅增加，从而导致受压区混凝土应变的急剧增大直至达到极限应变，此阶段为梁的塑性阶段，由图可见，配筋率为0.25%～2.27%的RASCC梁在塑性阶段的塑性变形长度随配筋率的增大而缩短，但超筋梁FRCB-40-2.27缺少塑性阶段。

图3.10(b)还比较了RASCC梁和NC梁的弯矩-挠度曲线。可以看出，RASCC梁在弹性和弹塑性阶段的弯矩-挠度曲线与NC梁比较吻合，究其原因，在弹性阶段，除换算截面惯性矩外，梁的刚度仅与混凝土的弹性模量有关，而RASCC梁的弹性模量与NC梁相差不大，因此对弹性刚度的影响也不

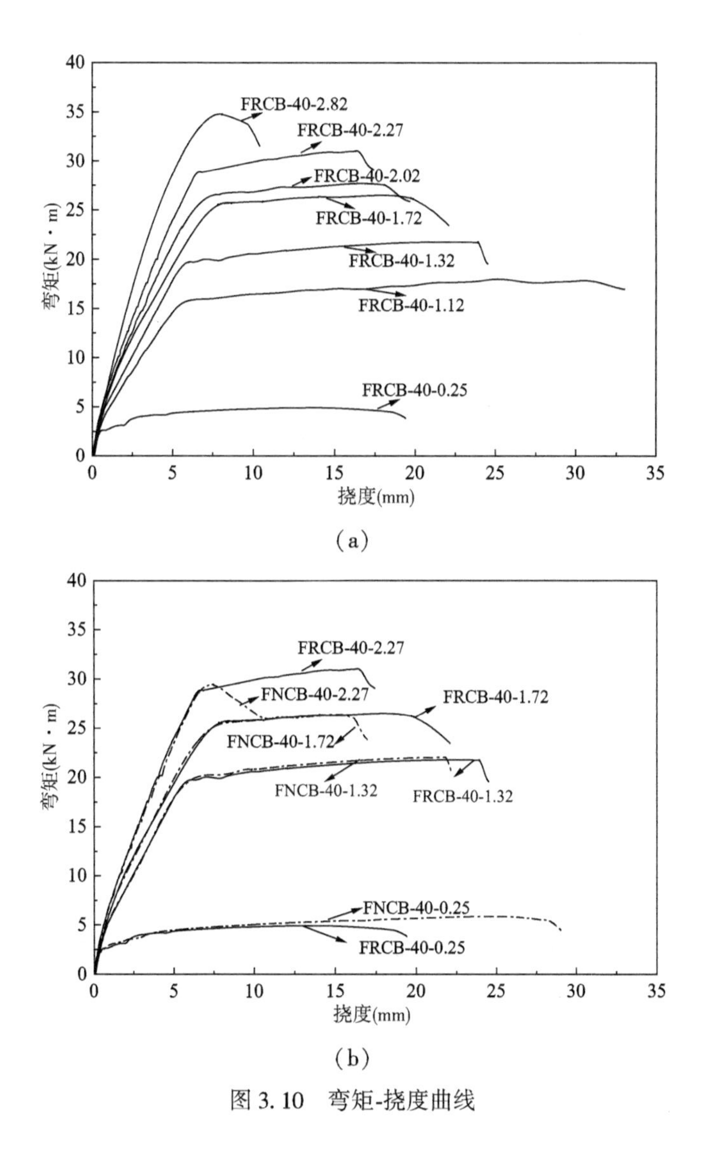

图3.10 弯矩-挠度曲线

大；在弹塑性阶段，影响梁刚度的主要因素还是纵筋配筋率，因此在同等配筋率下，RASCC 梁和 NC 梁的刚度相差也不大，这也就是说 RASCC 梁与 NC 梁弹性和弹塑性阶段的跨中挠度基本是相等的，这点对 RASCC 梁的工程应用具有重要意义。在塑性阶段，RASCC 梁的屈服弯矩与 NC 梁基本相等，因此 RASCC 梁的塑性变形段仍与 NC 梁有部分重合，但 RASCC 梁的塑性变形段较 NC 梁长了 19%~49%，这点与受压区混凝土的弹性模量和极限应变有关。综上，RASCC 梁的工作挠度与 NC 梁基本相等，但其延性较 NC 梁更好。

3.3.4　试验梁的开裂荷载、屈服荷载和极限荷载

试验梁的开裂荷载、屈服荷载和极限荷载见表 3.6。

表 3.6　　**试验结果**

编号	开裂荷载 F_{cr}(kN)	屈服荷载 F_y(kN)	极限荷载 F_u(kN)	破坏形态
FRCB-40-0. 25	10. 0	16. 76	19. 72	少筋破坏
FNCB-40-0. 25	12. 0	19. 30	23. 44	少筋破坏
FRCB-40-1. 12	12. 4	64. 67	72. 04	适筋破坏
FRCB-40-1. 32	13. 2	78. 95	87. 16	适筋破坏
FNCB-40-1. 32	15. 2	80. 72	88. 16	适筋破坏
FRCB-40-1. 72	14. 4	102. 61	106. 04	适筋破坏
FNCB-40-1. 72	16. 8	102. 00	105. 56	适筋破坏
FRCB-40-2. 02	15. 2	106. 25	110. 80	适筋破坏
FRCB-40-2. 27	16. 0	115. 48	124. 20	界限破坏
FNCB-40-2. 27	18. 4	—	123. 56	超筋破坏
FRCB-40-2. 82	17. 6	—	140. 48	超筋破坏

3.4　自密实再生混凝土梁抗裂度分析

受弯构件当混凝土受拉区边缘恰好达到极限拉应变 ε_{cu}时，梁处于即将开裂的极限状态，此时的荷载称为开裂荷载 F_{cr}。试验中开裂荷载的捕捉以 IMC

动态采集钢筋应变变化为主，以裂缝测宽仪为辅，若 IMC 采集的钢筋应变随时间的曲线发生第一次突变，此时，裂缝测宽仪在受拉区混凝土观测到裂缝，则定义此时钢筋应变突变对应的荷载为开裂荷载。

3.4.1 混凝土种类对开裂荷载的影响

开裂荷载随混凝土种类的变化情况如图 3.11 所示。由图看出，自密实再生混凝土梁的开裂荷载较普通混凝土梁小，对于配筋率为 0.25%、1.32%、1.72%和 2.27%两种梁，自密实再生混凝土梁的开裂荷载分别降低了 16.7%、13.2%、14.3%和 13.0%。

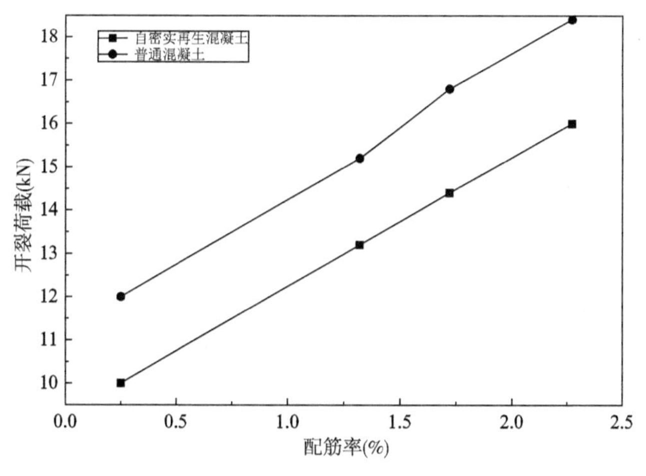

图 3.11 混凝土种类对开裂荷载的影响

3.4.2 配筋率对开裂荷载的影响

图 3.12 给出了配筋率对开裂荷载的影响。由图可知，随着配筋率的增加，试验梁的开裂荷载逐渐增大，当配筋率从 0.25%增加到 1.12%、1.12%增加到 1.32%、1.32%增加到 1.72%、1.72%增加到 2.02%、2.02%增加到 2.27%和 2.27%增加到 2.82%时，自密实再生混凝土梁的开裂荷载分别增加了 24.0%、6.5%、9.1%、5.6%、5.3%和 10.0%，增长的趋势随着配筋率的增加而有所降低，这是因为配筋率增大，截面抵抗矩增加，进而导致开裂弯矩增加。

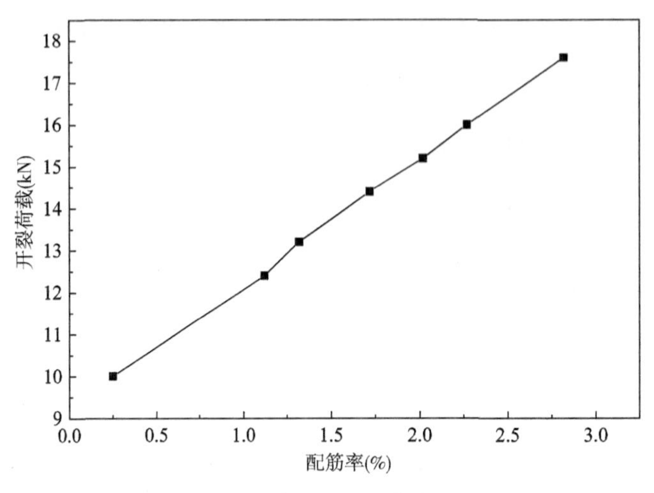

图 3.12　配筋率对开裂荷载的影响

3.4.3　正截面开裂弯矩的计算方法

根据文献可知，梁的抗裂性能与混凝土极限拉应变有直接关系，再生混凝土的受拉极限应变与普通混凝土相当，而自密实混凝土的极限拉应变也与普通混凝土相近，因此，再生混凝土的抗裂度理论同样适用于自密实再生混凝土。试验梁受拉区开裂后，受压区应力仍近似三角形分布，受拉区应力为梯形分布。自密实再生混凝土梁开裂时应力-应变图如图 3.13 所示。

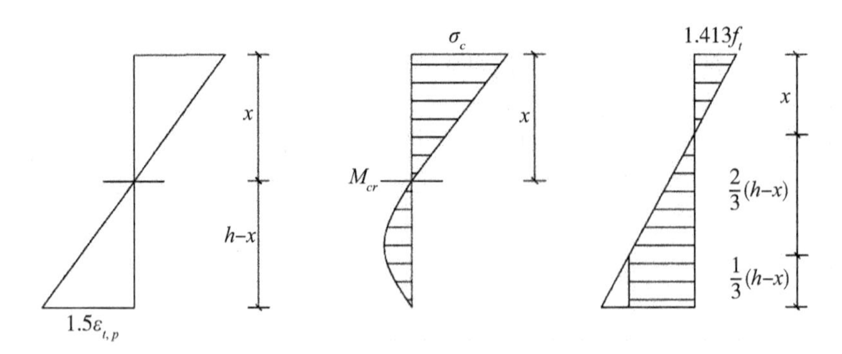

图 3.13　试验梁开裂时应力-应变图

由图 3.13 建立水平方向平衡方程：

$$\frac{1}{2}bh\frac{x}{h-x}\frac{2}{3}f_{t}^{R}=\frac{2}{3}b(h-x)f_{t}^{R}$$

解得试验梁受压区高度为 $x=0.458h$，受压区最大压应力为 $1.413f_{t}$，则开裂弯矩为

$$M_{cr}^{R}=1.338W_{0}f_{t}^{R}$$

式中：W_0——截面抵抗矩，矩形截面 $W_0=bh_0^2/6$；

f_t^R——自密实再生混凝土抗拉强度。

由上一节分析可知，随着配筋率的增加试验梁的开裂弯矩逐渐增大，因此，开裂弯矩的计算同样需要考虑配筋率的影响。

参照普通混凝土梁开裂弯矩计算方法，纵筋配筋率对开裂弯矩的影响通过换算截面来反映，自密实再生混凝土梁开裂弯矩表达式为：

$$M_{cr}^{R}=\gamma_{m}^{R}W_{0}f_{t}^{R}$$

式中：f_t^R——混凝土抗拉强度实测值，MPa；

γ_m^R——为截面地抗拒塑性形象系数，取规范值 1.55；

W_m^R——换算截面对受拉区边缘抵抗矩，$W_0=\dfrac{I_0}{h-y_0}$；

y_0——换算截面中心至受压区边缘的距离，$y_0=\dfrac{\dfrac{bh^2}{2}+\alpha_E A_s h_0}{bh+\alpha_E A_s}$；

I_0——换算截面对其重心轴的惯性矩，$I_0=\dfrac{by_0^3}{3}+\dfrac{b(h-y_0)^3}{3}+\alpha_E A_s(h_0-y_0)^3$；

E_S——钢筋弹性模量取规范值，N/mm²；

E_C——混凝土弹性模量实测值，N/mm²；

α_E——弹性模量比 $\alpha_E=\dfrac{E_S}{E_C}$。

3.4.4 开裂弯矩实测值与计算值对比分析

根据上述方法对本书中 6 根自密实再生混凝土梁和 3 根普通混凝土梁(少

筋梁除外)的开裂弯矩进行计算，试验值与计算值见表3.7。

表3.7 开裂弯矩试验值与计算值

梁编号	截面有高度 h_0(mm)	抗拉强实测值 f_t(MPa)	试验值(kN·m)	计算值(kN·m)	试验值/计算值
FRCB-40-1.12	168	2.36	3.1	3.3	0.947
FRCB-40-1.32	168	2.36	3.3	3.3	0.985
FRCB-40-1.72	167	2.36	3.6	3.5	1.039
FRCB-40-2.02	166	2.36	3.8	3.5	1.080
FRCB-40-2.27	166	2.36	4.0	3.6	1.113
FRCB-40-2.82	165	2.36	4.4	3.9	1.216
				均值	1.063
				方差	0.008
FNCB-40-1.32	168	2.47	3.8	3.5	1.090
FNCB-40-1.72	167	2.47	4.2	3.6	1.166
FNCB-40-2.27	166	2.47	4.6	3.7	1.233
				均值	1.163
				方差	0.003

由表3.7可知，3根普通混凝土梁的实测值与规范计算值均值为1.163，方差为0.003，由此看出，规范公式计算普通混凝土梁理论值均比试验值大，比较安全；而6根自密实再生混凝土梁的实测值与规范计算值均值为1.063，方差为0.008，试验值与计算值比较吻合，且具有一定的安全储备，因此计算RASCC梁的开裂弯矩时，依然可以采用现行规范公式。

3.5 自密实再生混凝土梁受弯承载力分析

3.5.1 混凝土种类对受弯承载力的影响

图3.14给出了混凝土种类对受弯承载力的影响。由图看出，当配筋率为0.25%时，普通混凝土梁的极限荷载为23.44kN，自密实再生混凝土梁的极限荷载19.72kN，自密实再生混凝土梁的极限荷载略低于普通混凝土梁；配筋率在1.32%~2.27%范围内，自密实再生混凝土梁的极限荷载基本与配筋条件相同的普通混凝土梁一致。因为配筋率为0.25%时，此时试验梁为少筋梁，混凝土抗拉强度起主要作用，而随着配筋率的提高，混凝土抗拉强度作用减弱。因此，在受弯状态下，自密实再生混凝土梁的极限荷载与普通混凝土梁基本相当。

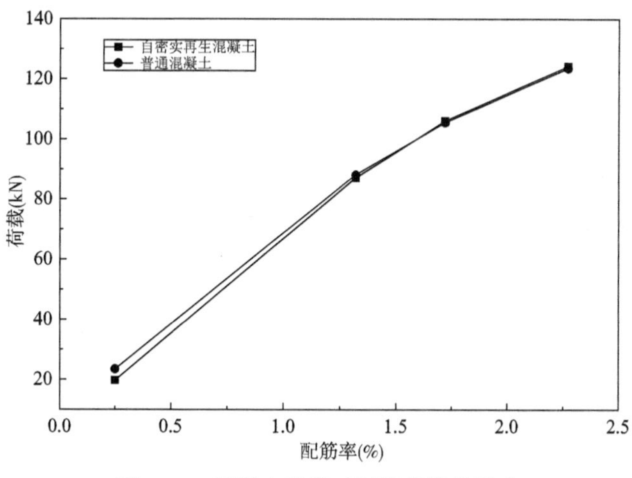

图3.14 混凝土种类对极限荷载的影响

3.5.2 配筋率对受弯承载力的影响

图3.15给出了配筋率对自密实再生混凝土梁受弯承载力的影响。由图可知，随着配筋率的增加，受弯承载力逐渐增大，当配筋率从0.25%增加1.12%、1.12%增加到1.32%、1.32%增加到1.72%、1.72%增加到2.02%、2.02%增加到2.27%和从2.27%增加到2.82%时，极限荷载分别增加了265.3%、21.0%、21.7%、4.5%、12.1%和13.1%。可以看出，随着配筋率

的增加，梁逐渐从适筋梁向超筋梁转化，极限荷载的增长趋势减弱。

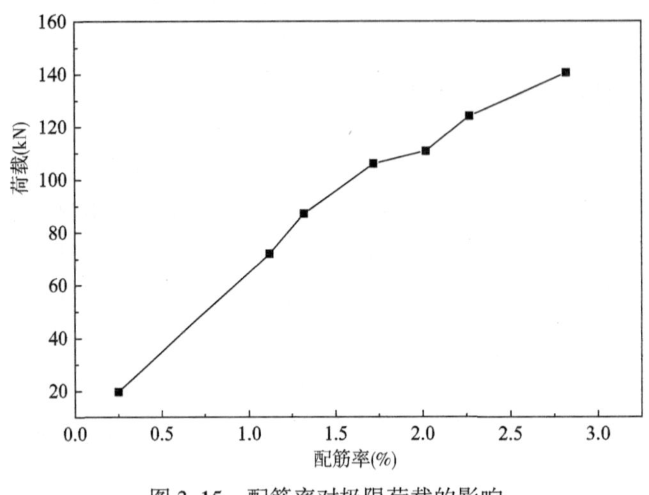

图 3.15　配筋率对极限荷载的影响

3.5.3　受弯承载力的计算方法

自密实再生混凝土受弯构件极限承载力分析的基本假定与《混凝土结构设计规范》(GB50010—2015)中正截面承载力计算的假定相同。

(1)平截面假定；

(2)不考虑混凝土的抗拉强度；

(3)混凝土受压的应力-应变关系按下列规定取用：

当 $\varepsilon_c \leqslant \varepsilon_0$ 时：

$$\sigma_c = f_c\left[1 - \left(1 - \frac{\varepsilon_c}{\varepsilon_0}\right)^n\right]$$

当 $\varepsilon_0 < \varepsilon_c \leqslant \varepsilon_u$ 时

$$\sigma_c = f_c$$

$$n = 2 - \frac{1}{60}(f_{cu,k} - 50)$$

$$\varepsilon_0 = 0.002 + 0.5(f_{cu,k} - 50) \times 10^{-5}$$

$$\varepsilon_{cu} = 0.0033 - (f_{cu,k} - 50) \times 10^{-5}$$

式中：σ_c ——混凝土压应变为 ε_0 时混凝土压应力，MPa；

f_c ——混凝土轴心抗压强度设计值，N/mm^2；

ε_0——混凝土压应力达到f_c时的混凝土压应变，当计算的ε_0值小于0.002时，取0.002；

ε_{cu}——正截面混凝土极限压应变，当处于非均匀受压且按ε_{cu}公式计算的值大于0.0033时，取0.0033；

$f_{cu,k}$——混凝土立方体抗压强度标准值，N/mm^2；

n——系数，当计算值$n>2.0$时，取2.0。

(4)纵向受拉钢筋的极限拉应变取0.01。

由上述分析可知，自密实再生混凝土梁的受力过程与破坏形态与普通混凝土梁基本相似，且通过自密实再生混凝土梁与普通混凝土梁受弯承载力对比分析，其正截面承载力并未降低，因此正截面受弯承载力的计算仍可用现行《混凝土结构设计规范》(GB50010—2015)的相关公式。

$$\alpha_1 f_c bx = f_y A_s$$

$$M_u = \alpha_1 f_c bx\left(h_0 - \frac{x}{2}\right)$$

联立得

$$M_u = f_y A_s\left(h_0 - \frac{f_y A_s}{2\alpha_1 f_c b}\right)$$

式中：M_u——受弯构件正截面承载力，kN·m；

f_c——自密实再生混凝土轴心抗压强度实测值，N/mm^2；

f_y——适筋梁取受拉钢筋屈服强度实测值，超筋梁取受压区混凝土破坏时钢筋应力实测值，N/mm^2；

A_s——受拉钢筋截面面积，mm^2；

b——截面宽度，mm；

h_0——截面有效高度，mm；

x——混凝土受压区高度，mm；

α_1——混凝土受压区矩形应力图形系数，当混凝土强度不超过C50时取$\alpha_1=1.0$；当混凝土强度为C80时，取$\alpha_1=0.94$，中间现行内插。

由于FRCB-40-0.25为少筋梁破坏，并未考虑此梁正截面承载力的影响。按照上述公式计算了6根自密实再生混凝土梁的受弯承载力，并与实测值进行比较，结果见表3.8。由表可知，极限弯矩实测值与规范计算值比值的平均值为1.062，方差为0.001，由此看出，自密实再生混凝土梁受弯承载力实测值稍高于规范计算值，且离散性较小，具有较高的精度，符合情况较好，说明用现行规范GB50010—2015中公式计算自密实再生混凝土梁正截面承载力是合理的。

表3.8 实测值与计算值比较

梁编号	极限弯矩实测值 M_u^t (kN·m)	极限弯矩计算值 M_u^c (kN·m)	M_u^t/M_u^c
FRCB-40-1.12	18.01	17.54	1.027
FRCB-40-1.32	21.79	21.18	1.029
FRCB-40-1.72	26.51	25.15	1.054
FRCB-40-2.02	27.70	26.14	1.060
FRCB-40-2.27	31.05	29.06	1.069
FRCB-40-2.82	35.12	31.04	1.131
均值			1.062
方差			0.001

注：表中实测极限弯矩已包括试验梁自重(2kN·m)。

3.6 自密实再生混凝土梁挠度分析

3.6.1 挠度理论计算方法

参照《混凝土结构设计规范》(GB50010—2015)，本书采用最小刚度原则计算构件挠度，即按构件最大弯矩处的截面刚度计算。

由材料力学计算均匀弹性材料跨中挠度为：

$$f = \alpha \frac{Ml_0^2}{EI} = \alpha \frac{Ml_0^2}{B_s}$$

式中：α——与荷载形式和支撑条件有关的系数，取0.1037，按材料力学求得；

M——跨中最大弯矩，kN·m；

l_0——计算跨度(mm)，取1420mm；

EI，B_s——试验梁抗弯刚度。

现行《混凝土结构设计规范》(GB50010—2015)的受弯构件短期刚度计算公式为：

$$B_s = \frac{E_s A_s h_0^2}{\dfrac{\varphi}{\eta} + \dfrac{\alpha_E \rho}{\zeta}}$$

式中：E_s，A_s——钢筋弹性模量(N/mm²)和钢筋面积(mm²)；

h_0——截面有效高度，mm；

φ——裂缝间纵向受拉钢筋应变不均匀系数 $\varphi = 1.1 - 0.65\dfrac{f_{tk}}{\rho_{te}\sigma_s}$；

ρ_{te}——按有效受拉混凝土截面面积计算的纵向受拉钢筋配筋率，

$\rho_{te} = \dfrac{A_s}{A_{te}}$，$A_{te} = 0.5bh$；

η——内力臂系数，近似取 $\eta = 0.87$；

$\dfrac{\alpha_E\rho}{\zeta}$——$\dfrac{\alpha_E\rho}{\zeta} = 0.2 + \dfrac{6\alpha_E\rho}{1 + 3.5\gamma_f}$，其中 α_E 为钢筋与混凝土的弹性模量比；

γ_f——受拉翼缘截面面积与腹板有效截面面积的比值，对于矩形截面梁取 $\gamma_f = 0$；

于是，得受弯构件短期刚度计算公式为：

$$B_s = \frac{E_sA_sh_0^2}{1.15\varphi + 0.2 + 6\alpha_E\rho}$$

由于混凝土受弯构件具有一定的塑性变形能力，在加载过程中其截面抗弯刚度是不断变化的。因此，本书中的短期刚度和挠度值采用统一的选择标准，即对于适筋梁，取屈服荷载，而对于超筋梁，则取极限荷载的75%对应的计算值，并按照上述公式计算了6根自密实再生混凝土梁的挠度，其计算结果见表3.9。

表3.9 **跨中挠度实测值与计算值**

梁编号	M(kN·m)	B_s(10^{12} kN·m)	f_1(mm)	f_2(mm)	f_1/f_2
FRCB-40-1.12	13.51	0.763	3.71	3.82	0.971
FRCB-40-1.32	16.34	0.869	3.90	4.06	0.959
FRCB-40-1.72	19.88	1.020	4.02	4.25	0.947
FRCB-40-2.02	20.78	1.090	3.99	4.16	0.960
FRCB-40-2.27	23.29	1.166	4.12	4.23	0.975
FRCB-40-2.82	26.34	1.190	4.80	4.96	0.969
均值					0.964
方差					0.0001

注：M：屈服弯矩；B_s：短期刚度规范计算值；f_1：挠度规范计算值；f_2：屈服荷载或极限荷载75%作用下的挠度实测值。

由表 3.9 可知，自密实再生混凝土梁的跨中挠度计算值与实测值之比的平均值为 0.964，方差为 0.0001，由此看出，试验梁的跨中挠度实测值较计算值偏大，因此，用规范公式计算自密实再生混凝土梁的短期刚度已不再适用，本书需对规范公式稍作调整。

3.6.2　内力臂系数 η 的调整

混凝土内力臂系数 η 反映了纵向受力钢筋合力作用点与混凝土受压区合力作用点的距离与梁的有效高度的比值。在使用荷载范围内，忽略混凝土的抗拉作用，通过 IMC 采集每级荷载作用下 5 个受拉钢筋应变片的最大值作为混凝土开裂处的钢筋应变值，根据规范，自密实再生混凝土梁的 η 计算式为：

$$\eta = \frac{M}{\sigma_s h_0 A_s} = \frac{M}{E_s \varepsilon_s h_0 A_s}$$

式中：σ_s——实测纵筋应力值；

ε_s——实测纵筋应变值；

M——梁跨中弯矩。

根据相关文献可知，内力臂系数 η 的取值为极限荷载的 40%~80%对应的内力臂系数的平均值。部分试验梁计算的 η 值随 M/M_u 的变化情况如图 3.16 所示，内力臂系数 η 的计算值见表 3.10。

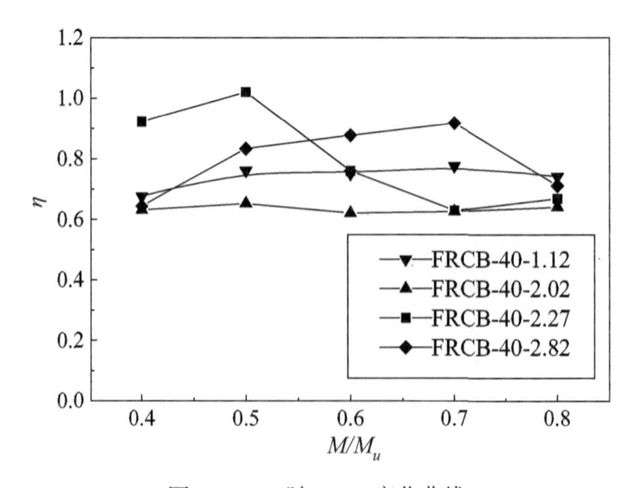

图 3.16　η 随 M/M_u 变化曲线

表3.10 η 计算值

梁编号	内力臂系数 η
FRCB-40-1.12	0.72
FRCB-40-1.32	0.71
FRCB-40-1.72	0.72
FRCB-40-2.02	0.72
FRCB-40-2.27	0.70
FRCB-40-2.82	0.75
均值	0.72

由图3.16可知，极限荷载的40%~80%对应的内力臂系数变化较小，说明裂缝延伸处于稳定期，截面中和轴上升较小。由表3.10可以看出，各自密实再生混凝土梁内力臂系数均值为0.72，而规范规定普通混凝土梁内力臂系数为0.87，说明自密实再生混凝土梁的内力臂比普通混凝土梁取值偏小，主要由于自密实再生混凝土的弹性模量低，在受弯状态下，纵向受拉钢筋应变值增大，因此内力臂系数降低，本书选用此平均值作为抗弯刚度计算参数。

3.6.3 截面弹塑性抵抗矩系数 ζ 的调整

由材料力学可知，混凝土弹塑性阶段的应变计算如下式：

$$\varepsilon_c = \frac{\sigma_c}{E_c} = \frac{M}{W_c E_c}$$

混凝土矩形截面塑性抵抗矩如下式：

$$W_c = \zeta b h_0^2$$

代入得

$$\zeta = \frac{M}{\varepsilon_{cm} E_c b h_0^2}$$

式中：E_c——混凝土的弹性模量；

ε_{cm}——梁截面受压区边缘混凝土的平均应变。

由 ζ 计算式可知，截面弹塑性抵抗矩系数反映了弹塑性抵抗矩与荷载的关系，所计算的自密实再生混凝土梁的实际 ζ 值随荷载的变化如图3.17所示。

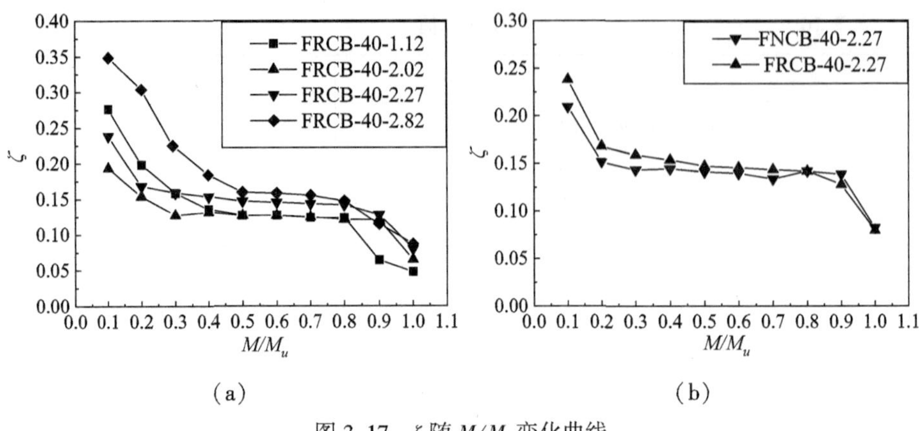

图 3.17　ζ 随 M/M_u 变化曲线

由图 3.17 可知自密实再生混凝土梁从受力开始至破坏的整个过程，弹塑性抵抗矩系数与普通混凝土梁基本相似，弹塑性抵抗矩系数分为 3 个阶段：第一阶段(M/M_u 为 0 ～ 0.4)，从开始加载至混凝土开裂，受压区混凝土处于弹性阶段，截面应力随荷载的增大而增大，受压区混凝土的应变增长速率较大，所以，此阶段 ζ 下降较陡；第二阶段(M/M_u 为 0.4~0.8)，混凝土开裂到纵向受拉钢筋屈服前，此时混凝土受拉区已不承担荷载作用，裂缝在此阶段发展到一定高度后不再延伸，说明受压区高度稳定，ζ 随 M/M_u 增大处于水平线；第三阶段(M/M_u 为 0.8~1.0)，钢筋屈服后，裂缝急剧发展，混凝土受压区随着中和轴的上移而面积减少，受拉钢筋合力作用点与混凝土受压区合力作用点间距迅速增大，所以 ζ 出现了骤降的现象。由图 3.17(b)可以看出，在整个受力过程中自密实再生混凝土梁 ζ 的变化与普通混凝土梁相似，但 ζ 值明显高度普通混凝土梁。

由于 ζ 在第二阶段较为稳定，因此本试验 ζ 的取值为第二阶段的平均值作为试验梁的弹塑性抵抗矩系数实测值，根据文献，截面弹塑性抵抗矩系数与换算配筋率的关系为：

$$\frac{\alpha_E\rho}{\zeta} = \alpha + \beta\alpha_E\rho$$

通过 ζ 的实测结果，按照上式进行拟合，得 $\alpha = 0.147$，$\beta = 6.311$，代入上式得

$$\frac{\alpha_E\rho}{\zeta} = 0.147 + 6.311\alpha_E\rho$$

用上式和规范公式计算的 ζ 值见表 3.11。由表可知，拟合公式计算值与实测值的均值为 1.002，方差为 0.0005，规范公式计算值与实测值的均值为 0.979，方差为 0.0009。对比均值可知：拟合公式计算值与实测值较为接近，而规范公式计算值比实测值偏小。

表 3.11　　**不同计算式计算 ζ 值对比**

梁编号	$\alpha_E\rho$	ζ	ζ_1	ζ_2	ζ_1/ζ	ζ_2/ζ
FRCB-40-1.12	0.06946	0.117	0.119	0.113	1.018	0.966
FRCB-40-1.32	0.08514	0.125	0.123	0.118	0.988	0.948
FRCB-40-1.72	0.11265	0.135	0.130	0.127	0.963	0.941
FRCB-40-2.02	0.12876	0.130	0.134	0.132	1.035	1.021
FRCB-40-2.27	0.14510	0.135	0.137	0.135	1.012	1.004
FRCB-40-2.82	0.15613	0.140	0.139	0.140	0.995	0.996
均值					1.002	0.979
方差					0.0005	0.0009

注：ζ_1 为拟合公式计算值；ζ_2 为规范公式计算值；ζ 为实测值。

3.6.4 不均匀系数 φ 的调整

不均匀系数 φ 表示裂缝间钢筋应变与裂缝处钢筋应变之比，φ 值反映了混凝土与钢筋的协同工作程度，φ 值越小，钢筋与混凝土协同工作越强，普通混凝土梁不均匀系数的计算公式为：

$$\varphi = 1.1 - 0.65 \frac{f_t}{\rho_{\mathrm{te}}\sigma_s}$$

由上式可知，混凝土的抗拉强度一定时，不均匀系数 φ 随 σ_s 的变化而变化，而 σ_s 的大小直接受荷载值的影响。因此这里规定，对适筋梁，取屈服荷载对应的 σ_s 计算 φ，而对于超筋梁，取极限荷载值的 75%（上升段）对应的 σ_s 计算 φ。其计算值和实测值见表 3.12。

表3.12 φ实测值与计算值比较

梁编号	φ_1	f_t(MPa)	$\rho_{te}\sigma_s$(MPa)	φ_2	φ_3	φ_1/φ_3	φ_1/φ_2
FRCB-40-1.12	0.813	2.55	9.266	0.789	0.921	0.883	1.030
FRCB-40-1.32	0.855	2.55	11.357	0.841	0.954	0.896	1.017
FRCB-40-1.72	0.889	2.55	13.822	0.882	0.980	0.907	1.008
FRCB-40-2.02	0.906	2.55	14.539	0.891	0.986	0.919	1.017
FRCB-40-2.27	0.922	2.55	16.601	0.913	1.000	0.922	1.010
FRCB-40-2.82	0.941	2.55	17.815	0.924	1.007	0.934	1.018
均值						0.910	1.017
方差						0.0003	0.00005

注：φ_1为不均匀系数实测值；φ_2为拟合公式计算值；φ_3为规范公式计算值；f_t为混凝土抗拉强度；ρ_{te}为截面换算配筋率；σ_s为钢筋应力。

由表3.12可知，不均匀系数φ的实测值与规范计算值比值的均值为0.910，方差为0.0003，由此得出，自密实再生混凝土梁的不均匀系数φ低于规范公式计算值，因此，用规范公式计算自密实再生混凝土梁不均匀系数φ已不再适用，本书接下来将对自密实再生混凝土梁不均匀系数φ进行修正。

本书采用规范给出的不均匀系数计算模式，进行修正，自密实再生混凝土梁的不均匀系数计算模式为：

$$\varphi = \gamma - \delta \frac{f_t}{\rho_{te}\sigma_s}$$

通过表3.12中每根试验梁φ与$\rho_{te}\sigma_s$的实测值对抗力系数γ和δ拟合得γ=1.07，δ=1.02，因此自密实再生混凝土梁的不均匀系数计算公式为：

$$\varphi = 1.07 - 1.02 \frac{f_t}{\rho_{te}\sigma_s}$$

拟合值、计算值和实测值的对比见表3.12。由表可知，拟合公式计算值与实测值的均值为1.017，方差为0.00005，由此看出，拟合公式计算的不均匀系数与实测值符合较好，且较稳定，可以客观地反映自密实再生混凝土梁不均匀系数的变化规律。

3.6.5 修正后的短期刚度计算公式

将修正后自密实再生混凝土梁的内力臂系数 η、截面弹塑性抵抗矩系数 ζ 和钢筋不均匀系数 φ 代入受弯构件短期刚度计算公式得自密实再生混凝土梁挠度计算公式为

$$B_s = \frac{E_s A_s h_0^2}{1.39\varphi + 0.147 + 6.311\alpha_E \rho}$$

利用上式计算出自密实再生混凝土梁的短期刚度，将刚度计算值代入挠度公式得自密实再生混凝土梁正截面受弯的挠度值，拟合公式计算值、规范计算值和实测值对比见表 3.13。

表 3.13　**不同公式计算值对比**

梁编号	M	$B_s^1/10^{12}$	$B_s^2/10^{12}$	f_1(mm)	f_2(mm)	f_3(mm)	f_1/f_3	f_1/f_3
FRCB-40-1.12	13.51	0.763	0.753	3.71	3.75	3.82	0.971	0.982
FRCB-40-1.32	16.34	0.869	0.851	3.90	4.02	4.06	0.959	0.989
FRCB-40-1.72	19.88	1.020	0.989	4.02	4.20	4.25	0.947	0.989
FRCB-40-2.02	20.78	1.090	1.039	3.99	4.18	4.16	0.960	1.005
FRCB-40-2.27	23.29	1.166	1.121	4.12	4.34	4.23	0.975	1.027
FRCB-40-2.82	26.34	1.190	1.086	4.80	5.07	4.96	0.969	1.023
均值							0.964	1.003
方差							0.0001	0.0003

注：M 为屈服弯矩，单位(kN·m)；B_s^1 为短期刚度规范计算值(kN·m)；B_s^2 为短期刚度拟合公式计算值(kN·m)；f_1 为挠度规范计算值；f_2 为拟合公式挠度计算值；f_3 为跨中挠度实测值。

由表 3.13 知，规范计算挠度值与实测值的比值均值为 0.964，方差为 0.0001，规范计算结果较试验梁的跨中挠度实测值偏小，而本书提出的拟合公式挠度计算值与实测值比值均值为 1.003，方差为 0.0003，表明拟合公式计算结果与试验值吻合较好，且离散性较小。因此，本书提出的自密实再生混凝土梁短期刚度计算公式，更能客观地反映自密实再生混凝土梁正截面受弯挠度变化性能。

3.7　自密实再生混凝土梁最大裂缝宽度分析

3.7.1　裂缝分布图

本书描绘的裂缝分布图是从受拉区混凝土第一条裂缝出现，在每一级荷载下对裂缝进行描绘与记录。图3.18给出了每一根试验梁的裂缝分布情况。

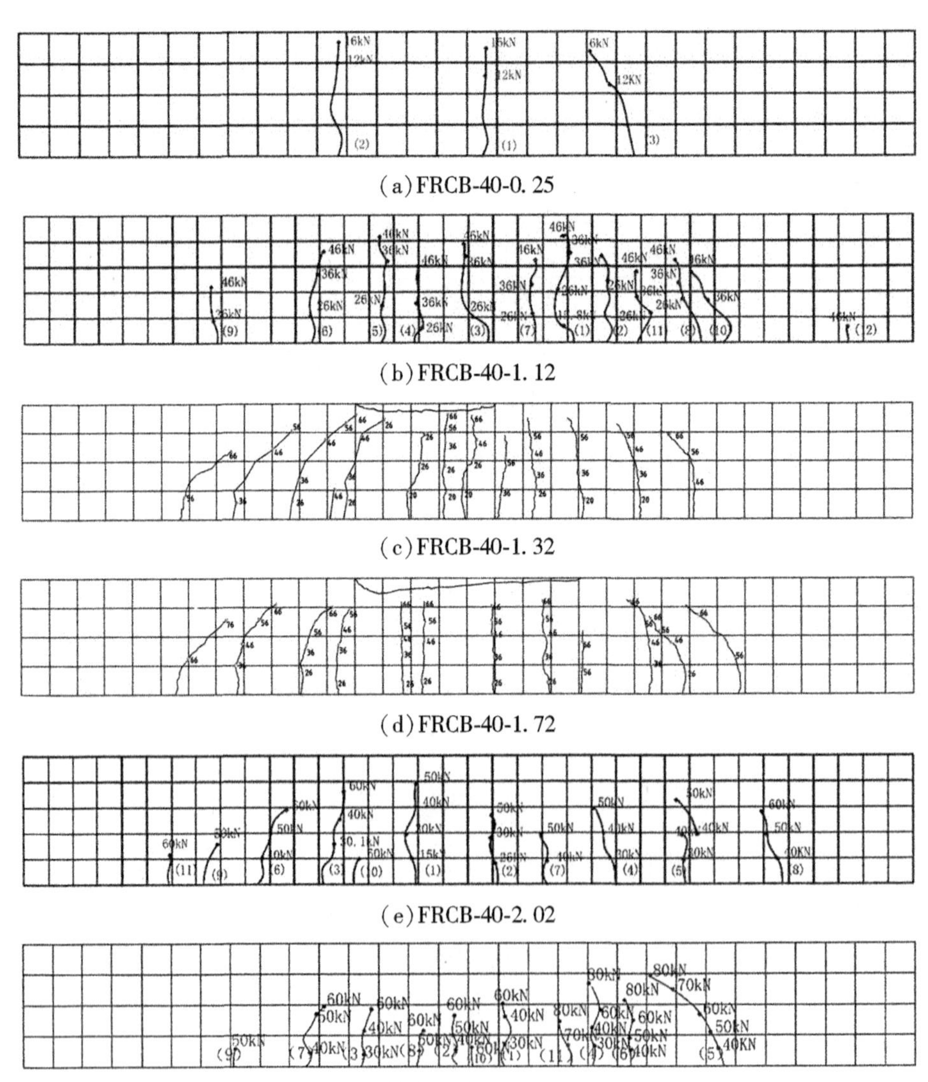

(a) FRCB-40-0.25

(b) FRCB-40-1.12

(c) FRCB-40-1.32

(d) FRCB-40-1.72

(e) FRCB-40-2.02

(f) FRCB-40-2.27

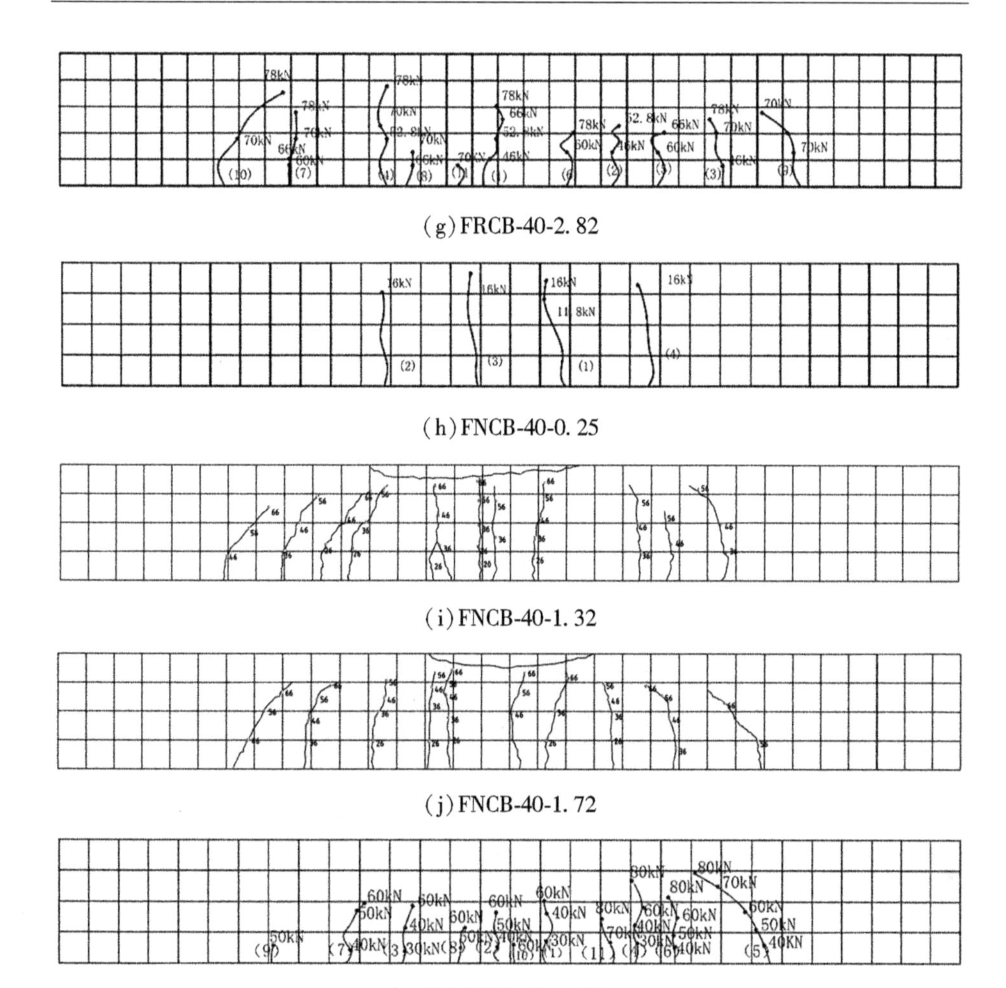

(g) FRCB-40-2.82

(h) FNCB-40-0.25

(i) FNCB-40-1.32

(j) FNCB-40-1.72

(k) FNCB-40-2.27

图 3.18　试验梁的裂缝分布图

3.7.2　裂缝宽度影响因素分析

1. 混凝土种类对裂缝宽度的影响

图 3.19 给出了自密实再生混凝土梁和普通混凝土梁裂缝宽度随荷载的变化规律。由图可知，自密实再生混凝土梁和普通混凝土梁的裂缝宽度均随着荷载的增加而增大，在相同荷载作用下，自密实再生混凝土梁的裂缝宽度小于普通混凝土梁。

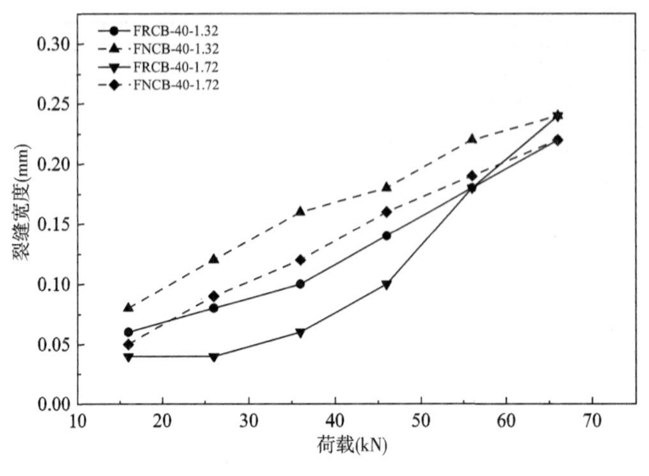

图 3.19　混凝土种类对裂缝宽度的影响

2. 配筋率对裂缝宽度的影响

图 3.20 给出了配筋率对自密实再生混凝土梁裂缝宽度的影响。由图可知，随着荷载的增大，试验梁的裂缝宽度不断增大，在相同荷载下，随着配筋率的提高，自密实再生混凝土梁的裂缝宽度不断减小，这主要是由于随着配筋率的提高，自密实再生混凝土与钢筋的接触面积增大，相同荷载情况下，钢筋与自密实再生混凝土的黏结力增强，从而导致二者的相对滑移减少。

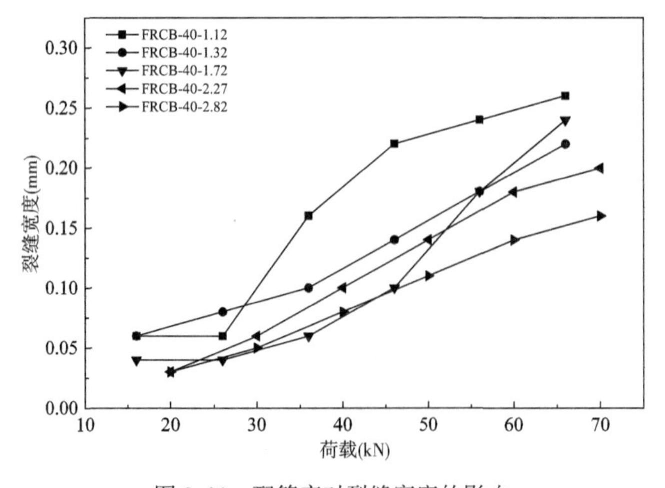

图 3.20　配筋率对裂缝宽度的影响

3.7.3 规范最大裂缝宽度计算公式的适用性

由图3.20可知，自密实再生混凝土梁的裂缝宽度较普通混凝土梁小，因此，用规范公式计算自密实再生混凝土梁正截面受弯的裂缝宽度可能不再适用。《混凝土结构设计规范》GB50010—2015对普通混凝土梁裂缝宽度计算公式为：

$$w_{\max} = \alpha_{cr}\varphi \frac{\sigma_s}{E_s} l_m^R$$

式中：α_{cr}——构件受力特征系数，取1.9；

φ——裂缝间纵向受拉钢筋不均匀系数；

σ_s——受拉钢筋应力，$\sigma_s = \frac{M}{\eta h_0 A_s}$，$\eta = 0.87$；

Es——受拉钢筋弹性模量；

l_m^R——平均裂缝间距；$l_m^R = 1.9c_s + 0.08\frac{d_{eq}}{\rho_{te}}$；

c_s——最外层纵向受拉钢筋外边缘至受拉区底边的距离(mm)：当 $c_s < 20$ 时，取 $c_s = 20$；当 $c_s > 65$ 时，取 $c_s = 65$；

d_{eq}——受拉区纵向钢筋等效直径，mm；

ρ_{te}——按有效受拉混凝土截面面积计算的纵向受拉钢筋配筋率

$\rho_{te} = \frac{A_s}{A_{te}}$；$A_{te} = 0.5bh$。

按照规范最大裂缝宽度计算方法，以及规范中各参数值，计算求得6根自密实再生混凝土梁在 $0.5M_u$ 和 $0.6M_u$ 作用下的裂缝宽度值，并与实测结果进行比较，见表3.14。

表3.14　**裂缝宽度规范计算值与实测值比较**

试件编号	M(kN)	M/M_u	$w_{\max}$(mm)	$w_{\max}^c$(mm)	$w_{\max}^c/w_{\max}$	$w_{\max}^{cl}$	$w_{\max}^{cl}/w_{\max}$
FRCB-40-1.12	9.0	0.5	0.16	0.20	1.248	0.16	0.998
	10.8	0.6	0.20	0.25	1.272	0.21	1.048
FRCB-40-1.32	10.9	0.5	0.14	0.20	1.406	0.16	1.172
	13.1	0.6	0.17	0.25	1.460	0.21	1.244

续表

试件编号	M(kN)	M/M_u	w_{max}(mm)	w_{max}^c(mm)	w_{max}^c/w_{max}	w_{max}^{cl}	w_{max}^{cl}/w_{max}
FRCB-40-1.72	13.2	0.5	0.12	0.18	1.486	0.15	1.289
	15.9	0.6	0.18	0.22	1.239	0.2	1.092
FRCB-40-2.02	13.8	0.5	0.18	0.16	0.882	0.14	0.779
	16.6	0.6	0.22	0.20	0.899	0.18	0.805
FRCB-40-2.27	15.5	0.5	0.14	0.16	1.110	0.14	0.993
	18.6	0.6	0.18	0.19	1.068	0.17	0.967
FRCB-40-2.82	17.6	0.5	0.15	0.17	1.112	0.15	1.011
	21.1	0.6	0.16	0.21	1.283	0.19	1.179
均值					1.205		1.048
方差					0.036		0.023

注：M 为弯矩；l_m^R 为平均裂缝间距；w_{max} 为不同荷载等级下裂缝宽度实测值；w_{max}^c 为不同荷载等级裂缝宽度规范计算值；w_{max}^{cl} 为不同荷载等级裂缝宽度拟合计算值。

由表可知，6 根自密实再生混凝土梁的计算值与试验值比值的均值为 1.205，方差为 0.036，表明采用规范公式计算自密实再生混凝土梁的最大裂缝宽度偏大，过于保守，已不再适用，因此需要基于实测数据对规范公式适当修正。

本书参考规范中不均匀系数的计算模式进行修正，规范计算式为

$$l_m^R = 1.9c_s + 0.08\frac{d_{eq}}{\rho_{te}}$$

根据各试验梁平均裂缝间距实测值进行拟合，获得自密实再生混凝土梁的平均裂缝间距计算公式为：

$$l_m^R = 2.03c_s + 0.05\frac{d_{eq}}{\rho_{te}}$$

将修正后的平均裂缝间距拟合式代入最大裂缝宽度计算式，得到自密实再生混凝土梁的裂缝宽度公式：

$$w_{max} = \alpha_{cr}\psi\frac{M}{0.72h_0A_sE_s}\left(2.03c_s + 0.05\frac{d_{eq}}{\rho_{te}}\right)$$

由表 3.14 可知，本书提出的最大裂缝宽度公式计算值与实测值比值均值

为1.048，方差为0.023，说明该公式的计算结果与试验值吻合较好，且离散性较小。因此，本书提出的最大裂缝宽度公式对自密实再生混凝土受弯构件具有较好的适用性。

3.8 自密实再生混凝土梁受弯延性分析

3.8.1 自密实再生混凝土梁曲率延性分析

自密实再生混凝土梁曲率延性的分析原理采用普通混凝土梁曲率延性的理论依据。但由于本试验对适筋梁试验根数较少，因此曲率延性的计算将少筋梁和超筋梁考虑在内，因此本书将屈服曲率的计算稍作调整，即将屈服弯矩对应的屈服曲率改为荷载-挠度上升段，极限荷载的75%对应的曲率。曲率延性的计算公式为：

$$\mu_{\Phi} = \frac{\Phi_u}{\Phi_y}$$

式中：Φ_u ——截面极限曲率，即受压区混凝土达到极限压应变时的截面曲率；

Φ_y ——荷载-挠度上升段，极限荷载的75%对应的曲率；

μ_{Φ} ——曲率延性系数。

1. 曲率延性的计算的基本假定

钢筋混凝土受弯构件曲率延性分析的基本假定与《混凝土结构设计规范》(GB50010—2015)中正截面承载力计算的假定相同，见本章3.5.3节内容。

2. 曲率延性的计算方法

基于平截面假定，自密实再生混凝土梁应力-应变分布如图3.21所示。自密实再生混凝土梁采用单筋矩形截面计算正截面曲率延性。

由图3.21可知，荷载-挠度上升段，极限荷载的75%对应的曲率为：

$$\Phi_y = \frac{\varepsilon_y}{(1-k)h_0}$$

$$\varepsilon_c = \frac{k}{1-k}\varepsilon_y$$

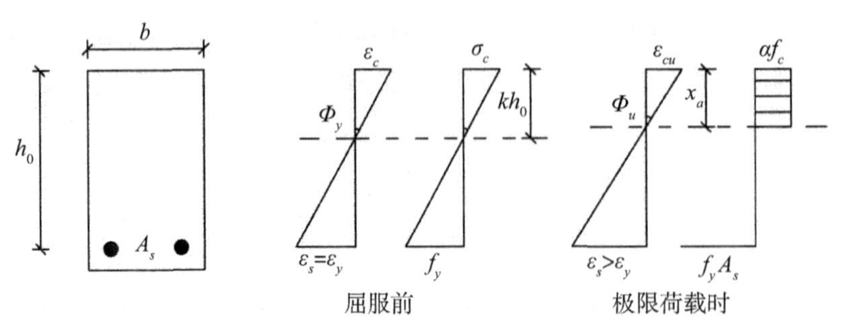

图 3. 21　两种状态下的应力-应变图

此时，受压区混凝土应力呈三角形分布，因此压应力的合力为：

$$C = \frac{1}{2}\sigma_c bkh_0 = \frac{1}{2}E_c\varepsilon_y bh_0 \frac{k^2}{1-k}$$

根据力的平衡可得：

$$\frac{1}{2}E_c\varepsilon_y bh_0 \frac{k^2}{1-k} = E_s\varepsilon_y A_s$$

求解方程得：

$$k = \sqrt{(\rho\alpha_E)^2 + 2\rho\alpha_E} - \rho\alpha_E$$

将 k 代入 Φ_y 公式，即得荷载-挠度上升段，极限荷载的 75% 对应的曲率为：

$$\Phi_y = \frac{\varepsilon_y}{h_0} \cdot \frac{1}{1 - \sqrt{(\rho\alpha_E)^2 + 2\rho\alpha_E} + \rho\alpha_E}$$

当荷载达到极限荷载时，采用等效变换，等效矩形应力图的应力值为 $\alpha_1 f_c$ ，等效矩形应力图的高度为 $\beta_1 x_a$ ，由力的平衡得：

$$\alpha_1 f_c bx = \alpha_1 f_c b\beta_1 x_a = f_y A_s$$

将配筋率 $\rho = A_s/bh_0$ 代入上式得：

$$x_a = \frac{\rho f_y h_0}{\alpha_1 \beta_1 f_c}$$

根据文献可知：

$$\Phi_u = \frac{\varepsilon_{cu}}{x_a}$$

代入便得自密实再生混凝土梁的极限曲率为：

$$\Phi_u = \frac{\alpha_1\beta_1\varepsilon_{cu}f_c}{\rho f_y h_0}$$

代入即得自密实再生混凝土梁正截面受弯曲率延性的计算公式为：

$$\mu_\Phi = \frac{\Phi_u}{\Phi_y} = \frac{\varepsilon_{cu}}{\varepsilon_y} \cdot \frac{\alpha_1\beta_1 f_c[1 - \sqrt{(\rho\alpha_E)^2 + 2\rho\alpha_E} + \rho\alpha_E]}{\rho f_y}$$

式中：ε_{cu}——极限荷载时混凝土受压区的压应变实测值；

ε_y——荷载-挠度上升段，极限荷载的75%对应的受拉钢筋拉应变实测值；

f_y——极限荷载时对应的受拉钢筋应力。

3.8.2 曲率延性系数计算结果

由 Φ_u 计算公式计算可得7根RASCC梁和3根NC梁的曲率延性系数，如表3.15所示。

表3.15 曲率延性系数分析

梁编号	ε_{cu}	ε_y	f_y	Φ_u ($\times10^{-6}$)	Φ_y($\times 10^{-6}$)	μ_Φ
FRCB-40-0.25	1192	2793	440	36.7	2.9	12.45
FRCB-40-1.12	2966	2833	492	76.5	15.3	4.99
FRCB-40-1.32	2071	1923	492	52.5	12.3	4.27
FRCB-40-1.72	2998	2516	439	72.1	18.8	3.84
FRCB-40-2.02	3271	2528	434	75.8	20.8	3.64
FRCB-40-2.27	3160	2121	434	70.9	20.3	3.50
FRCB-40-2.82	2984	1798	420	64.4	20.4	3.16
FNCB-40-0.25	1418	3894	440	47.5	4.1	11.56
FNCB-40-1.72	2354	2436	439	63.7	18.2	3.50
FNCB-40-2.27	2799	2323	434	71.4	22.2	3.22

3.8.3 混凝土种类和配筋率对曲率延性的影响

图3.22(a)给出了混凝土种类对曲率延性的影响，由图3.22(a)和表3.15

可知，自密实再生混凝土梁的曲率延性略高于普通混凝土梁，配筋率为 0.25%、1.72%、2.27%的自密实再生混凝土梁的曲率延性系数分别是普通混凝土梁的 1.08 倍、1.10 倍、1.09 倍，说明自密实再生混凝土梁的变形性能比普通混凝土梁好。

图 3.22(b)给出了配筋率对曲率延性的影响，由图 3.22(b)和表 3.15 可知，随着配筋率的提高，自密实再生混凝土梁的曲率延性逐渐减小，当配筋率为 0.25%时，弯曲延性系数为 12.45，延性较差，说明此配筋率为少筋脆性破坏，这也印证了上述结论。

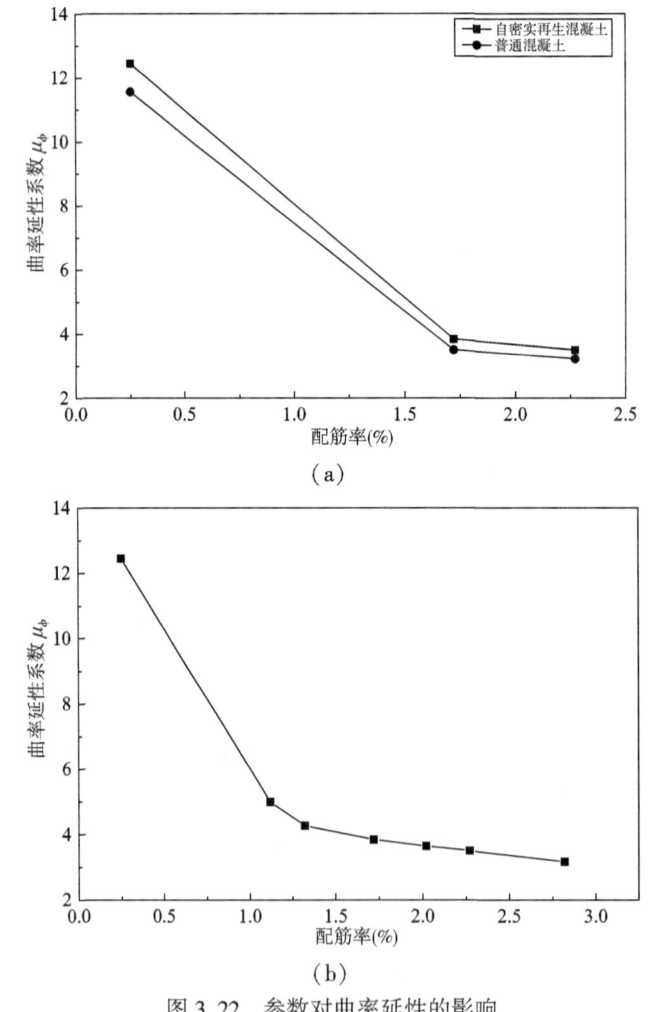

(a)

(b)

图 3.22　参数对曲率延性的影响

3.8.4　自密实再生混凝土梁位移延性分析

位移延续系数的定义为$\mu=\Delta_f/\Delta_y$，Δ_f是荷载-挠度曲线下降段75%F_u所对应的位移；Δ_y是试验梁屈服荷载或荷载-挠度上升段，极限荷载的75%所对应的位移，采用能量法求得，如图3.23所示，通过△OAB的面积等于△BYN的面积相等求得。

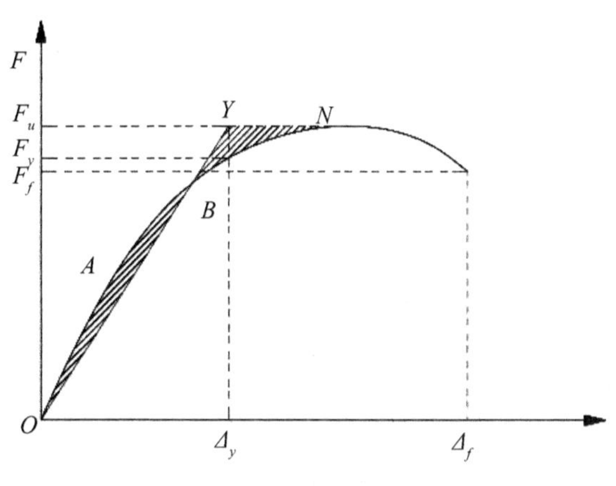

图3.23　位移延性系数的定义

3.8.5　位移延性系数计算结果

自密实再生混凝土梁正截面受弯位移延性系数的计算结果见表3.16。

表3.16　**位移延性系数计算结果**

梁编号	F_u(kN)	Δ_f(mm)	Δ_y(mm)	μ
FRCB-40-0.25	19.72	14.04	3.04	4.62
FRCB-40-1.12	72.04	30.57	5.25	5.82
FRCB-40-1.32	87.16	23.56	5.18	4.55
FRCB-40-1.72	106.04	19.23	7.33	2.62
FRCB-40-2.02	110.80	17.63	6.95	2.54
FRCB-40-2.27	124.20	16.11	6.52	2.47
FRCB-40-2.82	140.48	12.31	6.57	1.87

续表

梁编号	F_u(kN)	Δ_f (mm)	Δ_y (mm)	μ
FNCB-40-0. 25	23. 44	22. 89	3. 78	6. 06
FNCB-40-1. 32	88. 16	22. 13	4. 93	4. 49
FNCB-40-1. 72	105. 56	15. 49	7. 18	2. 16
FNCB-40-2. 27	123. 56	12. 97	6. 55	1. 98

3. 8. 6　混凝土种类和配筋率对位移延性的影响

图 3. 24(a)所示为混凝土种类对位移的影响，由图 3. 24(a)和表 3. 16 可知，当配筋率为 0. 25%时，自密实再生混凝土梁的位移延性低于普通混凝土梁；当配筋率在 1. 32%~2. 27%范围内时，自密实再生混凝土梁的位移延性高于普通混凝土梁。

图 3. 24(b)所示为配筋率对位移延性的影响，由图 3. 24(b)和表 3. 16 可知，配筋率从 0. 25%增大至 1. 12%时，自密实再生混凝土梁的位移延性增加了 26. 0%；当配筋率由 1. 12%增大到 2. 82%时，随着配筋率的提高，自密实再生混凝土梁的位移延性逐渐减小，也就是说，在适筋范围内，配筋率越小，梁的位移延性越好。

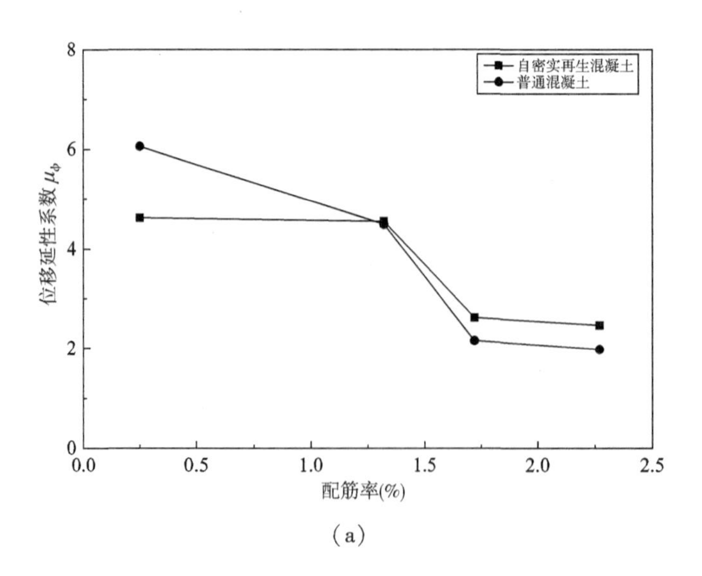

(a)

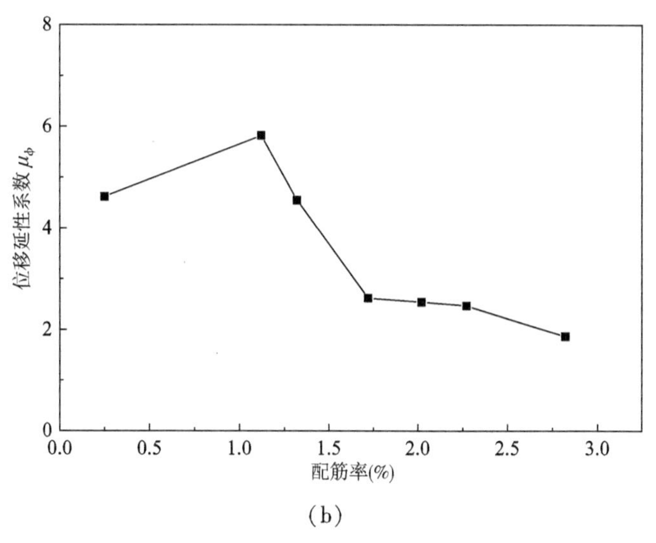

(b)

图 3.24　试验参数对位移延性的影响

本章小结

本章以纵筋配筋率为试验参数，进行了 7 根自密实再生混凝土梁和 4 根普通混凝土梁的受弯性能试验，研究并比较了自密实再生混凝土梁的受弯性能，并结合试验结果，探讨了现行规范对自密实再生混凝土梁的适用性问题，其主要结论如下：

(1)自密实再生混凝土梁的破坏形态和弯矩-挠度曲线与普通混凝土梁相似，其受弯承载力几乎与普通混凝土梁相等，但其开裂弯矩明显小于普通混凝土梁，且在适筋范围内其裂缝宽度更小，裂缝数目较多；随着纵筋配筋率的提高，自密实再生混凝土梁的抗裂性能和受弯承载力增加显著。

(2)现行规范关于开裂弯矩和极限承载力的计算方法直接适用于自密实再生混凝土梁，而跨中挠度计算值较试验值稍不安全，最大裂缝宽度计算略为保守，现行规范不直接适用，基于规范理论和试验结果提出了自密实再生混凝土梁挠度和裂缝宽度的建议公式。

参考文献

[1]张川．混凝土结构设计原理[M]．重庆：重庆大学出版社，2015.

[2]Yu Fang, Wang Min, Yao Dali, et, al. Study on flexural behavior of self-compacting concrete beams with recycled aggregates[J]. Buildings, 2022, 12(7): 881.

[3]Cabral A E B, Schalch V, Molin D C C D, et al. Mechanical properties modeling of recycled aggregate concrete[J]. Construction & Building Materials, 2010, 24(4): 421-430.

[4]Arundeb G, Saroj M, Somnath G. Direct compressive strength and elastic modulus of recycled aggregate concrete[J]. International Journal of Civil & Structural Engineering, 2012.

[5]Ö. Çakır. Experimental analysis of properties of recycled coarse aggregate (RCA) concrete with mineral additives [J]. Construction & Building Materials, 2014, 68(3): 17-25.

[6]Nagataki S, Gokce A, Saeki T, et al. Assessment of recycling process induced damage sensitivity of recycled concrete aggregates [J]. Cement & Concrete Research, 2004, 34(6): 965-971.

[7]Dapena E, Alaejos P, Lobet A, et al. Effect of recycled sand content on characteristics of mortars and concretes [J]. Journal of Materials in Civil Engineering, 2011, 23(4): 414-422.

[8]杨卫闯．自密实再生混凝土梁受力性能试验研究[D]．沈阳：沈阳工业大学，2018.

[9]姚大立，杨卫闯，魏华，等．基于数值模拟方法再生混凝土梁弯曲延性分析[J]．沈阳工业大学学报，2019，41(4)：464-468.

[10]吴瑾，耿犟，杨曦．短期荷载作用下再生骨料混凝土梁正截面裂缝宽度试验研究[J]．建筑结构学报，2011，32(6)：107-114.

[11]杨桂新，吴瑾，叶强．再生混凝土梁挠度计算方法研究[J]．工程力学，2011，28(2)：147-151.

[12]刘超，白国良，尹磊，等．长期荷载作用下再生混凝土梁裂缝宽度试验研究[J]．土木工程学报，2014，47(1)：82-87.

[13]吴波，许喆，刘琼祥，等．再生混合钢筋混凝土梁的受弯性能试验[J]. 工程抗震与加固改造，2010，32(1)：70-74.

[14]白文辉，王柏生．钢筋再生粗骨料混凝土简支梁的受弯性能试验研究[J]. 工业建筑，2009，39(S1)：910-913，934.

[15]陈爱玖，王璇，解伟，等．再生混凝土梁受弯性能试验研究[J]. 建筑材料学报，2015，18(4)：589-595.

[16]Słowik，M. The analysis of failure in concrete and reinforced concrete beams with different reinforcement ratio[J]. Archive of Applied Mechanics，2018，89(5)：885-895.

[17]陈旭勇，张智鑫，吴巧云，等．再生混凝土梁开裂弯矩的修正计算[J]. 混凝土与水泥制品，2021(7)：38-42.

[18]Chen Xuyong，Zhang Zhixin，Xu Zhifeng，et al. Experimental Analysis of Recycled Aggregate Concrete Beams and Correction Formulas for the Crack Resistance Calculation[J]. Advances in Materials Science and Engineering，2022，1466501.

[19]严佳川．再生混凝土梁正截面受弯承载力计算模式及可靠度研究[D]. 哈尔滨：哈尔滨工业大学，2008.

[20]Qin Wenyue，Chen Yuliang，Chen Zongping. Experimental study on flexural behaviors of steel reinforced recycled coarse aggregate concrete beams[J]. Applied Mechanics & Materials，2012(166-169)：1614-1619.

[21]陈力．再生粗骨料混凝土梁受弯性能试验研究[D]. 南宁：广西大学，2013.

[22]Choi W C，Yun H-D，Kim S W. Flexural performance of reinforced recycled aggregate concrete beams[J]. Magazine of Concrete Research，2012，64(9)：837-848.

[23]Zhou Jianmin，Chen Shou，Wang Xiaofeng，et al. Research on short term flexural stiffness of concrete beams with high strength steel bars[J]. Advanced Materials Research，2012，446-449：435-444.

[24]Bai Wenhi. Stiffness revising to recycled course aggregate reinforced concrete beams under short-term loading[J]. Advanced Materials Research，2011，168-170：1443-1448.

[25]杨曦. 再生混凝土梁正截面抗裂性能和裂缝宽度试验研究[D]. 南京：南京航空航天大学，2008.

[26]Deng Zhiheng, Wang Yumei, Yang Haifeng, et al. Research on crack behavior of recycled concrete beams under short-term loading [J]. KSCE Journal of Civil Engineering, 2018, 22(5): 1763-1770.

[27]Rao G A, Vijayanand I, Eligehausen R. Studies on ductility and evaluation of minimum flexural reinforcement in RC beams [J]. Materials & Structures, 2008, 41(4): 759-771.

第 4 章　自密实再生混凝土梁受剪性能研究

在上一章中，我们已经对自密实再生混凝土梁的受弯性能进行了试验研究和理论分析。实际上，再生骨料的脆性特征也会对梁的受剪性能造成不利影响，而自密实混凝土中大量胶凝材料又会增加骨料与界面的黏结性能，使得梁的受剪性能得以提高。基于以上影响，有必要开展自密实再生混凝土梁受剪性能的专题研究。

本章针对自密实再生混凝土梁受剪性能，开展了 10 根自密实再生混凝土有腹筋梁和 4 根自密实再生混凝土无腹筋梁以及 2 根普通混凝土梁受剪性能试验，系统分析了混凝土种类、混凝土强度、剪跨比和配箍率对自密实再生混凝土梁破坏形态、荷载-挠度曲线、受剪承载力及变形性能的影响，并基于试验结果探讨了现行规范对自密实再生混凝土梁受剪承载力计算的适用性，对规范计算公式进行了修正，为自密实再生混凝土梁的设计提供参考依据。

4.1　自密实再生混凝土梁受剪性能试验

4.1.1　试验目的

通过 4 根自密实再生混凝土无腹筋梁、10 根自密实再生混凝土有腹筋梁和 2 根普通混凝土梁的受剪性能试验，研究如下几方面：①自密实再生混凝土有腹筋梁和无腹筋梁破坏过程、破坏形态和破坏机理与普通混凝土梁的区别；②剪跨比、配箍率、混凝土强度和混凝土种类对自密实再生混凝土有腹筋梁的开裂荷载和极限承载力，以及变形性能的影响；③确定自密实再生混凝土梁最大配箍率大致范围；④自密实再生混凝土有腹筋梁的受剪承载力建议计算公式。

4.1.2　试验方案

本试验共设计了 16 根自密实再生混凝土梁。自密实再生混凝土有腹筋梁共设计了 12 根(其中包括 2 根普通混凝土梁)，主要研究剪跨比(λ = 1.5、2.0、2.5、3.0)、混凝土强度(C30、C40、C50)和配箍率(ρ_{sv} = 0.15%、0.35%、0.55%、0.75%、0.95%)对开裂荷载、破坏形态和极限承载力的影响。对于无腹筋梁，共设计了 4 根试验梁，主要研究剪跨比(λ = 1.5、2.0、2.5、3.0)对破坏形态以及箍筋对受剪承载力的贡献程度；本试验梁的截面尺寸均为 120mm × 200mm，梁长 L 分别为 1120mm、1280mm、1440mm、1560mm、1600mm，其对应的剪跨段 a 分别为 160mm、240mm、320mm、400mm、480mm，混凝土保护层厚度为 20mm。具体试验参数如表 4.1 所示。

表 4.1　**试验具体参数设置**

试件编号	截面尺寸 $b×h$ (mm×mm)	纵筋形式	剪跨比 λ	混凝土强度 f_c	配箍率 ρ_{sv} (%)
SRCB-40-1.5-0	120×200	2 ⌀ 28	1.5	C40	0
SRCB-40-2.0-0	120×200	2 ⌀ 28	2.0	C40	0
SRCB-40-2.5-0	120×200	2 ⌀ 28	2.5	C40	0
SRCB-40-3.0-0	120×200	2 ⌀ 28	3.0	C40	0
SRCB-30-2.5-0.55	120×200	2 ⌀ 28	2.5	C30	0.55
SRCB-40-2.5-0.55	120×200	2 ⌀ 28	2.5	C40	0.55
SRCB-50-2.5-0.55	120×200	2 ⌀ 28	2.5	C50	0.55
SRCB-40-1.5-0.55	120×200	2 ⌀ 28	1.5	C40	0.55
SRCB-40-2.0-0.55	120×200	2 ⌀ 28	2.0	C40	0.55
SRCB-40-3.0-0.55	120×200	2 ⌀ 28	3.0	C40	0.55
SRCB-40-2.5-0.15	120×200	2 ⌀ 28	2.5	C40	0.15
SRCB-40-2.5-0.35	120×200	2 ⌀ 28	2.5	C40	0.35
SRCB-40-2.5-0.75	120×200	2 ⌀ 28	2.5	C40	0.75
SRCB-40-2.5-0.95	120×200	2 ⌀ 28	2.5	C40	0.95
SNCB-40-2.5-0.15	120×200	2 ⌀ 28	2.5	C40	0.15
SNCB-40-2.5-0.55	120×200	2 ⌀ 28	2.5	C40	0.55

注：A-B-C-D 分别表示 A：混凝土种类(SRCB 为自密实再生混凝土梁；SNCB 为普通混凝土梁)，B：混凝土强度设计等级，C：剪跨比，D：配箍率。

本试验是采取对称加载，在梁的单侧按照配箍率进行配置箍筋，在另一侧采取箍筋加密的措施，部分梁的构造图如图 4.1 所示。

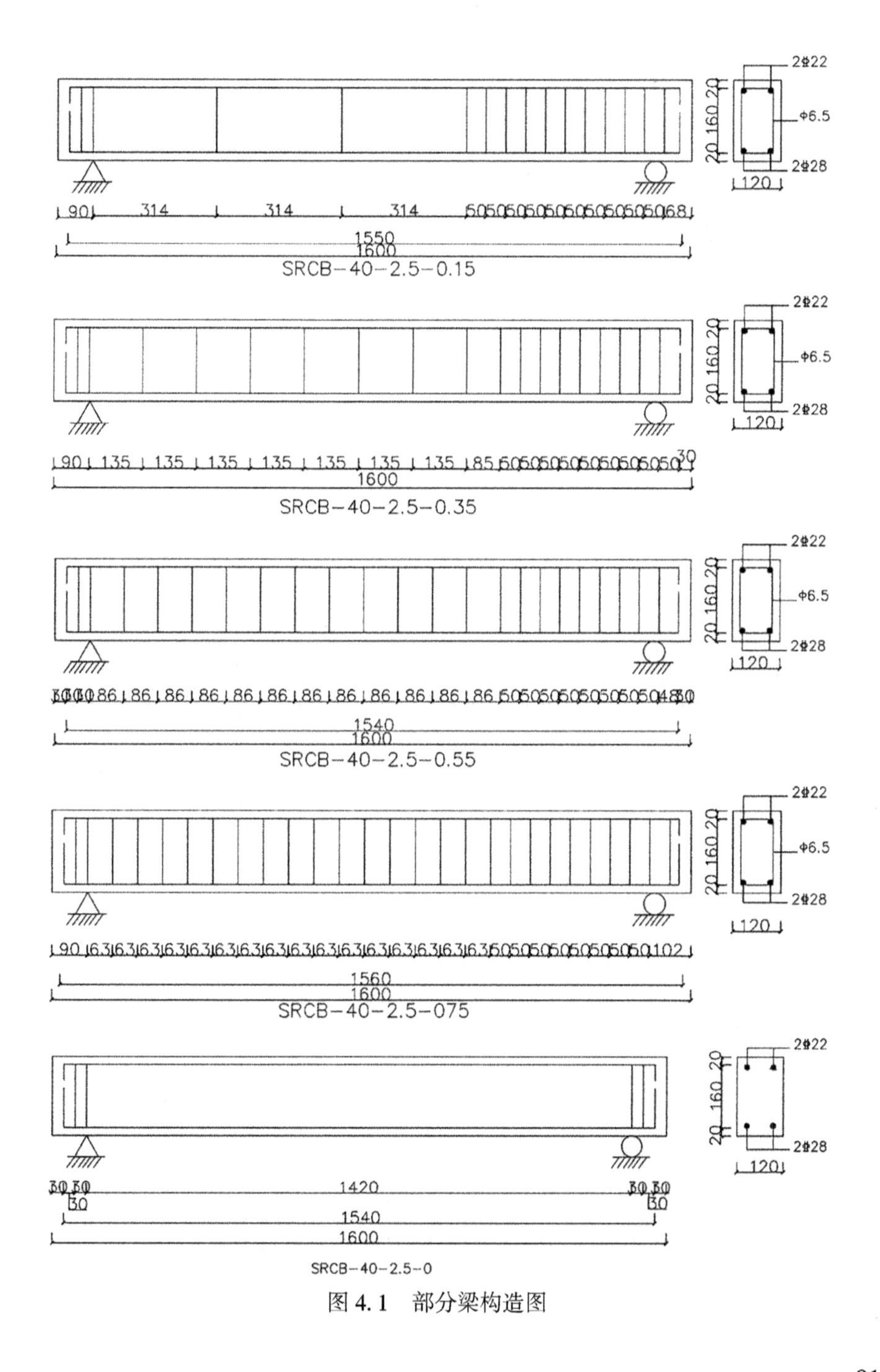

图 4.1　部分梁构造图

4.1.3　模板及试件制作

本试验中梁的制作与加工(除模板制作外)均在沈阳工业大学结构实验室完成，再生混凝土受弯梁和受剪梁的制作过程基本一致，大致分为：应变片的粘贴、钢筋骨架的制作与绑扎、模板支护、确定钢筋骨架在模板中位置和混凝土的浇筑与养护。

1. 应变片的粘贴

在贴片前，首先使用角磨机在应变片所贴位置将钢筋表面的肋打磨平整，然后使用布轮将钢筋打磨光滑，并用医用棉蘸无水乙醇将贴片位置擦洗干净(目的是为了除去铁屑)。贴片时，首先在贴片位置涂上一层 502 胶水，并将应变片导线翘起，左手拿住翘起的导线，右手隔层透明塑料纸(防止胶水粘手)迅速将应变片反面按在涂胶水位置，用手指将多余胶水挤出，并将端子无缝隙的粘贴在应变片前端、并检查有无气泡、挠曲等现象，粘贴合格后，用烙铁将导线焊在端子上，并剪掉多余导线，然后用烙铁将引线焊在端子上。焊完引线后，用万用表将挡位调在 2000Ω 位置，红黑表笔分别接在引出的导线，进行测试。所测电阻必须为 120(±1)Ω，否则为不合格。合格后，将引线用扎线带在离端子 2cm 处固定。所有应变片粘贴完毕后，用环氧树脂和固化剂为 1∶1 的比例调试完成后，在应变片处贴上一层调试好的环氧树脂混合剂，并纱布缠绕 2~3 圈，目的是做防水处理，待环氧树脂凝固后，再一次测试应变片是否正常。具体过程如图 4.2 所示。

2. 钢筋骨架的制作与绑扎

由于本试验的配箍率种类(箍筋间距)较多，因此在预先制备好的受拉和受压钢筋上做好标记，然后按照做好的标记进行绑扎钢筋骨架，过程如图 4.3 所示。

3. 模板制作及混凝土浇筑

本试验模板全部是按照试验梁尺寸制作的木质模板。在浇筑前，首先在模板底部放置高度为 1cm 干砂，并进行超平处理，防止试验梁因模板放置不平整而浇筑成异形截面梁，在浇筑时预留 6 个 100mm×100mm×100mm 的伴随试件，目的是为了测量本批次的立方体抗压强度和劈拉强度和 6 个 100mm×

(a)粘贴应变片

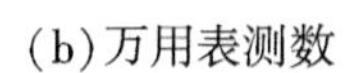

(b)万用表测数

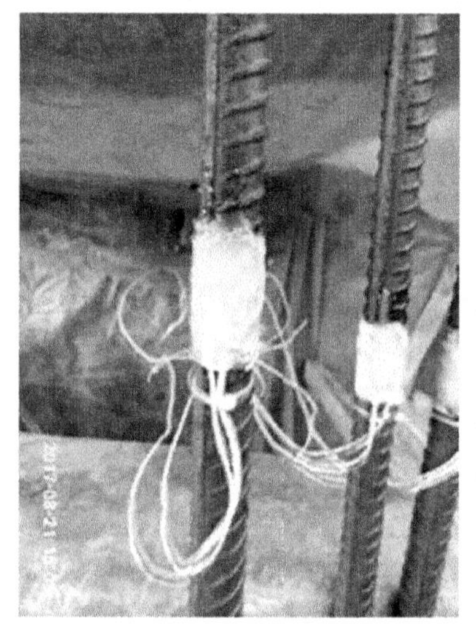

(c)防水处理

(d)成品

图 4.2 应变片贴片过程

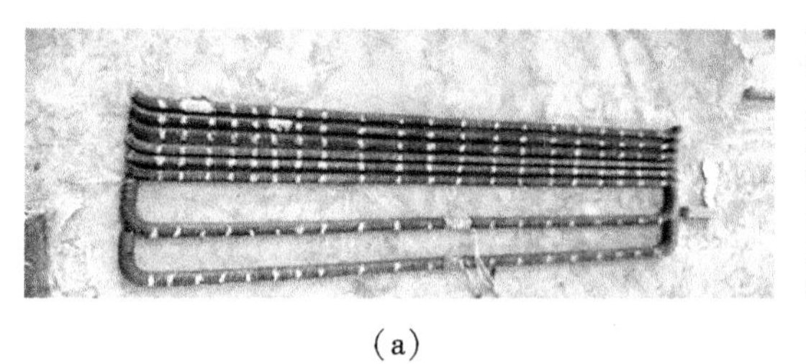

(a)

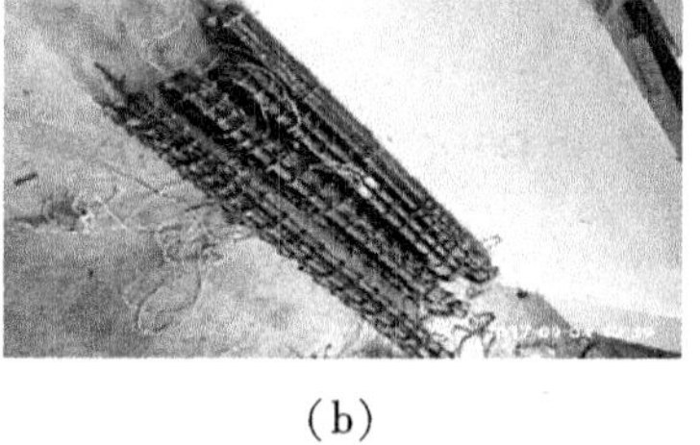

(b)

图 4.3 钢筋笼制作过程

100mm×100mm 棱柱体试件，目的是为了测量本批次的轴心抗压强度和弹性模量。本试验是研究自密实再生混凝土梁的受力性能，因此在浇筑过程中无须振捣，仅在自重作用下便可填充整个模板。如图 4.4 所示。

(a)　　(b)

(c)

图 4.4　试件模板及制作过程

4.1.4　加载装置及加载制度

受剪试验按照《混凝土结构试验方法标准》(GB50152—2012)的规定进行分级加载，正式加载前先预加载，目的使加载系统的各部分间能够良好接触，各数据采集设备能够正常工作，检查无误后卸载至零，然后再次调整各仪器。正式试验时，根据我们预先估算的极限荷载采用分级加载，每加一级荷载，持载10min，以便于量测试验数据，试验梁开裂前，每级加荷为预估极限荷载的5%~10%，加载速率为0.2kN/min，试验梁开裂后，缓慢加载，每级加荷为预估极限荷载的10%，加载至极限荷载的85%后则以位移控制加载，加载速率为0.02mm/min，直至试件破坏。试验加载装置示意图和实际加载图如图4.5所示。

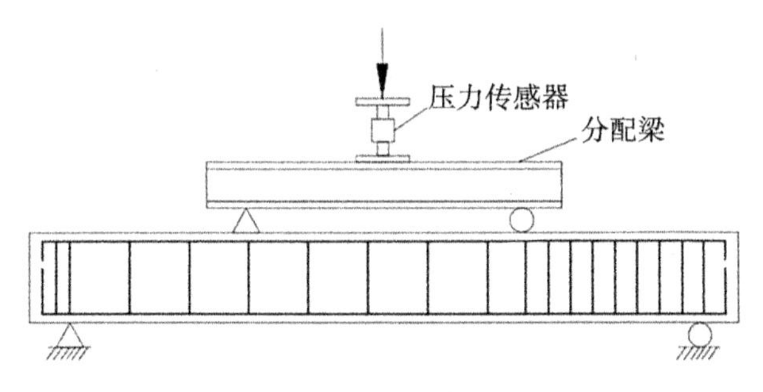

(a)加载装置简图

(b)实际加载图

图4.5　加载装置图

4.1.5　测点布置及观测内容

受剪试验测试设备采用IMC动态采集仪，测试内容主要包括：

(1)荷载：正截面开裂荷载、斜截面开裂荷载以及极限荷载，荷载采用压力传感器测试。

(2)挠度：跨中位移及支座位移，位移的采集为 YDH-100 型位移计。

(3)裂缝：裂缝采用裂缝测宽仪测试，在混凝土梁侧面用石灰水涂刷，然后用墨斗绘制 5cm×5cm 方格以观测裂缝的产生和发展，记录每级荷载作用下的裂缝的长度和宽度。

(4)应变：混凝土剪压区应变、箍筋应变和纵筋应变。①根据本试验箍筋的布置特点，在梁一侧非箍筋加密区的加载点和支座之间的每根箍筋的中部，布置规格为 2mm×3mm 的应变片，以了解加载过程中箍筋的应变变化规律，在试验梁的每根受拉钢筋中部粘贴规格为 2mm×3mm 的应变片，以了解加载过程中纵筋的变化规律；②在试验梁侧面加载点处即剪压区粘贴规格为 100mm×5mm 的应变片，以了解试验梁剪切破坏时混凝土的极限压应变。具体测点布置图如图 4.6 所示。

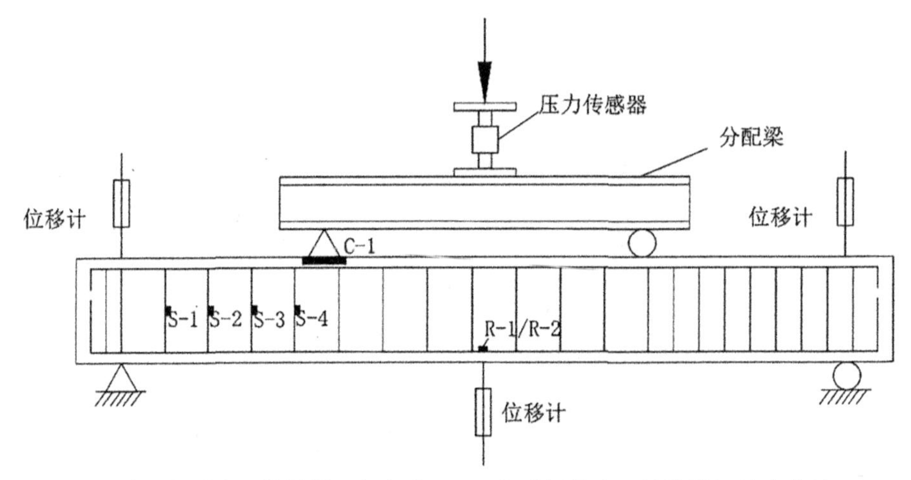

(C-1 表示标号为 1 的混凝土应变片；R-1 表示标号为 1 的纵筋钢筋应变片；S-1 表示标号为 1 的箍筋应变片)

图 4.6　试件测点布置图

4.2　试验结果及分析

4.2.1　试验梁破坏形态及裂缝特征

对于试验梁 SRCB-40-1.5-0.55，当荷载加载至极限荷载的 5%时，在梁的纯弯段受拉区出现竖向弯曲裂缝，当加载至极限荷载9.5%时，在试验梁剪跨区的腹中出现斜裂缝，继续加载，斜裂缝数量增多，宽度增大，同时在梁的剪跨区也出现竖向弯曲裂缝，并向加载点方向发展，当加载至极限荷载时，主斜裂缝附近的斜裂缝宽度增大，并最终形成多条主斜裂缝，这些斜裂缝将剪跨区混凝土分割成多个斜向"短柱"，最后因"短柱"被压碎而破坏。此时，箍筋和纵筋的实测应变最大值分别为1156με和1814με，二者均未屈服，此种破坏形态为斜压破坏。

对于梁SRCB-40-2.0-0.55、SRCB-40-2.5-0.15、SRCB-40-2.5-0.35和SNCB-40-2.5-0.15，当荷载加载至极限荷载的7.2%~9.6%时，在梁的纯弯段受拉区出现竖向弯曲裂缝，当荷载加载至极限荷载的12.2%~18.4%时，在梁剪跨区的加载点和支座连线方向出现斜裂缝，同时在剪跨区也出现竖向弯曲裂缝，继续加载，裂缝宽度增大，同时剪跨区混凝土出现多条斜裂缝，当加载至极限荷载时，剪压区混凝土被压碎而致试验梁破坏。此时箍筋应变为6822με，纵筋最大应变为442.9με，箍筋屈服而纵筋未屈服，此种破坏形态为剪压破坏。

对于梁SRCB-40-2.5-0.55、SRCB-40-2.5-0.75、SRCB-40-2.5-0.95、SRCB-30-2.5-0.55、SRCB-50-2.5-0.55、SNCB-40-2.5-0.55、SRCB-40-3.0-0.55，当荷载加载至极限荷载的6.2%~9.1%时，首先在纯弯段出现竖向弯曲裂缝，继续加载至极限荷载的12.1%~17.4%时，在梁的剪跨区出现斜裂缝，裂缝宽度较小，随着荷载的增加，斜裂缝宽度增大，数量增多，较宽的斜裂缝最终发展成为主斜裂缝，此时，纯弯段内竖向弯曲裂缝均已发展至梁截面中和轴以上的受压区域内，达到极限荷载时，剪压区混凝土压碎并脱落，梁宣告破坏。此时箍筋和纵筋应变最小值分别为7728με和5051με，均已屈服，此种破坏形态为弯剪破坏。

如图4.7、图4.8所示。

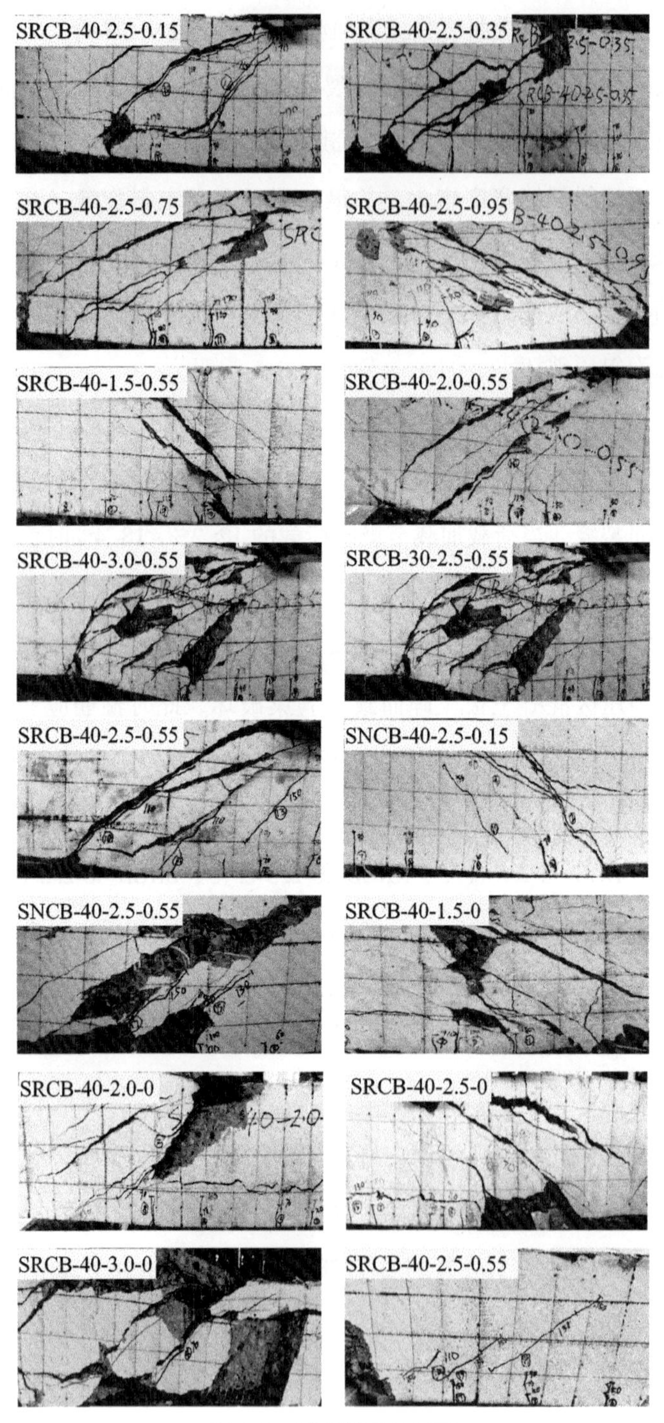
SRCB-40-2.5-0.15
SRCB-40-2.5-0.35
SRCB-40-2.5-0.75
SRCB-40-2.5-0.95
SRCB-40-1.5-0.55
SRCB-40-2.0-0.55
SRCB-40-3.0-0.55
SRCB-30-2.5-0.55
SRCB-40-2.5-0.55
SNCB-40-2.5-0.15
SNCB-40-2.5-0.55
SRCB-40-1.5-0
SRCB-40-2.0-0
SRCB-40-2.5-0
SRCB-40-3.0-0
SRCB-40-2.5-0.55

图 4.7　试验梁破坏形态

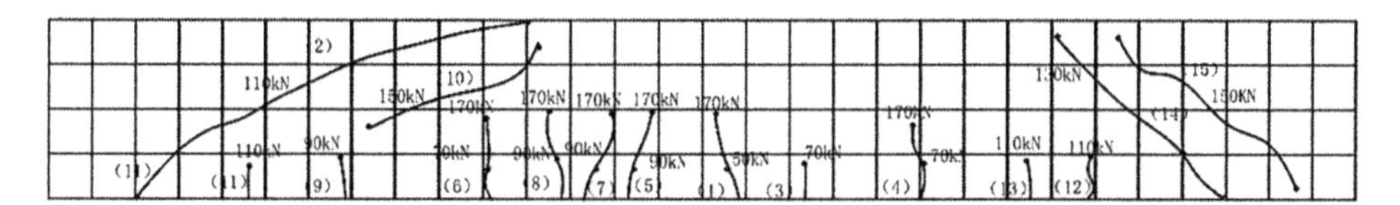

SRCB-40-2.5-0.15

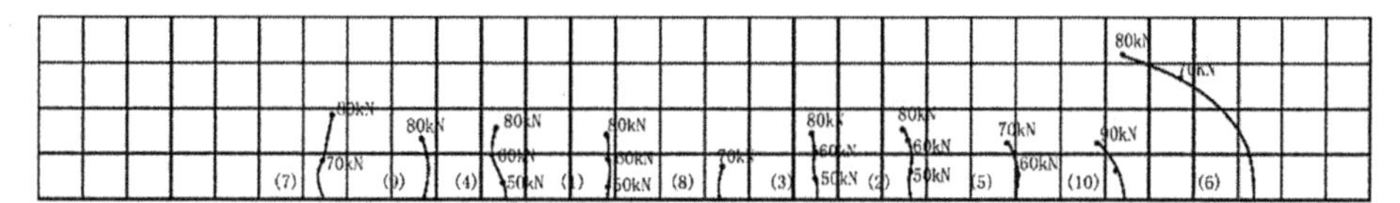

SRCB-40-2.5-0.35

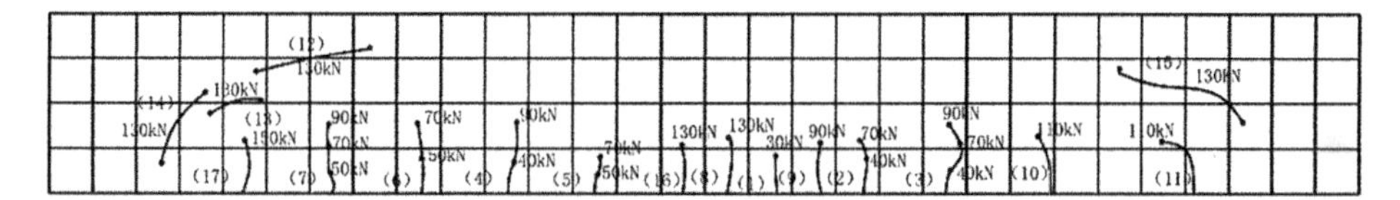

SRCB-40-2.5-0.55

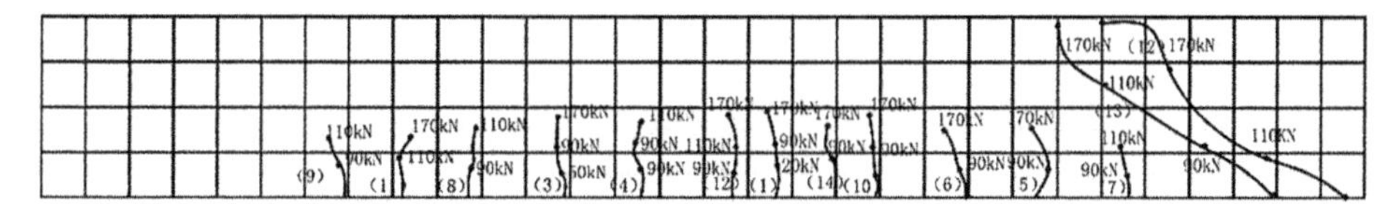

SRCB-40-2.5-0.75

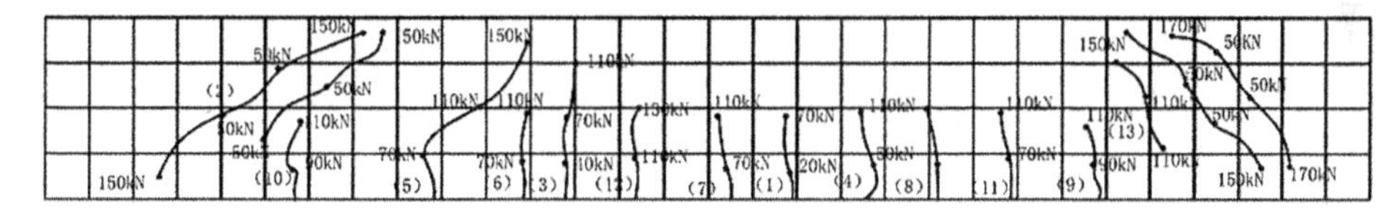

SRCB-40-2.5-0.95

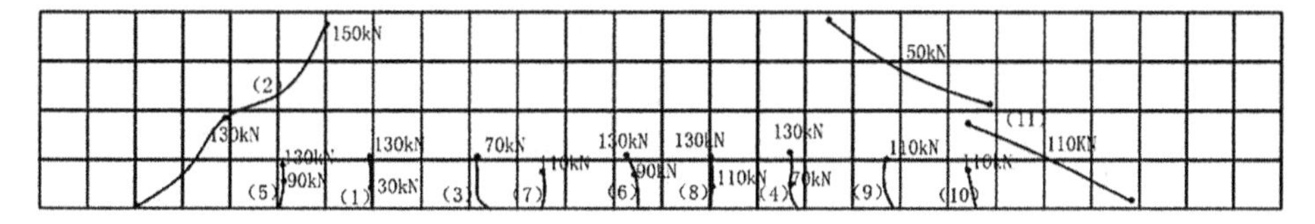

SRCB-40-1.5-0.55

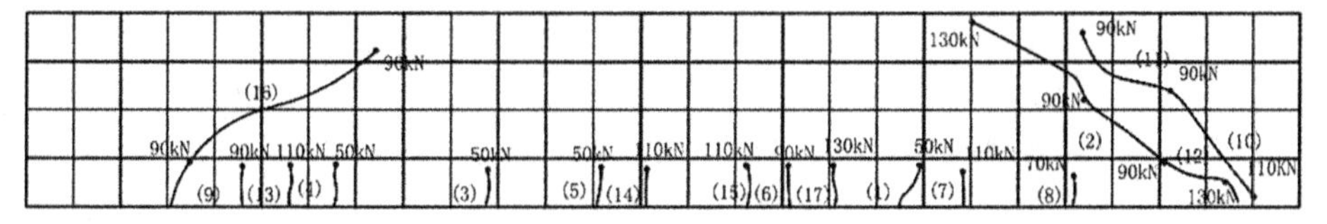

SRCB-40-2.0-0.55

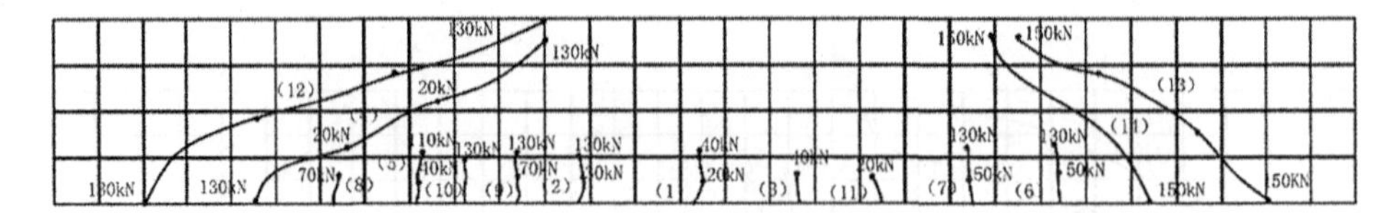

SRCB-40-3. 0-0. 55

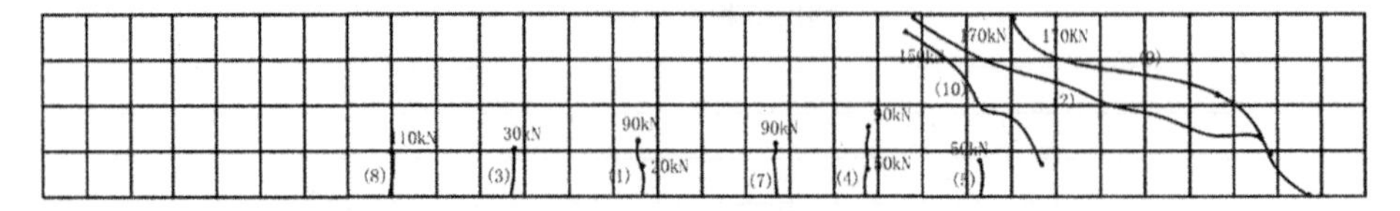

SNCB-40-2. 5-0. 15

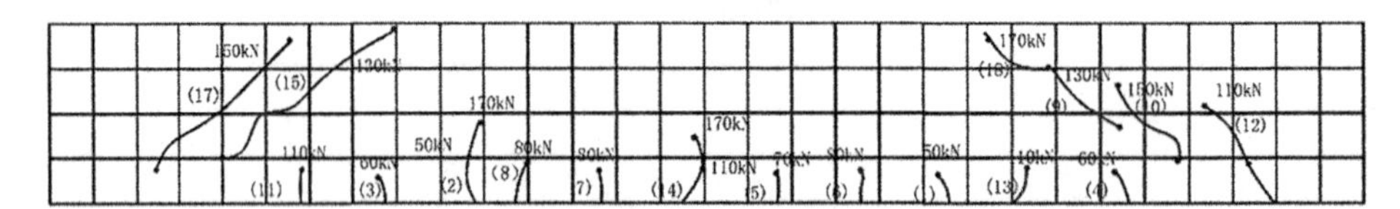

SNCB-40-2. 5-0. 55

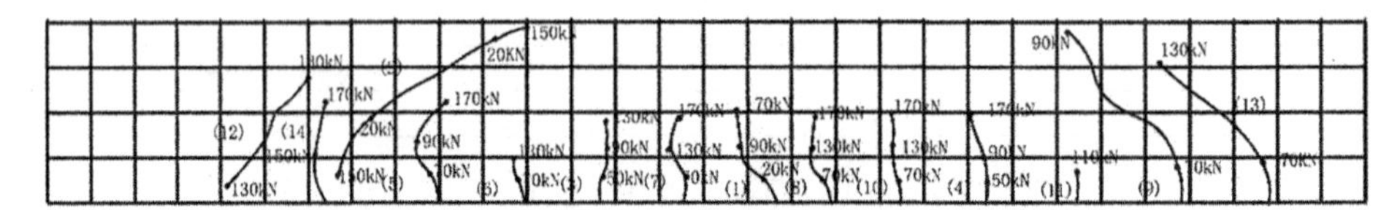

SRCB-30-2. 5-0. 55

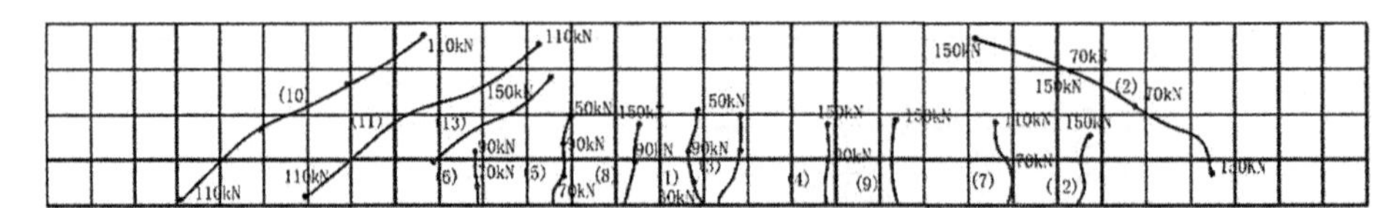

SRCB-50-2. 5-0. 55

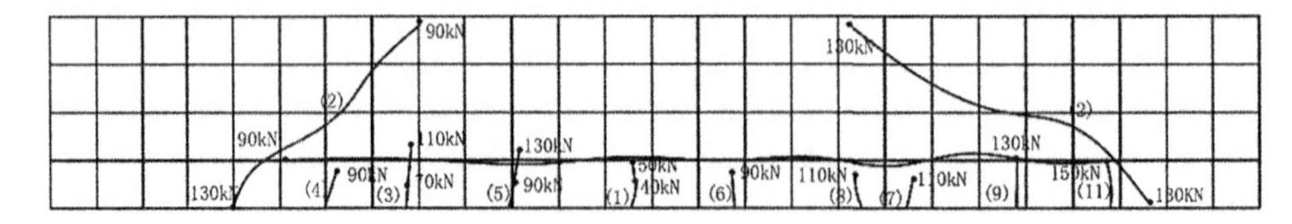

SRCB-40-1. 5-0

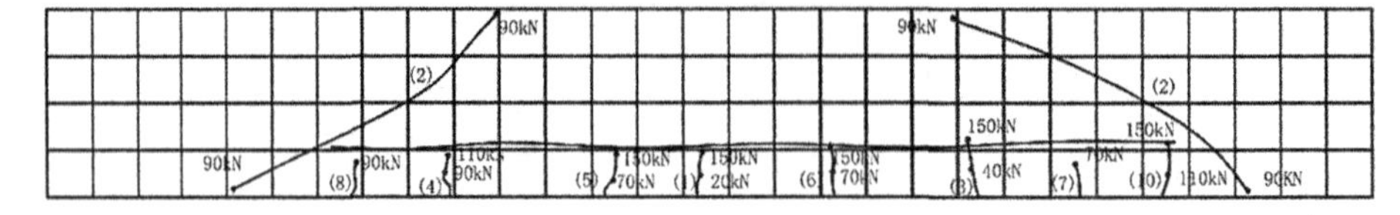

SRCB-40-2. 0-0

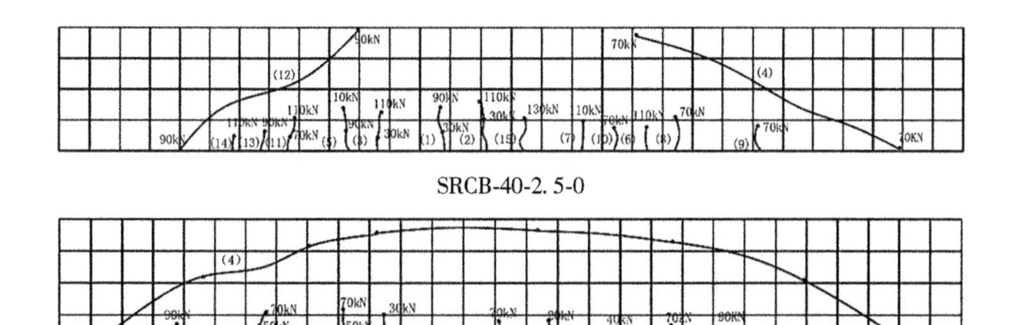

SRCB-40-2. 5-0

SRCB-40-3. 0-0

图 4.8 试验梁裂缝分布图

4.2.2 荷载-挠度曲线

图 4.9(a)所示为配箍率为 0.15%和 0.55%情况下的混凝土种类对荷载-挠度曲线的影响。由图可知，试验梁达到极限荷载前，有腹筋自密实再生混凝土梁与普通混凝土梁的荷载-挠度曲线基本重合，刚度无明显区别，极限荷载后，配箍率为 0.15%和 0.55%自密实再生混凝土梁的荷载-挠度曲线下降段较普通混凝土梁平缓，说明有腹筋自密实再生混凝土梁峰值荷载后具有较好的变形能力。

图 4.9(b)所示为混凝土强度对荷载-挠度曲线的影响。由图可知，试验梁开裂前，混凝土强度对荷载-挠度曲线基本无影响，试验梁开裂后，随着混凝土强度的增加，荷载-挠度曲线的斜率增大，极限荷载过后，混凝土强度越高，荷载-挠度曲线下降越平缓，说明峰值荷载过后，梁的刚度退化速率随着混凝土强度的增加而降低。

图 4.9(c)所示为剪跨比对有腹筋自密实再生混凝土梁和无腹筋自密实再生混凝土梁荷载-挠度曲线的影响。由图可知，相同剪跨比下，试验梁开裂前，荷载-挠度曲线基本重合，说明此时试验梁的刚度只与混凝土有关，与箍筋无关，试验梁开裂后，有腹筋梁刚度明显高于无腹筋梁，主要因为试验梁开裂后，箍筋可以有效抑制斜裂缝的开展，限制了梁的整体变形，极限荷载后，有腹筋梁荷载-挠度曲线的下降段较无腹筋梁平缓，说明极限荷载后箍筋进一步抑制了斜裂缝的开展，提高了梁的变形性能。

图 4.9(d)所示为配箍率对荷载-挠度曲线的影响。由图可以看出，从开始

加载至极限荷载，荷载-挠度曲线的斜率基本相同，但极限荷载后，配箍率越大，荷载-挠度曲线下降越陡峭。

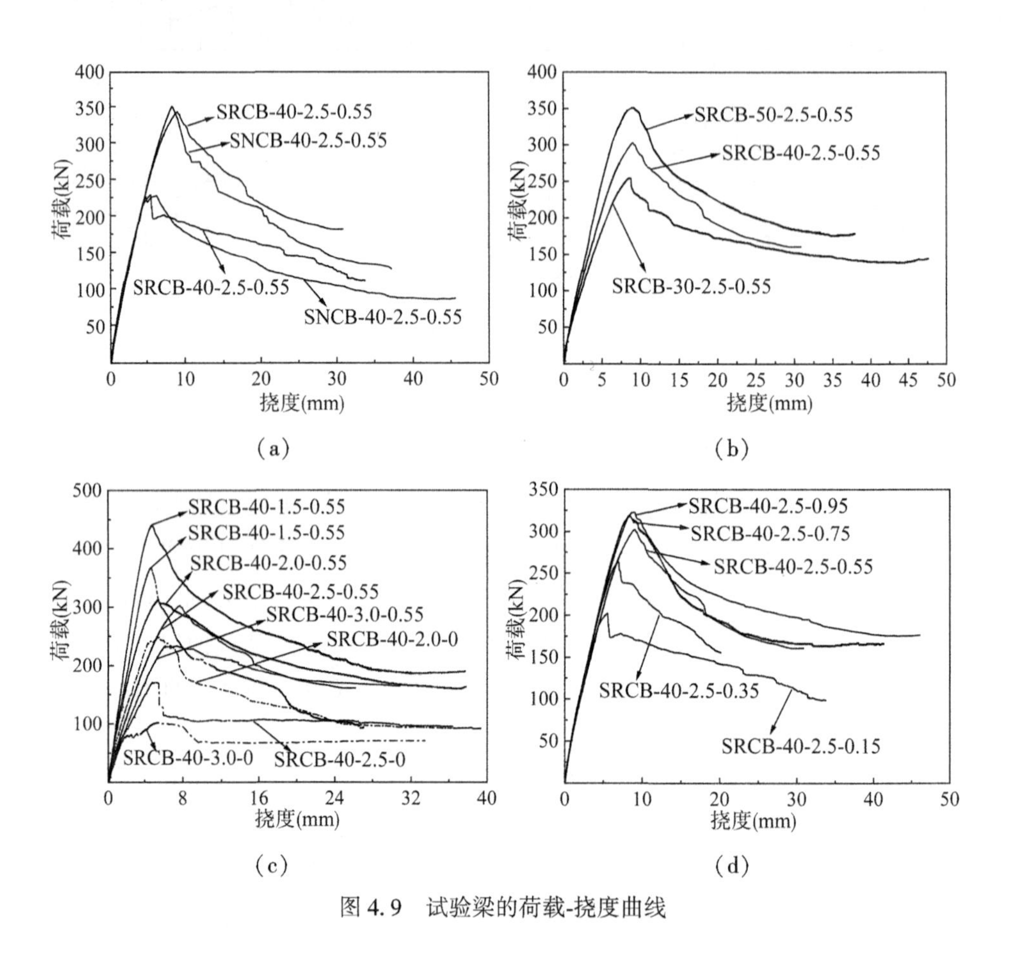

图 4.9　试验梁的荷载-挠度曲线

4.2.3　荷载-箍筋应变曲线

图 4.10 所示为部分试验梁的荷载-箍筋应变曲线，由图可知自密实再生混凝土与普通混凝土梁相似，在斜裂缝出现之前，箍筋应变较小，最大箍筋应变仅为 56.2$\mu\varepsilon$ 在斜裂缝出现瞬间，箍筋应变立即增大，荷载-箍筋应变曲线出现突变点。配箍率对自密实再生混凝土梁的斜向开裂荷载几乎无任何作用，原因主要是因为混凝土开裂以前，箍筋对剪跨段混凝土的约束作用较小。

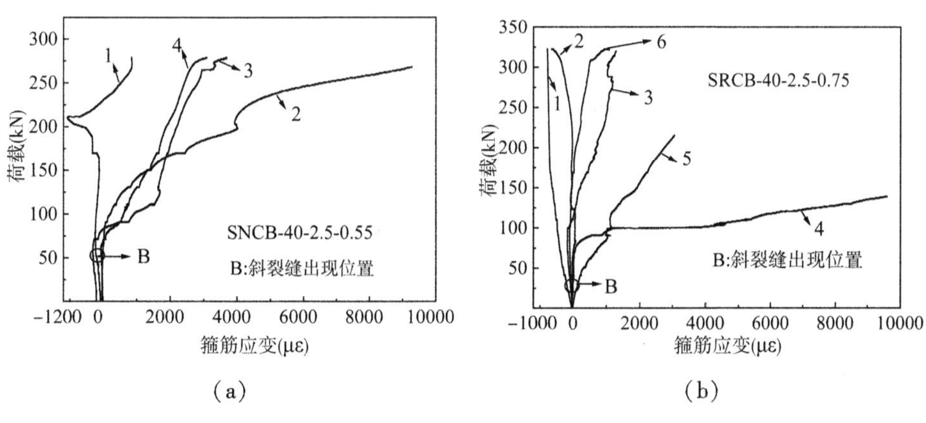

(a)　　　　(b)

图 4.10　荷载箍筋-应变曲线

4.2.4　荷载-纵筋应变曲线

为防止弯曲破坏，本试验配置较多的受拉钢筋，图 4.11 所示为部分试验梁的荷载-纵筋应变曲线，由图可知，试验梁最终破坏时受拉钢筋均未屈服，由试验结果可以看出所有梁均属于受剪破坏。当荷载增加到弯曲裂缝出现值时，荷载-纵筋应变曲线发生突变，在荷载几乎不变的情况下，受拉钢筋应变值突然增大。

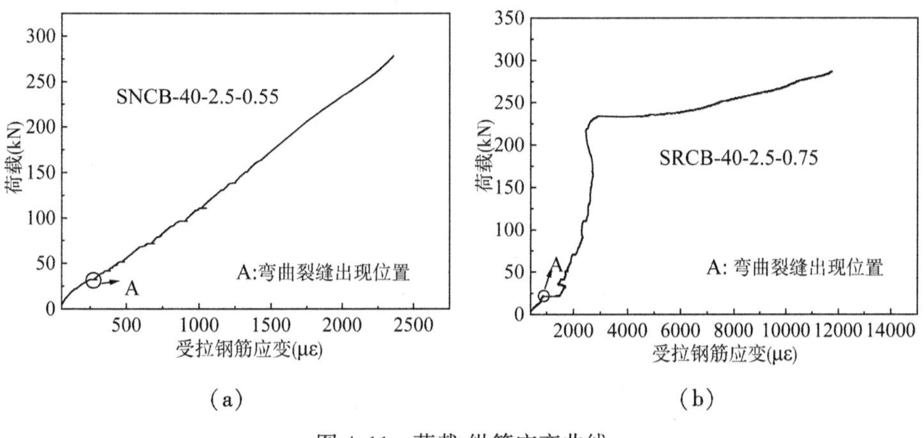

(a)　　　　(b)

图 4.11　荷载-纵筋应变曲线

4.2.5　试验梁的开裂荷载和极限荷载

表 4.2 列出了自密实再生混凝土梁斜截面受剪破坏的试验结果及主要数据。

表 4.2　　试验梁参数和试验结果汇总

试件编号	混凝土种类	f_{cu} (MPa)	λ	ρ_{sv} (%)	P_{cr} (kN)	F_{cr} (kN)	F_u (kN)	$w_{0.5}$ (mm)	破坏形态
SRCB-40-2. 5-0. 15	再生	C40	2. 5	0. 15	20. 39	39. 89	201. 12	0. 24	剪压
SRCB-40-2. 5-0. 35	再生	C40	2. 5	0. 35	22. 50	39. 80	262. 90	0. 12	剪压
SRCB-40-2. 5-0. 55	再生	C40	2. 5	0. 55	19. 80	40. 20	302. 40	0. 22	弯剪
SRCB-40-2. 5-0. 75	再生	C40	2. 5	0. 75	22. 17	40. 76	322. 80	0. 14	弯剪
SRCB-40-2. 5-0. 95	再生	C40	2. 5	0. 95	20. 38	39. 89	324. 20	0. 14	弯剪
SRCB-40-1. 5-0. 55	再生	C40	1. 5	0. 55	21. 63	41. 74	440. 60	0. 18	斜压
SRCB-40-2. 0-0. 55	再生	C40	2. 0	0. 55	22. 66	38. 12	312. 90	0. 28	剪压
SRCB-40-3. 0-0. 55	再生	C40	3. 0	0. 55	21. 40	40. 80	235. 00	0. 22	弯剪
SRCB-30-2. 5-0. 55	再生	C30	2. 5	0. 55	21. 24	38. 12	254. 40	0. 14	弯剪
SRCB-50-2. 5-0. 55	再生	C50	2. 5	0. 55	28. 40	50. 52	351. 00	0. 28	弯剪
SNCB-40-2. 5-0. 15	普通	C40	2. 5	0. 15	19. 50	37. 23	202. 10	0. 30	剪压
SNCB-40-2. 5-0. 55	普通	C40	2. 5	0. 55	22. 16	38. 12	308. 90	0. 26	弯剪
SRCB-40-1. 5-0	再生	C40	1. 5	0	21. 59	31. 20	367. 00	0. 22	—
SRCB-40-2. 0-0	再生	C40	2. 0	0	22. 16	33. 40	248. 50	0. 35	—
SRCB-40-2. 5-0	再生	C40	2. 5	0	15. 95	39. 80	171. 10	0. 66	—
SRCB-40-3. 0-0	再生	C40	3. 0	0	20. 75	40. 80	101. 90	0. 04	—

注：f_{cu}为混凝土强度设计等级；λ 为剪跨比；ρ_{sv}为配箍率；P_{cr}为正截面开裂荷载；F_{cr}为斜截面开裂荷载；F_u为极限荷载；$w_{0.5}$ 为荷载-挠度曲线上升段，极限荷载的 50%(工作荷载)对应的斜裂缝最大宽度。

由表4.2可知，当配箍率为0.15%时，自密实再生混凝土梁裂缝宽度较普通混凝土梁降低了20%，当配箍率为0.55%时，降低了18%，说明同样条件下，自密实再生混凝土梁的裂缝宽度较小；当混凝土强度为C30、C40和C50时，最大斜裂缝宽度分别为0.14mm、0.22mm和0.26mm，由此得出，自密实再生混凝土梁最大斜裂缝宽度随着混凝土强度的增加而增大；当配箍率为0.15%、0.35%、0.55%、0.75%、0.95%时，自密实再生混凝土梁最大斜裂缝宽度分别为0.24mm、0.22mm、0.22mm、0.14mm和0.14mm，由此看出，自密实再生混凝土梁最大斜裂缝宽度随着配箍率的增加而变小，主要因为箍筋肢数的增加可以有效抑制斜裂缝的开展。

4.3 自密实再生混凝土梁斜截面抗裂度分析

4.3.1 混凝土种类

从表4.2中可以看出，对于配箍率为0.15%和0.55%的试验梁，普通混凝土梁的斜截面开裂荷载高于自密实再生混凝土梁，提高幅度分别为2.21%和4.97%，其原因可能是由于本试验所制备的普通混凝土劈裂抗拉强度略高于自密实再生混凝土，从而导致普通混凝土梁的斜截面开裂荷载较自密实再生混凝土梁的斜截面开裂荷载略大。

4.3.2 配箍率

对于剪跨比为2.5、混凝土强度等级为C40的自密实再生混凝土梁，配箍率从0.15%增加到0.95%时，其斜截面开裂仅增加8.67%，图4.10分别给出了试验梁SRCB-40-2.5-0.75的荷载-箍筋应变曲线，从图中可以看出，斜裂缝出现前(B点之前)，即使存在外荷载但箍筋应变却很小，最小仅为-21.7με，这意味着斜裂缝出现前，梁体所受剪力主要由混凝土承担，然而斜裂缝出现后(B点之后)，箍筋应变迅速增大，最大为426.3με，说明斜裂缝出现后，剪力才主要由箍筋承担。其原因是因为本试验所采用的箍筋为光圆钢筋，且直径较小，所以在斜裂缝形成前，箍筋对周围混凝土很难形成有效的约束作用，然而，斜裂缝出现后，与斜裂缝相交的箍筋承担梁体剪力并限制斜裂缝的开展，而后随着外荷载的增加箍筋应变也有不同程度的增加。

4.3.3 剪跨比

在其他试验参数相同的情况下，试验梁的斜截面开裂荷载随着剪跨比的增加而逐渐降低，这主要是由于应力重分配引起的，具体来说，当剪跨比减小时，应力重分配在整个剪跨区作用更为明显；当剪跨比较大时，应力重分配在支座及集中荷载附近作用，与试验梁 SRCB-40-1.5-0.55 相比，试验梁 SRCB-40-3.0-0.55 的斜截面开裂荷载降低了 39.9%。

4.3.4 混凝土强度

不仅剪跨比等因素对自密实再生混凝土梁斜截面开裂荷载有影响，混凝土强度对试验梁的斜截面开裂荷载也有一定作用。当混凝土强度等级从 C30 增大到 C50 时，其斜截面开裂荷载增大了 38.7%，其原因，试验梁斜截面的开裂主要是由于混凝土表面的主拉应力大于混凝土劈裂抗拉强度导致的，而混凝土的劈裂抗拉强度则是随着混凝土强度等级的提高而增大。

4.3.5 斜截面开裂荷载预测模型建立

通过上述分析可知，自密实再生混凝土梁斜裂缝数量较普通混凝土多，且易开裂，这就导致自密实再生混凝土梁箍筋更易锈蚀，增大其发生剪切脆性破坏的可能性。因此，基于经典力学理论，本书提出一种斜截面开裂荷载的计算方法，具体内容介绍如下：

由于纵向受拉钢筋和其周围的混凝土都起到了抗拉作用，所以在计算开裂荷载时，应该予以考虑。对此可取下图所示的力学模型：截取 AOB 为正-曲截面，在斜裂缝出现的瞬间，正截面 AO 受压区的应力图为三角形，曲截面 OB 受拉区垂直于曲面的拉应力为混凝土的极限抗拉强度 f_t，与斜裂缝相交的纵向受拉钢筋应力可取为 $\alpha_E f_t(\alpha_E = Es/E_c)$。为了便于计算，把实际正-曲截面应力图形简化为如图 4.12 所示的正斜截面应力图形，T 为斜裂缝平均倾角，C 为平均斜裂缝底点距支座的距离。

根据图 4.12，对 O-O 轴取内外力矩平衡关系；对 AOA' 垂直截面取内外力平衡。据此可得：

$$V_{f_{cr}} d = \int_{A_c(\sigma<0)} \frac{\sigma_c}{X_{cr}} y^2 \mathrm{d}A + \int_{A_c(\sigma<0)} f_t \frac{y}{\sin^2 T} \mathrm{d}A + \alpha_E f_t A_S (h_0 - X_c \mathrm{r}) \tag{4.1}$$

$$\sigma_C = \frac{M x_{cr}}{I_0} = V_{f_{cr}} d \frac{x_{cr}}{I_0} \tag{4.2}$$

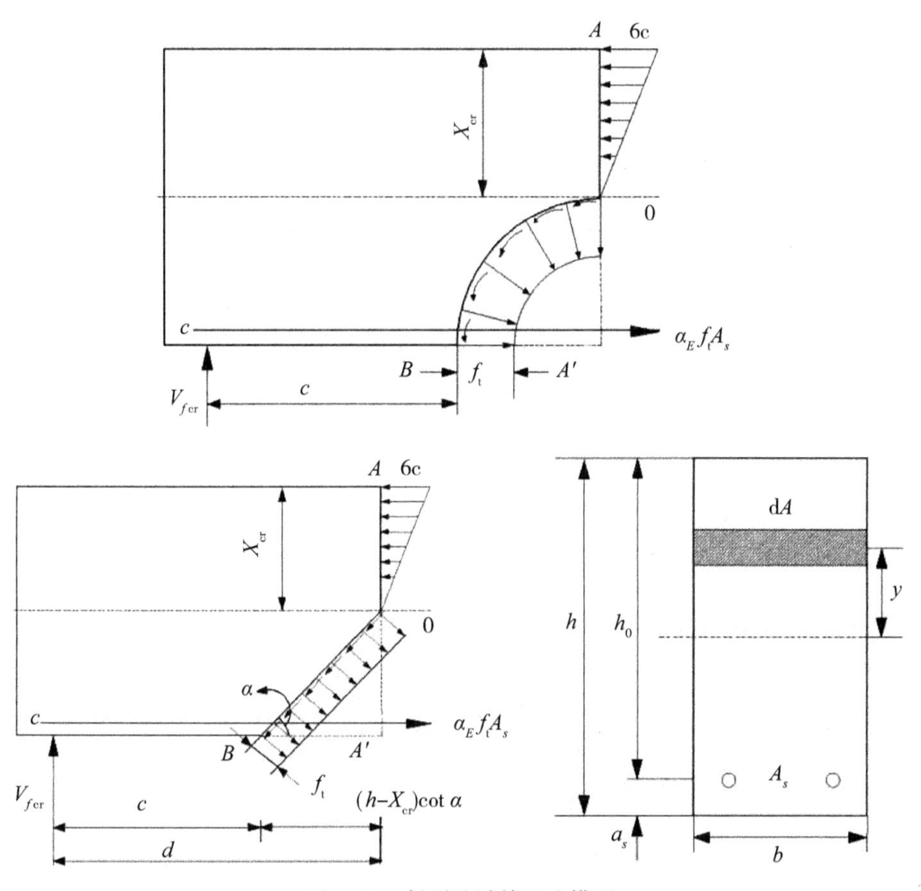

图 4.12 斜裂缝计算理论模型

$$d = c + (h - X_{cr})\cot\alpha \tag{4.3}$$

将式(4.3)和式(4.2)代入式(4.1)得：

$$V_{f_{cr}} = \frac{f_t S_t \csc^2 T + \alpha_E f_t A_S(h_0 - x_{cr})}{[c + (h - x_{cr})\cot T](1 - I_C/I_0)} \tag{4.4}$$

假设斜裂缝倾角 α 的变化范围不大，对式(4.4)中 α 求偏导数，可得使 $V_{f_{cr}}$ 为最小值的 T 值为：

$$\cot T = \left[\frac{\alpha_E f_t A_S(h_0 - x_{cr})}{S_t} + \left(\frac{c}{h - x_{cr}}\right)^2 + 1\right]^{\frac{1}{2}} - \frac{c}{h - x_{cr}} \tag{4.5}$$

式中：I_c——垂直截面 AO 受压区面积对中和轴 O-O 的惯性矩；

S_t——斜截面 OB 受拉区在垂直面上投影面积对中和轴 O-O 的面积矩；

I_0——垂直截面 AOA' 换算面积对中和轴 O-O 的惯性矩。

为了便于计算，设 $X_{cr}=0.5h$，$h_0-X_{cr}=0.4h$，可以知道 $I_c=bh^3/24$，$S_t=bh^2/8$，$I_0=bh^3/12$，式(4.4)和式(4.5)可以写作：

$$\cot T=\left[4\left(\frac{c}{h}\right)^2+3.2\alpha_E f_t\rho+1\right]^{\frac{1}{2}}-2\frac{c}{h} \tag{4.6}$$

$$V_{f_{cr}}=\frac{0.25\csc^2 T+0.8\alpha_E\rho}{c+0.5h\cot T}f_t bh^2 \tag{4.7}$$

另外，c 值的变化规律可以用一个二次抛物线来表示，相关系数为 0.9993。

其中，a 和 l 分别为梁的剪跨和跨度长。

$$c=\left(1.278\frac{a}{l}-0.6609\right)a+245.03 \tag{4.8}$$

4.3.6　试验结果分析

应用本书提出的自密实再生混凝土梁的斜截面开裂荷载计算公式(4.6)和 c 值计算公式(4.8)对表 4.3 中的试验梁进行计算分析，可以看出，斜截面开裂荷载计算结果与实测结果以及 c 值的计算结果与实测结果吻合程度均较好。这表明本书提出的计算公式具有较高的计算精度，可以应用到自密实再生混凝土梁的斜截面开裂荷载计算。

表 4.3　**试验结果对比表**

试件编号	计算值 F_{cr1}(kN)	试验值 F_{cr2}(kN)	F_{cr1}/F_{cr2}	试验值 c_1(mm)	计算值 c_2(mm)	c_2/c_1
SRCB-40-2.5-0.15	41.20	39.89	1.03	125	120	0.96
SRCB-40-2.5-0.35	44.79	39.80	1.13	110	120	1.09
SRCB-40-2.5-0.55	42.35	40.20	1.05	120	120	1.00
SRCB-40-2.5-0.75	38.05	40.76	0.93	140	120	0.86
SRCB-40-2.5-0.95	46.09	39.89	1.16	105	120	1.14
SRCB-40-1.5-0.55	41.98	41.74	1.01	135	135	1.00
SRCB-40-2.0-0.55	41.89	38.12	1.10	122	122	1.00

续表

试件编号	计算值 F_{cr1}(kN)	试验值 F_{cr2}(kN)	F_{cr1}/F_{cr2}	试验值 c_1(mm)	计算值 c_2(mm)	c_2/c_1
SRCB-40-3. 0-0. 55	40. 11	40. 80	0. 98	130	130	1. 00
SRCB-30-2. 5-0. 55	41. 74	38. 12	1. 04	115	120	1. 04
SRCB-50-2. 5-0. 55	44. 80	50. 52	1. 09	105	120	1. 14
平均值			1. 052			1. 024

注：F_{cr1}为斜截面开裂荷载计算值，F_{cr2}为斜截面开裂荷载试验值；c_1为平均斜裂缝底点距支座的距离的试验值，c_2为平均斜裂缝底点距支座的距离的计算值。

4.4 受剪承载能力影响因素分析

4.4.1 混凝土种类对极限承载力的影响

图 4. 13 给出了混凝土种类对极限承载力的影响，由图可知，当配箍率为 0. 15%时，自密实再生混凝土梁和普通混凝土梁的极限荷载相差仅为 1. 1kN；当配箍率为 0. 55%时，自密实再生混凝土梁和普通混凝土梁的极限荷载相差仅为 2. 05%，说明有腹筋自密实再生混凝土梁的受剪承载力与普通混凝土梁相当。

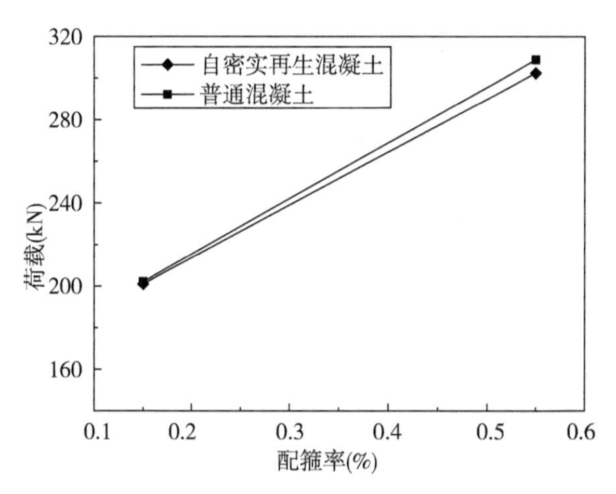

图 4. 13 混凝土种类对极限荷载的影响

4.4.2　混凝土强度对极限承载力的影响

图 4.14 给出了混凝土强度对自密实再生混凝土梁受剪承载力的影响。由图可知，随着混凝土强度的提高，自密实再生混凝土梁的受剪承载力不断增大，当混凝土强度从 C30 增加到 C40 时，极限荷载增加了 17.8%，当 C40 增加到 C50 时，增加了 16.1%。这是因为混凝土强度增加导致抗拉强度增大，进而导致受剪承载力的提高。

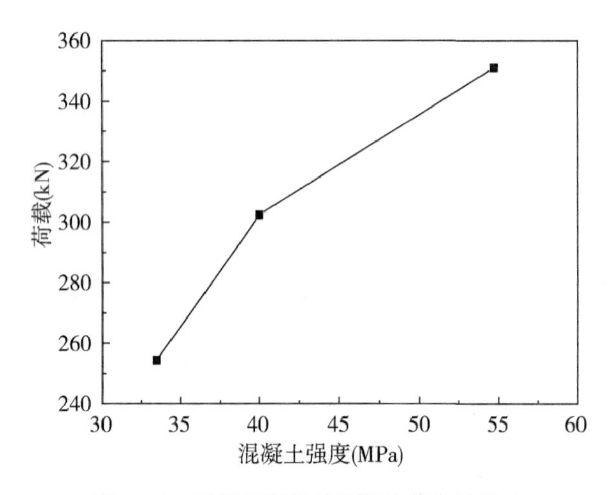

图 4.14　混凝土强度对极限承载力的影响

4.4.3　剪跨比对极限承载力的影响

与普通混凝土梁相似，剪跨比是影响自密实再生混凝土梁极限承载力的主要因素。由图 4.15 和表 4.3 可以看出，随着剪跨比的增大，极限承载力不断减小，在其他条件相同的情况下，对于有腹筋梁而言，剪跨比从 1.5 增加到 2.0，从 2.0 增加到 2.5，以及从 2.5 增加到 3.0 时，极限荷载分别从 440.6kN 降低到 312.9kN、245.4kN 和 235kN，极限荷载分别降低 28.98%、18.70%和 4.24%；对于无腹筋梁而言，剪跨比从 1.5 增加到 2.0，2.0 增加到 2.5，以及从 2.5 增加到 3.0 时，极限荷载分别从 367kN 降低到 248.5kN、171.10kN 和 101.9kN，极限荷载分别降低 32.29%、31.15%和 40.30%。原因是，随着剪跨比的增大，支座与加载点的距离增加，由此产生的竖向压应力 σ_y 减小，而水平拉应力 σ_x 增大，因此当剪跨比增大时，梁的极限承载能力不断降低。在有腹筋梁配箍率为 0.55%的情况下，剪跨比 $\lambda=1.5$、2.0、2.5 和 3.0 时，有腹筋梁比无腹筋梁的极限荷载分别增加 20.05%、25.93%、43.42%和 130.62%，这意味着随着剪跨比的增大，箍筋参与抗剪能力增强，这主要是由于剪跨比增大，与斜裂缝相交的箍筋肢数增多，箍筋承担的剪力增大。

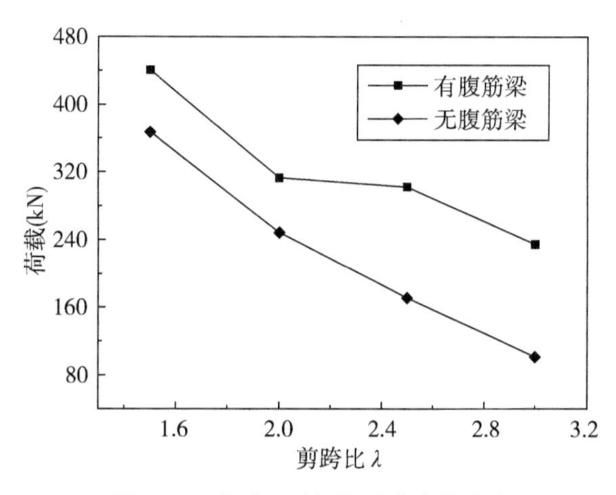

图 4.15 剪跨比对极限承载力的影响

4.4.4 配箍率对极限承载力的影响

图 4.16 所示为配箍率对试验梁受剪承载能力的影响，由荷载-配箍率曲线可知，在剪跨比为 $\lambda=2.5$ 的情况下，当配箍率从 0.15%增加到 0.35%、从 0.35%增加到 0.55%，从 0.55%增加到 0.75%，以及从 0.75%增加到 0.95%时，极限荷载分别增加了 31.3%、14.6%、6.7%和 0.40%。可见，配箍率较低时，箍筋可以有效地提高试验梁的受剪承载力，当配箍率超过 0.75%时，增大配箍率对梁的受剪承载力的提高已无明显作用，因此，本书建议有腹筋自密实再生混凝土梁的最大配箍率为 0.75%。

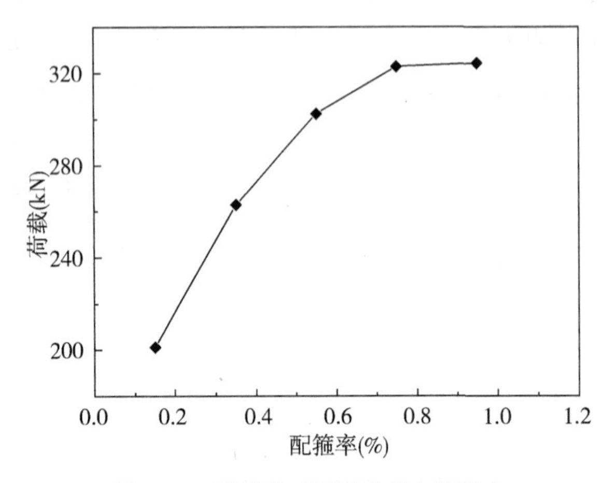

图 4.16　配箍率对极限承载力的影响

4.5　自密实再生混凝土梁剪切延性分析

位移延续系数的定义为 $\mu = \Delta_f/\Delta_y$，Δ_f 是荷载-挠度曲线下降段上 75% F_u 所对用的位移；Δ_y 是试验梁屈服荷载所对应的位移，采用能量法求得，如图 4.17 所示，通过△OAB 的面积等于△BYN 的面积相等求得。

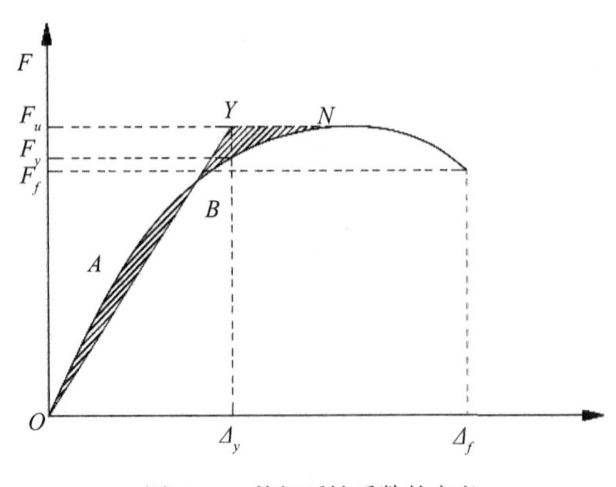

图 4.17　剪切延性系数的定义

4.5.1　试验结果汇总

表 4.4 列出了自密实再生混凝土有腹筋梁和无腹筋梁剪切延性系数计算结果。

表 4.4　　　　**自密实再生混凝土梁的剪切延性系数**

试件编号	F_u(kN)	Δ_u(mm)	Δ_f(mm)	Δ_y(mm)	μ
SRCB-40-2.5-0.15	201.2	5.52	16.85	4.14	4.07
SRCB-40-2.5-0.35	262.9	6.98	18.48	5.60	3.30
SRCB-40-2.5-0.55	302.4	9.06	17.23	5.25	3.28
SRCB-40-2.5-0.75	322.8	8.95	15.62	7.23	2.16
SRCB-40-2.5-0.95	324.2	8.36	13.64	7.03	1.94
SRCB-30-2.5-0.55	254.4	8.50	15.28	6.79	2.25
SRCB-50-2.5-0.55	351.0	8.92	20.20	5.22	3.87
SNCB-40-2.5-0.15	202.1	5.52	11.16	4.43	2.52
SNCB-40-2.5-0.55	308.9	7.83	12.92	5.52	2.34
SRCB-40-1.5-0.55	440.6	4.76	8.55	3.96	2.16
SRCB-40-2.0-0.55	312.9	5.42	12.26	4.06	3.02
SRCB-40-3.0-0.55	235.0	6.22	20.03	5.40	3.71
SRCB-40-1.5-0	367.0	4.60	6.68	4.00	1.67
SRCB-40-2.0-0	248.5	5.56	8.06	4.11	1.96
SRCB-40-2.5-0	171.1	4.79	8.73	3.97	2.20
SRCB-40-3.0-0	101.9	5.20	7.19	2.55	2.82

4.5.2　试验参数对剪切延性的影响

图 4.18(a)所示为混凝土种类对剪切延性的影响，由图可知，有腹筋自密实再生混凝土梁的剪切延性明显高于普通混凝土梁，当配箍率为 0.15%时，

自密实再生混凝土梁的剪切延性系数是普通混凝土梁的1.62倍，当配箍率为0.55%时，自密实再生混凝土梁的剪切延性系数为普通混凝土梁的1.40倍。

图4.18(b)所示为混凝土强度对剪切延性的影响，由图可以看出，随着混凝土强度的增加，剪切延性系数不断增大，当混凝土强度从C30增大到C50时，剪切延性提高了1.72倍，由此得出：提高自密实再生混凝土强度，其剪切延性也随之增大，这与易伟建，吕艳梅(2009)得出的结论一致。

图4.18(c)所示为剪跨比对剪切延性的影响，由图看出：剪切延性系数随着剪跨比的增大显著提高，当剪跨比从1.5增大到3.0时，有腹筋梁和无腹筋梁的剪切延性系数分别增加了71.8%和68.9%，这是由于当剪跨比从1.5增加到3.0时，试验梁从剪切脆性破坏向弯曲延性破坏转变。

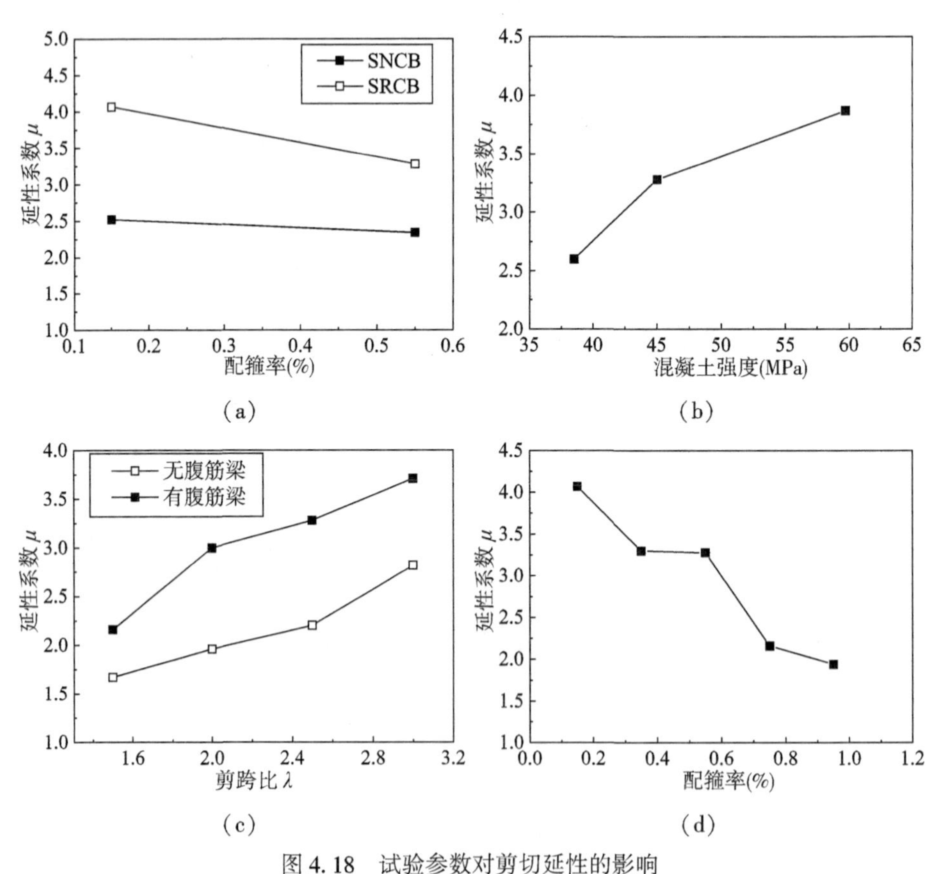

图4.18 试验参数对剪切延性的影响

图4.18(d)所示为配箍率对试验梁剪切延性的影响，由图看出：随着配箍率的增大，试验梁的剪切延性显著降低，这与普通混凝土梁恰恰相反。当配箍率从0.15%增加到0.35%时，剪切延性系数降低了18.9%，当配箍率从0.35%增加到0.55%时，剪切延性系数基本不变，当配箍率从0.55%增加到0.75%时，剪切延性系数降低了51.9%，当配箍率从0.75%增加到0.95%时，剪切延性系数降低了11.3%，综合受剪承载力分析结果，本文建议有腹筋自密实再生混凝土梁斜截面受剪的最优配箍率为0.35%。

4.6 自密实再生混凝土梁受剪承载力计算方法

根据普通混凝土梁受剪机理，有腹筋自密实再生混凝土梁的受剪承载力主要由两部分承担，分别为 V_c 和 V_s，如式(4.9)所示：

$$V_{cs} = V_c + V_s \tag{4.9}$$

由上述分析可知，在配箍率一定时，随着剪跨比的增大，箍筋所承担的受剪承载力逐渐增强，因此建议 V_s 的计算公式如下：

$$V_s = \gamma\lambda f_{yv} \frac{A_{sv}}{s} h_0 \tag{4.10}$$

通过试验结果，对 γ 抗力系数进行拟合，并代入式(4.10)，得 V_s 计算公式为：

$$V_s = 0.5\lambda f_{yv} \frac{A_{sv}}{s} h_0 \tag{4.11}$$

由上述分析可知，集中荷载作用下，随着剪跨比的增大，试验梁的受剪承载能力逐渐降低，因此，建议 V_c 计算公式为：

$$V_c = \frac{\alpha}{\lambda + \beta} f_t b h_0 \tag{4.12}$$

通过试验数据分析，对 α、β 抗力系数进行拟合，并代入式(4.12)，得 V_c 的计算公式为：

$$V_c = \frac{3.12}{\lambda - 0.69} f_t b h_0 \tag{4.13}$$

因此，有腹筋自密实再生混凝土梁斜截面受剪承载力计算公式为：

$$V_{cs} = \frac{3.12}{\lambda - 0.69} f_t b h_0 + 0.5 \lambda f_{yv} \frac{A_{sv}}{s} h_0 \tag{4.14}$$

利用《混凝土结构设计规范》中的受剪承载力计算公式计算已有文献和本试验结果共 10 根有腹筋普通混凝土梁受剪承载力，计算值与试验值相比，其均值为 2.01，方差为 0.01。计算有腹筋自密实再生混凝土梁受剪承载力，计算值与试验值相比较，其均值为 2.28，方差为 0.16。而本书提出的有腹筋自密实再生混凝土梁受剪承载力计算公式的计算值与试验值相比，均值为 1.00，方差为 0.01。对比分析均值得出：规范公式计算有腹筋自密实再生混凝土梁受剪承载力与计算普通混凝土梁具有同样的安全性。对比分析方差发现：利用规范中的公式计算普通混凝土梁受剪承载力的计算结果离散性较小，计算结果可靠，但计算自密实再生混凝土梁的受剪承载力的离散性较大，计算结果不稳定。本书提出的自密实再生混凝土梁受剪承载力计算公式的计算结果与试验值吻合较好，能够客观地反映自密实再生混凝土梁的受剪性能。试验值、规范计算值和建议公式计算值的比较分析结果见表 4.5。

表 4.5　**受剪承载力计算结果**

试件编号	受剪承载力试验值 V_{cs}(kN)	规范计算值 V_{cs1}(kN)	V_{cs}/V_{cs1}	建议公式计算值 V_{cs2}(kN)	V_{cs}/V_{cs2}
SRCB-40-2.5-0.15	101.05	35.00	2.89	98.79	1.02
SRCB-40-2.5-0.35	131.45	49.20	2.67	120.08	1.09
SRCB-40-2.5-0.55	151.20	68.97	2.19	141.36	1.07
SRCB-40-2.5-0.75	161.40	80.20	2.01	162.76	0.99
SRCB-40-2.5-0.95	162.10	95.31	1.70	182.56	0.88
SRCB-40-1.5-0.55	220.30	77.92	2.83	220.06	1.00
SRCB-40-2.0-0.55	156.45	69.80	2.24	161.21	0.97
SRCB-40-3.0-0.55	117.50	64.16	1.83	135.17	0.87

续表

试件编号	受剪承载力试验值V_{cs}(kN)	规范计算值V_{cs1}(kN)	V_{cs}/V_{cs1}	建议公式计算值 V_{cs2}(kN)	V_{cs}/V_{cs2}
SRCB-30-2. 5-0. 55	127. 20	64. 37	1. 98	141. 36.	0. 90
SRCB-50-2. 5-0. 55	175. 50	70. 03	2. 51	142. 25	1. 23
		均值	2. 28		1. 00
		方差	0. 19		0. 01

本章小结

本章通过12根自密实再生有腹筋混凝土梁、4根自密实再生混凝土无腹筋梁和2根普通混凝土梁的对比试验研究，分析了混凝土强度、剪跨比、配箍率以及混凝土种类等因素对斜截面开裂荷载、极限荷载和变形性能的影响，得出如下结论：

(1)自密实再生混凝土梁的斜截面开裂荷载随着剪跨比的增加而降低，随混凝土强度的增加而增大。然而，改变混凝土种类和配箍率对自密实再生混凝土梁斜截面开裂荷载基本无作用。本书提出的自密实再生混凝土梁斜截面开裂荷载计算公式与试验结果吻合较好，可以为设计及工程应用提供一定的理论依据。

(2)有腹筋自密实再生混凝土梁的受剪破坏形态与普通混凝土梁相似，剪跨比为1.5时，试验梁受剪破坏形态为斜压破坏，剪跨比介于1.5和3.0之间时，破坏形态既有剪压破坏又有弯剪破坏。

(3)自密实再生混凝土梁受剪时的变形能力较普通混凝土梁好，剪切延性约为普通混凝土梁的1.5倍，建议自密实再生混凝土梁的最大配箍率为0.75%，最优配箍率为0.35%。

(4)现行规范计算有腹筋自密实再生混凝土梁受剪承载力计算结果离散性较大，计算结果不稳定，同时，建立了有腹筋自密实再生混凝土梁受剪承载力简化计算公式，可供进一步研究作参考。

参考文献

[1]易伟建，吕艳梅．高强箍筋高强混凝土梁受剪试验研究[J]．建筑结构学报，2009，30(4)：94-101.

[2]邓志恒，杨海峰，罗延明，等．再生混凝土有腹筋简支梁斜截面抗剪试验研究[J]．工业建筑，2010，40(12)：47-50.

[3]吴瑾，丁东方，张闻．再生骨料混凝土梁抗剪试验性能研究[J]．河海大学学报(自然科学版)，2010，38(1)：83-86.

[4]吴波，许喆，刘琼祥，等．再生混合钢筋混凝土梁受剪性能试验研究[J]．建筑结构学报，2011，32(6)：99-106.

[5]肖建庄，兰阳．再生混凝土梁抗剪性能试验研究[J]．结构工程师，2004(6)：53，54-58.

[6]Choi Y W, Lee H K, Chu S B, et al. Shear behavior and performance of deep beams made with self-compacting concrete[J]. International Journal of Concrete Structures & Materials, 2012, 6(2): 65-78.

[7]杨卫闯．自密实再生混凝土梁受力性能试验研究[D]．沈阳：沈阳工业大学，2018.

[8]姚大立，黄潇宇，余芳．自密实再生混凝土梁斜截面抗裂试验与计算[J]．沈阳工业大学学报，2020，42(5)：589-594.

[9]姚大立，贾金青，余芳．预应力超高强混凝土梁剪切延性分析[J]．哈尔滨工程大学学报，2013，34(5)：593-598.

[10]姚大立，贾金青，余芳．有腹筋预应力超高强混凝土梁受剪承载力试验研究[J]．湖南大学学报(自然科学版)，2015，42(3)：23-30.

[11]廖一．再生粗骨料混凝土抗剪强度及梁的抗剪性能试验研究[D]．南宁：广西大学，2013.

[12]王磊，陈意燃，尹争卓，等．再生混凝土与普通混凝土叠合梁抗剪性能[J]．兰州理工大学学报，2012，38(6)：129-133.

[13]卢亦焱，梁鸿骏，李杉，等．方钢管自密实混凝土加固钢筋混凝土方形截面短柱轴压性能试验研究[J]．建筑结构学报，2015，36(7)：43-50.

[14]陈宗平，徐金俊，郑华海，等．再生混凝土基本力学性能试验及应力-应变本构关系[J]．建筑材料学报，2013，16 (1)：24-32.

[15] Arezoumandi M, Smith A, Volz J S, et al. An experimental study on shear strength of reinforced concrete beams with 100% recycled concrete aggregate [J]. Construction and Building Materials, 2014(53): 612-620.

[16]罗素蓉，郑建岚，王国杰．自密实高性能混凝土力学性能的研究与应用[J]. 工程力学，2005，22(1)：164-169.

[17]闫国新，梁建林，张晓磊，等．再生混凝土梁抗剪承载力公式研究[J]. 混凝土，2013(8)：41-42，46.

[18]孙锐，叶燕华，薛洲海，等．钢筋自密实混凝土梁受剪性能试验研究及分析[J]. 混凝土与水泥制品，2013(10)：58-61.

[19]丁一宁，刘亚军，刘思国，等．钢纤维自密实混凝土梁抗剪性能的试验研究[J]. 水利学报，2011，42(4)：461-468.

[20] Hassan A A A, Hossain K M A, Lachemi M. Behavior of full-scale self-consolidating concrete beams in shear [J]. Cement & Concrete Composites, 2008, 30(7): 588-596.

[21] Lin C H, Chen J H. Shear behavior of self-consolidating concrete beams [J]. Aci Structural Journal, 2012, 109(3): 307-331.

第5章　自密实再生混凝土梁的腐蚀

通过第2章的研究，我们已经了解到自密实再生混凝土与普通混凝土在抗氯离子渗透性能方面的不同，而混凝土抗氯盐侵蚀的能力势必会影响到混凝土构件的钢筋锈蚀程度。众所周知，钢筋锈蚀是影响混凝土梁耐久性能的主要原因之一，钢筋锈蚀会导致混凝土与钢筋之间的协同工作能力降低，致使混凝土梁在承载力、变形等受弯性能方面发生变化。实际上，梁内纵筋的锈蚀程度不仅与混凝土种类有关，还与梁所受的荷载大小以及锈蚀时间有关，荷载与锈蚀的共同作用会显著加速混凝土梁受弯性能的退化。

因此，本章针对荷载与腐蚀环境共同作用下自密实再生混凝土梁的受弯性能进行了深入研究。本试验以荷载水平和锈蚀时间为参数，采用通电加速锈蚀法，通过法拉第定律拟定三种锈蚀时间，分别为4d、8d和12d；为了贴近工程实际，本试验拟设定两种荷载工况，一为正常工作荷载水平，定义为极限承载力的50%；二为超载水平，定义为极限承载力的65%。通过与普通混凝土梁的对比研究，试图得到：①持荷锈蚀后自密实再生混凝土梁内纵筋的锈蚀情况；②自密实再生混凝土梁在持荷锈蚀过程中跨中挠度随时间的变化规律；③持荷锈蚀以及弯曲破坏试验后自密实再生混凝土梁的破坏形态、承载力以及荷载-挠度曲线等弯曲性能；④普通混凝土梁与自密实再生混凝土梁在以上各方面的对比分析。

5.1　试验概况

5.1.1　试验材料

1. 混凝土

1)混凝土原材料

再生骨料是实验室废弃C30混凝土试件经过破碎而成，制备过程中，首先用电钻将废弃混凝土试件破碎成直径约10cm的碎块，并将其投入颚式破碎机中破碎成最大粒径为20mm左右的粗骨料颗粒，并将破碎后的粗骨料颗粒放入搅拌机中正反向搅拌20min左右，用来除去粗骨料表面上附着的水泥砂浆。人工筛分后，用清水冲洗骨料表面多余的砂浆粉末并烘干，最终得到粒径为5~20mm的再生粗骨料，其制作过程如图5.1所示。

(a)废弃混凝土碎块

(b)颚式破碎机破碎

(c)搅拌去除附着砂浆

图5.1 再生骨料制备过程

天然粗骨料采用石灰岩碎石，粒径为5~20mm，连续级配。天然细骨料采用水洗中砂，表观密度为2620kg/m^3，细度模数为2.8。表5.1列出了为天然粗骨料和再生粗骨料的基本性能。水泥采用“山水工源”牌PO42.5普通硅酸盐水泥，粉煤灰采用沈西热电厂生产的Ⅰ级粉煤灰，表观密度为2200kg/m^3，减水剂采用辽宁省建筑研究院的LJ612型聚羧酸高效减水剂。

表5.1 **粗骨料物理性能**

骨料类型	颗粒级配(mm)	表观密度(kg/m^3)	堆积密度(kg/m^3)	孔隙率(%)	压碎指标(%)	吸水率(%)
再生骨料	5~20	2730	1526	41.3	14.2	5.12
天然骨料	5~20	2830	1633	39.6	8.72	0.93

2)配合比设计及工作性能

自密实再生混凝土配合比采用绝对体积法，通过多次试验并根据相应自密实再生混凝土的多种力学性能数据测试获得最优配合比方案，其工作性能测试依据《自密实混凝土应用技术规程》(JGJ/T283—2012)要求进行，普通混凝土配合比参照《普通混凝土配合比设计规程》(JGJ55—2011)进行设计。具体配合比见表5.2，工作性能测试见图5.2，试验结果见表5.3。

表 5.2　**混凝土配合比**

混凝土编号	水胶比	水 (kg/m³)	水泥 (kg/m³)	粉煤灰 (kg/m³)	砂子 (kg/m³)	再生骨料 (kg/m³)	天然骨料 (kg/m³)	减水剂 (kg/m³)
RS40	0.38	190	375	125	870.4	816	0	0.91
N40	0.42	168	400	0	622.9	0	1209.1	0.43

注：RS 代表自密实再生混凝土，N 代表普通混凝土，40 代表混凝土抗压强度等级为 C40。

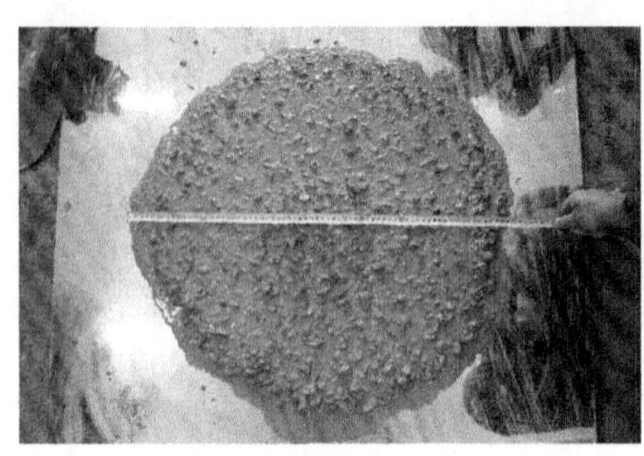

(a)坍落扩展度　　(b)J 形环扩展度

图 5.2　混凝土的工作性能测试

表 5.3　**混凝土的工作性能**

混凝土编号	坍落度(mm)	坍落扩展度(mm)	J 形环扩展度(mm)	T_{500}(s)
RS40	—	690	680	3
N40	120	—	—	—

3)混凝土的力学性能

自密实再生混凝土和普通混凝土在浇筑的过程中，分别预留出 6 个 100mm×100mm×100mm 的立方体和 100mm×100mm×300mm 的棱柱体混凝土试块，其中立方体试块用于测试混凝土的立方体抗压强度和劈拉强度，棱柱体试块用于测试试件混凝土的轴心抗压强度和弹性模量。混凝土的材料性能试验依据现行《普通混凝土力学性能试验方法标准》(GB/T50081—2002)有关规定进行。试验过程见图 5.3，试验结果见表 5.4。

(a)立方体抗压强度试验　　(b)轴心抗压强度试验　　(c)弹性模量试验

图 5.3　混凝土材料性能试验

表 5.4　**混凝土的力学性能**

混凝土设计强度等级	骨料类型	立方体抗压强度(MPa)	轴心抗压强度(MPa)	劈裂抗拉强度(MPa)	弹性模量($\times10^4$MPa)
C40	再生	43.4	28.9	2.55	3.21
C40	普通	49.3	26.2	2.77	3.38

2. 钢筋

本试验选用的钢筋是沈阳市鞍山钢铁股份有限公司生产的 HRB400 级螺纹钢筋，公称直径分别为 6mm 和 12mm。在进行试验前，首先应依据现行《金属材料拉伸试验：室温试验方法》(GB/T228.1—2010)的有关规定对钢筋的材料性能进行试验，试验过程见图 5.4，钢筋基本性能试验结果见表 5.5。

图 5.4　钢筋材料性能试验

表5.5　钢筋材料性能

钢筋等级	钢筋直径（mm）	屈服强度f_y（N/mm^2）	极限强度f_y（N/mm^2）	弹性模量E_s（$\times 10^5 N/mm^2$）
HRB400	6	406.52	619.98	2.01
HRB400	12	459.04	625.45	2.02

5.1.2　试件设计及制作

1. 试件设计

本试验共制作10根自密实再生混凝土梁（RS）和10根普通混凝土梁（N），所有试验梁的尺寸和配筋均相同，如图5.5所示。梁的截面尺寸为140mm×200mm，梁长为1600mm；纵筋采用直径为12mm的HRB400级钢筋，其屈服强度为459MPa，极限强度为625MPa；箍筋采用直径为6mm的HRB400级钢筋，间距为100mm，其屈服强度为406MPa，极限强度为620MPa；架立筋采用直径为6mm的HRB400级钢筋。梁的纯弯段区域内不设架立筋和箍筋，以避免两者对梁受弯承载力产生影响；纵筋和架立筋两端均不设弯钩，以避免锚固影响；将箍筋中与纵筋接触处以及浸没在腐蚀液中的部分缠绕绝缘胶布，并用环氧树脂裹封，以避免箍筋锈蚀以及减少电流损失；待钢筋绑扎完毕后，用铜导线将两根纵筋串联并由一端引出，以便于接直流电源正极通电。将梁钢筋骨架放入模板中，确保混凝土保护层厚度为20mm，然后进行浇筑及养护，浇筑试验梁的同时预留伴随试块，用以测定混凝土的抗压强度，养护龄期为28d。

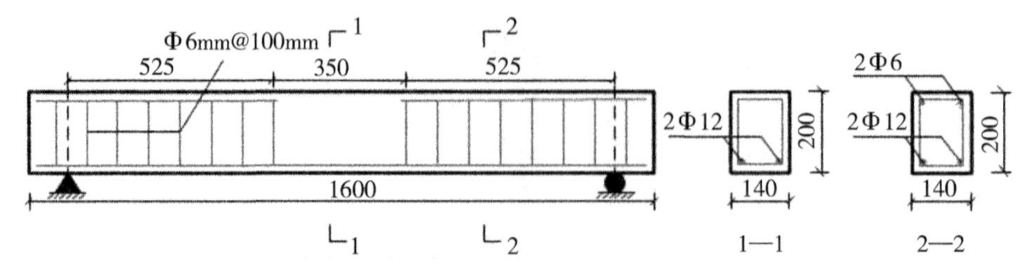

图5.5　试验梁截面尺寸及配筋形式示意图

根据《混凝土结构设计规范》(GB50010—2010)的挠度限值确定了正常使用状态下的持载水平限值为55%，为了方便加载，本书选取了极限荷载的50%作为两种混凝土梁正常使用状态下的工作荷载，对每种混凝土梁都分别设定了未持载锈蚀状态(持载水平为0，通电锈蚀时间为4d、8d、12d)和工作荷载条件下(持载水平为50%，通电锈蚀时间为4d、8d、12d)的快速锈蚀试验，试验梁参数，如表5.6所示。

表5.6　　试验梁参数表

试件编号	混凝土类型	荷载水平	锈蚀时间(d)
N	NAC	0	0
RS	RASCC	0	0
N-0-4	NAC	0	4
RS-0-4	RASCC	0	d
N-0-8	NAC	0	8
RS-0-8	RASCC	0	8
N-0-12	NAC	0	12
RS-0-12	RASCC	0	12
N-50-4	NAC	0.5	4
RS-50-4	RASCC	0.5	4
N-50-8	NAC	0.5	8
RS-50-8	RASCC	0.5	8
N-50-12	NAC	0.5	12
RS-50-12	RASCC	0.5	12
N-65-4	NAC	0.65	4
RS-65-4	RASCC	0.65	4
N-65-8	NAC	0.65	8
RS-65-8	RASCC	0.65	8
N-65-12	NAC	0.65	12
RS-65-12	RASCC	0.65	12

注：(1)荷载水平是指梁上施加的持续荷载值与基准梁极限荷载的比值；

(2)N为普通混凝土基准梁，RS为自密实再生混凝土基准梁。

2. 试件制作及养护

本试验的试件制作及养护在沈阳工业大学结构试验室完成。分为以下步骤：

1)锈前钢筋称重

在绑扎制作钢筋笼前，先将钢筋表面浮锈用砂纸轻轻去除，然后称重记录，精确到0.001kg。

2)纵筋与箍筋接触点的绝缘处理，绑扎钢筋笼

在纵筋与箍筋的接触部位用绝缘胶带分别缠绕包裹涂抹一层环氧树脂用以绝缘，最后对钢筋进行绑扎成笼。

3)将通电导线连接在纵筋上

取一根导线两端去皮，用两头裸露的铜线紧紧缠绕两根纵筋，使纵筋串联，另外用导线从其中一根纵筋的另一端引出，用以接直流电源，导线与纵筋的连接点处用环氧树脂包裹固定。制作处理过程如图5.6所示。

(a)纱布包裹

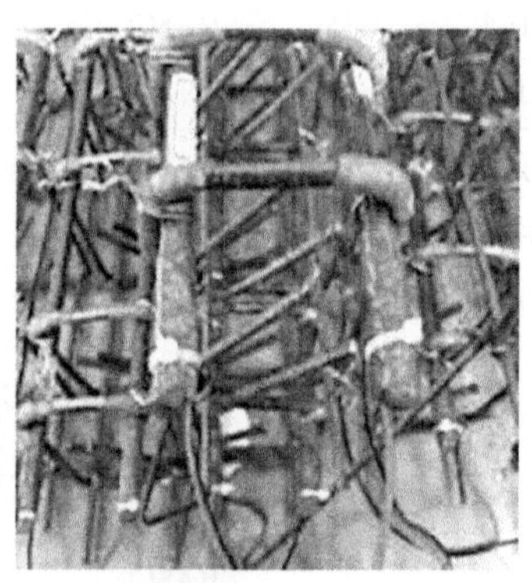

(b)绝缘胶带缠绕

(c)箍筋防锈

图5.6　试验梁的钢筋处理过程

4)支模装笼

将木模放置在空旷平整的地面，并事先在木模内表面均匀涂抹一层润滑油，在钢筋笼的两端箍筋上绑扎吊钩，将绑扎好的钢筋笼放入木模中，用细铁丝绑扎悬挂钢筋笼，以确定钢筋笼位置，使钢筋笼距木模之间保留规定的混凝土保护层厚度。

5)浇筑混凝土

每组试验梁同批浇筑，并保留同批次伴随试件，浇筑完成后，覆上塑料薄膜，定期浇水养护，养护龄期为28d。

(a)绑扎　(b)模板支设

(c)入模　(d)养护

图5.7　试验梁的施工制作过程

5.2　持荷锈蚀试验

持载锈蚀试验在由加载横梁、立柱和底座组成的自反力装置上进行，加载横梁下依次设置机械千斤顶、荷载传感器、分配梁、试验梁、铰支座和腐蚀槽，腐蚀槽放置在底座上，如图 5.8(a)(b)所示。试验步骤如下：

(1)将养护好的试验梁置于腐蚀槽内的铰支座上，加入质量浓度为 5%的 NaCl 溶液，液面高度以恰好能淹没梁底纵筋为准，充分浸泡 48h；

(2)利用机械千斤顶进行手动加载，同时由荷载传感器实时监控荷载，当荷载达到目标值后，停止加载，保持持载状态；

(3)打开直流电源，进行通电加速腐蚀，所采用的电流密度按法拉第定律预测，取恒定电流为 1.0mA/cm^2；

(4)在试验梁上表面跨中和两支座处设置位移计，监测持载锈蚀过程中试验梁的挠度变化，另外，在试验梁上表面跨中位置设置压力传感器，监测试验梁的荷载变化，并定期将荷载补至目标值；

(5)通电时间结束后，停止通电并卸掉荷载，将试验梁捞出后晾干；

(6)观察试验梁表面的锈胀裂缝，测量锈胀裂缝宽度，并在坐标纸上绘出裂缝在梁底和两侧面的相应位置。

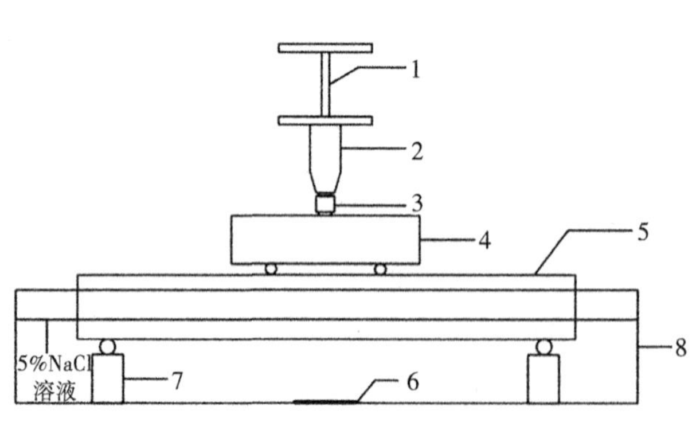

(a)加载装置简图

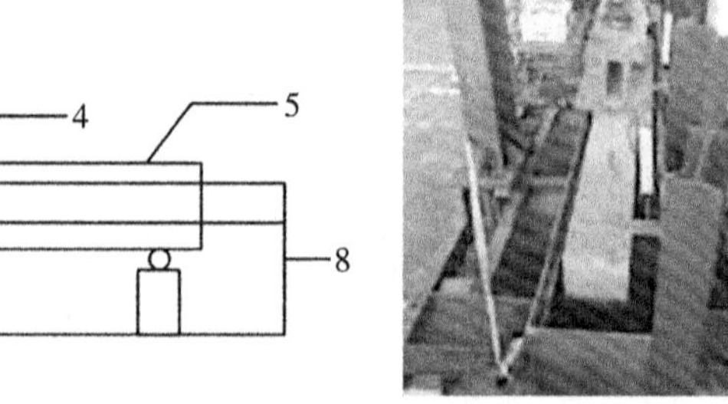

(b)实际加载图

1—加载横梁；2—螺旋千斤顶；3—荷载传感器；4—分配梁
5—试验梁；6—钢片；7—支撑工字梁；8—锈蚀铁槽

图 5.8　持续加载试验装置示意图

5.3 弯曲破坏试验

锈蚀试验后的弯曲破坏试验是在沈阳工业大学结构实验室500kN电液伺服试验机上进行，采用四点弯曲加载方式进行分级加载。其步骤如下：

1)试验准备

将持载锈蚀后的试验梁进行简单清理后置于支座加载点上，在梁的正反两面涂刷石灰水，待表面干燥后用墨线在表面弹出50mm×50mm的网格线。在梁受压区表面粘贴混凝土应变片，在梁的跨中和两端的部位粘贴薄钢板并布置位移计，在梁上依次放置好分配梁和压力传感器。

2)预加载

在试验梁正式加载前要进行两次预加载，预加载值为理论极限荷载值的5%，以此消除试验装置与试验梁之间的间隙，同时调试数据采集设备，检查无误后开始正式试验。

3)正式加载

采用程序加载方式，先以力的大小控制加载速度，每一级加载值设定为试验梁极限荷载理论计算值的10%，加载速率设定为1kN/min，达到目标设定值后每一级持续时间为10min，其目的是为了使试验梁的裂缝、挠度、应变等得到充分发展并且趋于稳定，方便观测以及绘制裂缝发展走向；当加载水平达到试验梁极限荷载理论计算值的85%后，程序设定为位移控制继续加载，加载速率为1mm/min，直至试验梁破坏，加载装置简图及实际加载图如图5.9所示。

4)测试内容

荷载采用压力传感器量测，量程为500kN；跨中和两端的挠度采用YDH-100型位移计量测；试验梁跨中受压区的混凝土应变采用100mm×3mm的混凝土应变片量测；裂缝宽度采用裂缝测宽仪量测。其中荷载、位移和应变的量测采用德国imc动态应变采集仪实时采集和监控，具体的测点布置图如图5.9所示。

5)裂缝形态记录

在每级加载完毕后观察并测量裂缝长度、宽度以及发展情况，然后用记号笔在裂缝出现处的附近沿着裂缝的发展轨迹进行绘制，对裂缝的产生顺序进行编号并标出相应荷载值，待试验结束后，要将试验梁的裂缝分布情况绘制在坐标纸上并且对构件进行拍照保存。

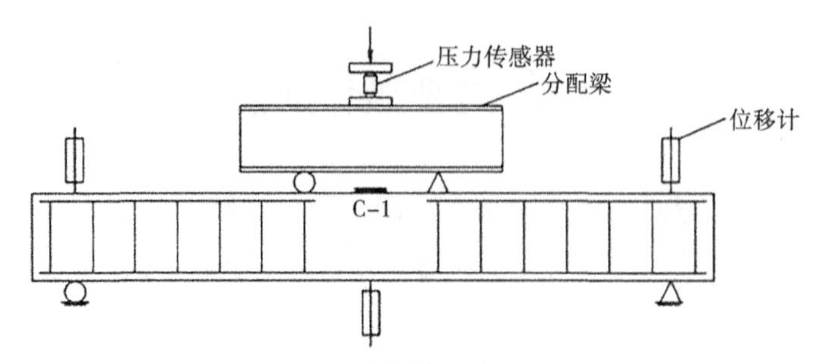

(a)加载装置简图

(b)实际加载图

图 5.9　加载试验装置示意图

5.4　纵筋锈蚀率

5.4.1　理论锈蚀时间

本试验采用直流电源通电加速钢筋锈蚀方法。一般认为，钢筋锈蚀的电流密度应小于 3.0mA/cm²，宜选择 1.0mA/cm²左右。本试验设定电流密度为 1.0mA/cm²，根据理论锈蚀率计算得到理论锈蚀时间。

通电时间应用 Faraday 定律公式确定，即

$$T = \frac{m_t \times 2 \times 96487}{I \times 55.847} \tag{5.1}$$

式中：2——铁原子变成亚铁离子所消耗的电子数；

96487——法拉第常数，即每摩尔电子所带的电量，库仑/摩尔；

55.847——铁元素的原子质量。

5.4.2 两种锈蚀率的定义

为了得到钢筋的实际锈蚀情况，将弯曲破坏后的试验梁破开，取出纵筋（图 5.10），按照《水运工程混凝土试验规程》（JTJ270—98）的规定，首先清除残留在钢筋表面上的混凝土，用钢丝刷对钢筋表面的锈蚀产物进行处理，然后将锈蚀后的钢筋先放入酸溶液中浸泡 30min 后，再放入碱溶液中浸泡 10min，接着将钢筋润湿，最后进行干燥处理。

图 5.10 梁体破碎

锈蚀后的钢筋表面的锈蚀类型大致可以分为均匀锈蚀和点蚀。在实际对锈蚀后钢筋的测量中，通常有两个参考指标用来表征锈蚀钢筋的损失量，它们分别为质量损失率以及截面损失率。质量损失率更多的是表征着钢筋表面的均匀锈蚀程度，而截面损失率表征的为钢筋表面所发生的坑蚀情况。

钢筋的质量损失率可根据下式进行计算：

$$\eta_q = \frac{m_b - m_l}{m_b} \times 100\% \tag{5.2}$$

式中：η_q ——钢筋的质量损失率；

m_b ——钢筋锈前质量；

m_l ——钢筋锈后质量，钢筋的质量精确到 0.001kg。

根据 ASTM G46-94，当点蚀以宽而浅的形式发生时，在点蚀位置要测量受腐蚀钢筋的内径值，测量得到内径值，通过近似计算后可以得到钢筋锈蚀后的截面面积。对于钢筋的截面损失率，根据在腐蚀钢筋上随机选取的测量点上测量出的直径大小的平均值计算截面面积。对腐蚀钢筋采用相同的清洗步骤后，用数显螺旋测微仪完成直径的测量，最终计算钢筋截面损失率，计算公式为：

$$\eta_s = \frac{s_b - s_1}{s_b} \times 100\% \tag{5.3}$$

式中：η_s ——钢筋的截面损失率；

s_b ——锈蚀前钢筋的截面面积；

s_1 ——锈蚀后钢筋的截面面积，测量精度为 0.001mm。

5.4.3　实际锈蚀率的计算

图 5.11 所示为部分钢筋的表面锈蚀形态图。由图可以看出，钢筋在无荷载作用下以均匀锈蚀为主，而在荷载作用下的锈蚀以点蚀为主，且沿长度方向的锈蚀程度差异较大。在之前的多数研究中，很多研究者只是对整根钢筋进行了锈蚀前后的质量称量和截面测量，但是这并不能体现出梁底纵筋在不同部位的锈蚀情况，所以本试验针对上述问题将钢筋的测量范围进行了细化。

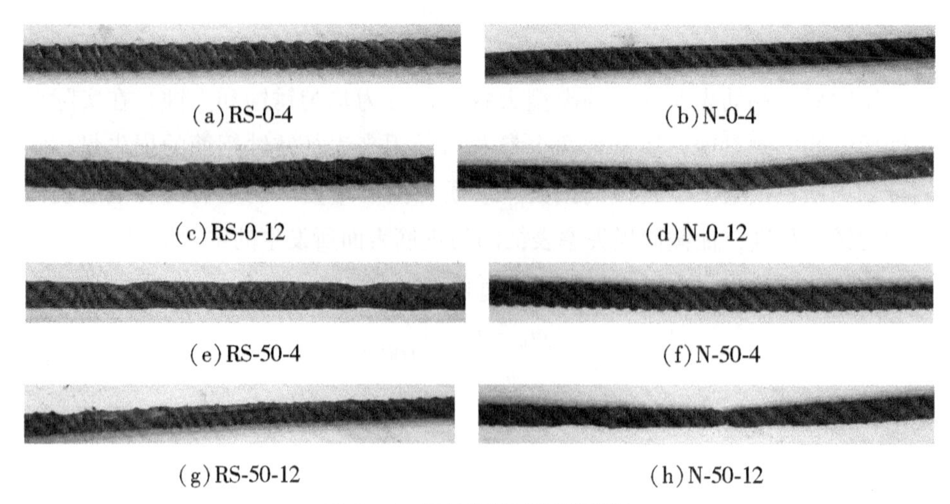

(a) RS-0-4　(b) N-0-4

(c) RS-0-12　(d) N-0-12

(e) RS-50-4　(f) N-50-4

(g) RS-50-12　(h) N-50-12

图 5.11　锈蚀钢筋表面形态图

将每根梁内的纵筋沿长度方向按175mm/段的间距截成8段，将每段间距内的2段钢筋作为1组，则每根梁的纵筋截断后可分为8组。测量每组钢筋的锈后平均质量 m_{ci} 和锈后最小截面面积 $A_{\min,i}$，然后按式(5.4)、式(5.5)计算每组钢筋的质量损失率 η_{qi} 和最大截面损失率 η_{si}，将梁内每组钢筋对应的 η_{qi} 和 $A_{\min,i}$ 按在梁中的相对位置依次相连，即可反映梁内纵筋在不同部位的锈蚀情况。此外，为便于进行试验梁之间的锈蚀损失率比较，分别按式(5.6)和式(5.7)对试验梁的平均质量损失率和平均最大截面损失率进行计算，计算结果见表5.7。

$$\eta_{qi}=\frac{m_i-m_{ci}}{m_i}\times 100\% \tag{5.4}$$

式中：η_{qi}——第 i 组钢筋的平均质量损失率；

m_i——第 i 组钢筋的锈前平均质量，$m_i=(m_i^{a}+m_i^{b})/2$；

m_{ci}——第 i 组钢筋的锈后平均质量，$m_i=(m_{ci}^{a}+m_{ci}^{b})/2$；

m_i^{a} 和 m_i^{b}——第 i 组钢筋a和b的锈前质量；

m_{ci}^{a} 和 m_{ci}^{b}——第 i 组钢筋a和b的锈后质量。

$$\eta_{si}=\frac{A_i-A_{\min,i}}{A_i}\times 100\% \tag{5.5}$$

式中：η_{si}——第 i 组钢筋的最大截面损失率；

A_i——第 i 组钢筋的锈前平均截面面积，$A_i=(A_i^{a}+m_i^{b})/2$；

$A_{\min,i}$——第 i 组钢筋的锈后最小截面面积，$A_{\min,i}=\min\{A_{\min,i}^{a},A_{\min,i}^{b}\}$；

A_i^{a} 和 A_i^{b}——第 i 组钢筋a和b的锈前平均截面面积；

$A_{\min,i}^{a}$ 和 $A_{\min,i}^{b}$——第 i 组钢筋a和b的锈后最小截面面积。

$$\eta_{q}=\frac{1}{n}\sum_{i=1}\eta_{qi} \tag{5.6}$$

式中：η_q 为梁内纵筋的平均质量损失率；η_{qi} 为第 i 组钢筋的质量损失率；n 为单根纵筋截断数量，本次试验取 $n=8$。

$$\eta_{s}=\frac{1}{n}\sum_{i=1}\eta_{si} \tag{5.7}$$

式中：η_s——梁内纵筋的平均最大截面损失率；

η_{si}——第 i 组钢筋的最大截面损失率；

n——单根纵筋截断数量，本次试验取 $n=8$。

5.4.4 钢筋锈蚀分析

为研究荷载对梁内不同部位纵筋锈蚀的影响，图5.12所示为梁RS-0-12、

RS-65-12、N-0-12和N-65-12的$x-\eta_{qi}$和$x-\eta_{si}$曲线。梁RS-0-12的$x-\eta_q$和$x-\eta_s$曲线基本重合，η_{qi}和η_{si}的值几乎相等，均在5%左右，$x-\eta_q$和$x-\eta_s$曲线与x轴近似平行，这说明梁RS-0-12的纵筋以均匀腐蚀为主，其实际锈蚀率只与通电电流的大小有关；由图还可以看出，除个别点略有偏差，梁N-0-12与RS-0-12的x-η_{qi}和x-η_{si}曲线在总体上是重合的，即梁N-0-12与RS-0-12的锈蚀规律基本相同，这证明了在无荷载情况下，梁内纵筋的实际锈蚀率与混凝土类型无关。然而，当试验梁受到荷载作用时，梁内纵筋锈蚀情况与无荷载作用时完全不同。图5.12显示，梁RS-65-12的x-η_{qi}曲线明显在RS-0-12的x-η_{qi}曲线之上，且曲线近似呈抛物线变化，η_{qi}在梁跨中部位附近达到最大，其最大值为29.73%，在靠近支座处达到最小，其最小值为7.43%，均大于5%，这说明荷载的存在加快了自密实再生混凝土梁的钢筋锈蚀，尤其在跨中部位更为显著。由图还可知，梁N-65-12的x-η_{qi}曲线与梁RS-65-12的x-η_{qi}曲线十分贴近，梁N-65-12的η_{qi}和梁RS-65-12的h_{qi}的各点差值不大于2.6%，这说明在荷载作用下，自密实再生混凝土梁在各部位的平均质量损失率与普通混凝土梁几乎相同。但值得注意的是，荷载的作用对自密实再生混凝土梁和普通混凝土梁的纵筋不均匀锈蚀程度的影响均较大。图5.12显示，RS-65-12和N-65-12的x-η_{si}曲线均在其x-η_{qi}曲线之上，也呈抛物线形状。RS-65-12的η_{si}在梁跨中部位附近达到最大，其最大值为36.81%，在靠近支座处达到最小，其最小值为22.46%；与RS-65-12的η_{qi}在跨中处的增长率较高，在支座处的增长率不明显现象相比较，η_{si}在梁的跨中和支座处的增长率均十分明显，这意味着无论裂缝存在与否，荷载作用会始终促使梁内不同部位的钢筋发生不均匀锈蚀，也就是说，荷载作用是钢筋发生不均匀锈蚀的主要诱因。如图5.12所示，梁N-65-12的x-η_{si}曲线比梁RS-65-12的x-η_{si}曲线更高一些，其η_{si}的最大值较梁RS-65-12的η_{si}高4.18%，其η_{si}的最小值较梁RS-65-12的η_{si}高11.62%，这说明在荷载作用下的普通混凝土梁内纵筋不均匀锈蚀程度更高。

为了表征荷载作用对梁内钢筋不均匀锈蚀的影响，定义钢筋不均匀锈蚀系数$\delta=\eta_s/\eta_q$，见表5.7。图5.13表示不同锈蚀时间下自密实再生混凝土梁和普通混凝土梁的δ与荷载水平的关系曲线，需要注意的是，由于梁N-65-12的梁内纵筋在持载锈蚀9天时发生了断裂，此时的不均匀锈蚀系数δ实际上为t=9d时的值，但为了便于与自密实再生混凝土梁曲线比较，仍视为梁N-65-12的δ值。

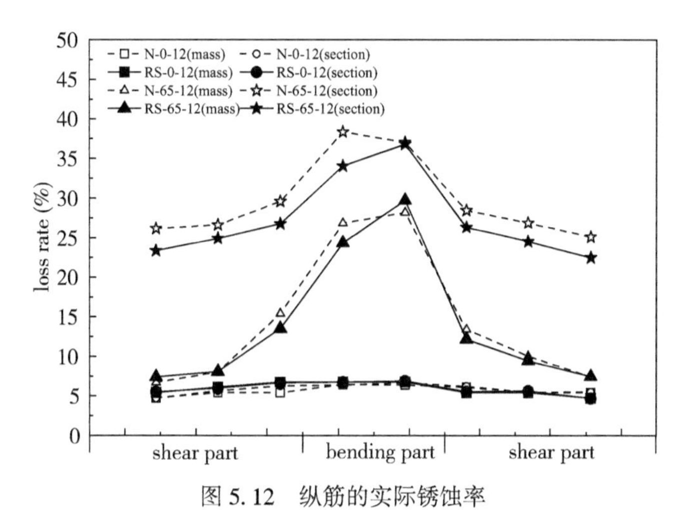

图 5.12 纵筋的实际锈蚀率

表 5.7 **试件的试验结果**

试件编号	平均质量损失率 η_q(%)	平均截面损失率 η_s(%)	不均匀系数 δ	P_u(kN)	破坏形态
N	0	0	0	68.80	适筋破坏
RS	0	0	0	67.42	适筋破坏
N-0-4	1.34	1.35	1.01	67.00	适筋破坏
RS-0-4	1.51	1.46	0.97	65.60	适筋破坏
N-0-8	3.60	3.92	1.09	66.20	适筋破坏
RS-0-8	3.78	3.83	1.01	65.58	适筋破坏
N-0-12	5.65	5.84	1.03	51.60	黏结破坏
RS-0-12	5.91	5.95	1.01	60.20	适筋破坏
N-50-4	3.13	3.44	1.10	61.00	适筋破坏
RS-50-4	3.77	4.08	1.08	60.20	适筋破坏
N-50-8	6.78	9.31	1.37	59.00	适筋破坏
RS-50-8	6.38	8.85	1.39	56.64	适筋破坏
N-50-12	8.89	14.82	1.67	46.20	加载断筋破坏
RS-50-12	8.11	11.60	1.43	47.40	适筋破坏
N-65-4	5.34	7.21	1.35	59.64	适筋破坏

续表

试件编号	平均质量损失率 η_q(%)	平均截面损失率 η_s(%)	不均匀系数 δ	P_u(kN)	破坏形态
RS-65-4	5.28	6.76	1.28	58.42	适筋破坏
N-65-8	9.71	21.92	2.26	53.66	加载断筋破坏
RS-65-8	9.35	19.98	2.14	55.82	适筋破坏
N-65-12	14.51	29.77	2.05	—	持载断筋破坏
RS-65-12	14.02	27.39	1.95	46.80	加载断筋破坏

注：N-65-12 持载时钢筋发生断裂，故无极限荷载。

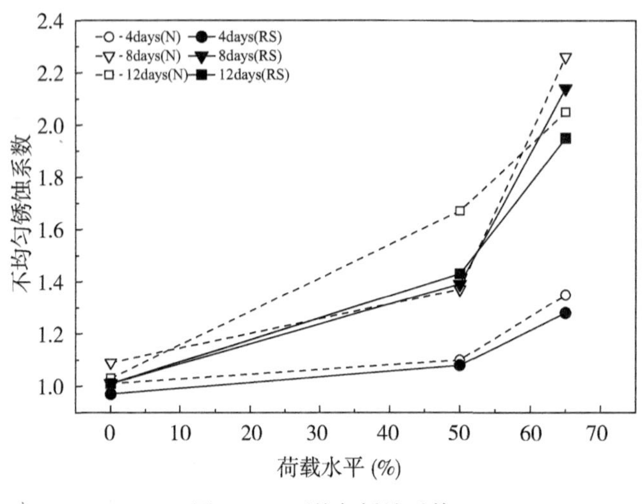

图 5.13　不均匀锈蚀系数

如图 5.13 所示，自密实再生混凝土梁在不同锈蚀时间下的 δ 随荷载水平曲线的变化规律与普通混凝土梁是一致的，锈蚀时间为 4d 的自密实再生混凝土梁 $\delta_t=4$d 曲线比较平缓，锈蚀时间为 8d 的 $\delta_t=8$d 曲线在无荷载时与 $\delta_t=4$d 曲线相近，但随着荷载的提高，δ 值开始急剧增长而逐渐远离 $\delta_t=4$d 曲线，而锈蚀时间为 12d 的 $\delta_t=12$d 曲线增长趋势与 $\delta_t=8$d 曲线相同，其二者曲线较为贴近，这意味着锈蚀时间对不同荷载水平下 δ 值的影响也是不同的，当锈蚀时间较短($t=4$d)时，荷载作用对 δ 值的影响不甚明显，只有当锈蚀时间足够长时，荷载作用对 δ 值的影响才变得显著起来。梁 RS-0-4、RS-0-8 和 RS-0-12

的 δ 值均在 1 左右，分别为 0.97、1.01 和 1.01，说明自密实再生混凝土梁在无荷载情况下的纵筋锈蚀主要为均匀锈蚀；当处于正常工作荷载水平($L=0.5$)时，自密实再生混凝土梁的 δ 值会有一定增长，若定义自密实再生混凝土梁的荷载水平由 0 增至 0.5 时钢筋不均匀锈蚀系数增长率为 $\Delta\delta_{0\to0.5}$，即 $\Delta\delta_{0\to0.5}=(\delta_0-\delta_{0.5})/\delta_0$，$\delta_0$、$\delta_{0.5}$分别代表 $L=0$ 和 $L=0.5$ 的 δ，则梁 RS-50-4，RS-50-8 和 RS-50-12 的 δ 为 1.08、1.39 和 1.43，其 $\Delta\delta_{0\to0.5}$分别为 11.3%、37.6%和 29.4%；当处于超载水平($L=0.65$)时，自密实再生混凝土梁的 δ 值增长十分迅速，$\Delta\delta_{0\to0.65}$远大于 $\Delta\delta_{0\to0.5}$，例如梁 RS-65-4、RS-65-8 和 RS-65-12 的 δ 为 1.28、2.14 和 1.95，其 $\Delta\delta_{0\to0.65}$分别为 32.0%、111.9%和 93.1%。这表明自密实再生混凝土梁的 δ 随荷载水平的提高，其增长是非线性的，当 $L\leqslant0.5$ 时，δ 值增长较小；当 $L>0.5$ 时，δ 值增长十分显著。值得注意的是，当处于超载水平($L=0.65$)时，即使在较短的锈蚀时间内，自密实再生混凝土梁仍会产生一定的不均匀锈蚀，例如梁 RS-65-4 的 δ 值为 1.28，因此对于处于超载水平下的自密实再生混凝土梁，即使是短时间内的锈蚀问题，仍应密切关注。

通过比较还可以看出，除梁 N-50-8 与 RS-50-8 的 δ 值基本相等外，普通混凝土梁的 δ 值均大于自密实再生混凝土梁的 δ 值，并且普通混凝土梁的 $\Delta\delta_{0.5\to0.65}$明显高于自密实再生混凝土梁的 $\Delta\delta_{0.5\to0.65}$。例如，当 $t=4$d 时，普通混凝土梁的 $\Delta\delta_{0.5\to0.65}=22.7\%$，而自密实再生混凝土梁的 $\Delta\delta_{0.5\to0.65}=18.5\%$；当 $t=8$d 时，普通混凝土梁的 $\Delta\delta_{0.5\to0.65}=65.0\%$，而自密实再生混凝土梁的 $\Delta\delta_{0.5\to0.65}=54.0\%$；当 $t=12$d 时，梁 N-65-12 在持载第 9 天时纵筋因锈蚀而断裂，此时 $\delta=2.05$ 而梁 RS-65-12 在持载 12d 后纵筋未断裂，其 δ 值为 1.95，可以预见梁 N-65-12 若能持载 12d，其不均匀锈蚀程度必定比梁 RS-65-12 严重。这说明普通混凝土梁较自密实再生混凝土梁更易发生不均匀锈蚀，并且超载对普通混凝土梁内纵筋不均匀锈蚀的促进作用显著高于对自密实再生混凝土梁。

值得注意的是，当 δ 值为 2 左右时，梁内钢筋大多由于截面损失较大而在较小荷载下被拉断，此时梁的受压区混凝土并未达到极限压应变，梁发生的是以钢筋拉断为标志的脆性破坏，例如梁 N-65-8、N-65-12 和 RS-65-12 均是这种破坏，而它们对应的不均匀锈蚀系数分别为 2.26、2.05(9d)和 1.95。因此，可以认为 δ 上限值为 2，超过 2，梁大概率会发生脆性破坏。

5.5　持荷锈蚀试验结果分析

5.5.1　锈胀裂缝

混凝土梁底部纵筋在腐蚀过程中会生成铁锈，引起体积膨胀，在氧气充足的情况下，膨胀后的体积可达到钢筋原体积的7倍左右，在氧气较为稀缺的情况下，也能达到原体积的1.5~3倍。锈蚀产物导致的体积膨胀会在钢筋周围的混凝土内产生较大的拉应力，最终导致混凝土外表面开裂，使混凝土产生顺筋方向的锈胀裂缝。图5.14所示为锈蚀梁的锈胀裂缝，从图中可以明显看到，梁内部的锈蚀产物从顺筋的锈胀裂缝处溢出。

图5.14　混凝土梁表面的锈蚀产物

为研究试验参数对梁的锈胀裂缝发展的影响，将梁的锈胀裂缝绘制于网格图中进行分析，具体步骤如下：

(1)将试验梁从钢槽中捞出后，用钢丝刷小心地清除混凝土试验梁表面的锈渍，并用清水反复冲洗梁表面，然后烘干；

(2)用墨线将混凝土梁的正面和背面划分成规格为50mm×50mm的网格，然后在梁底面划分成规格为50mm×46mm(梁截面宽140mm)的网格；

(3)持裂缝测宽仪沿着锈胀裂缝发展方向以每100mm(两格)取一点，分别对混凝土梁的正面、底面和背面的胀裂缝宽度进行测量并记录，将锈胀裂缝在梁体表面的形态在方格本上描绘出来，并对其宽度进行记录。部分试验梁锈胀裂缝三面展开图如图 5.15 所示。

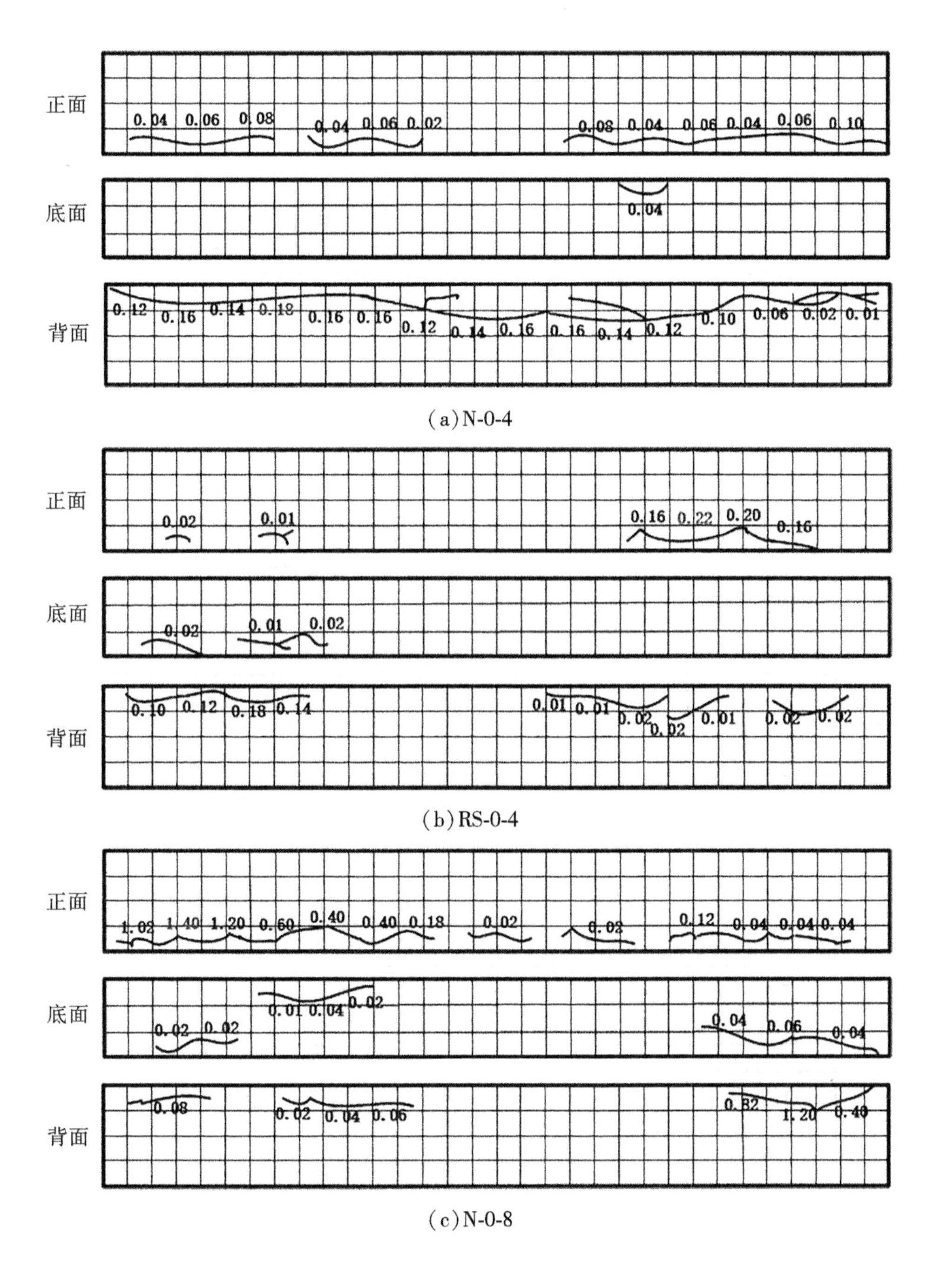

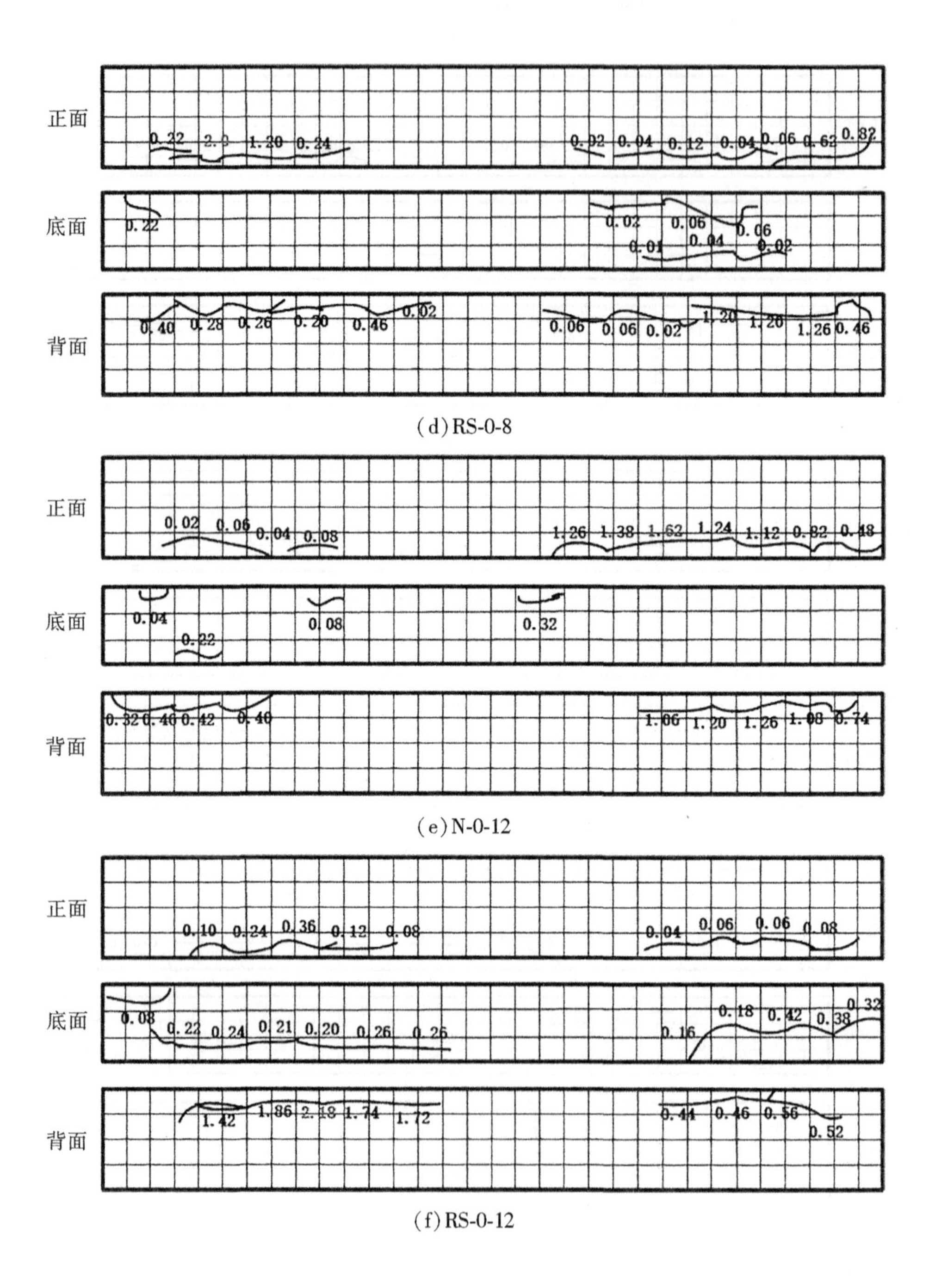

(d) RS-0-8

(e) N-0-12

(f) RS-0-12

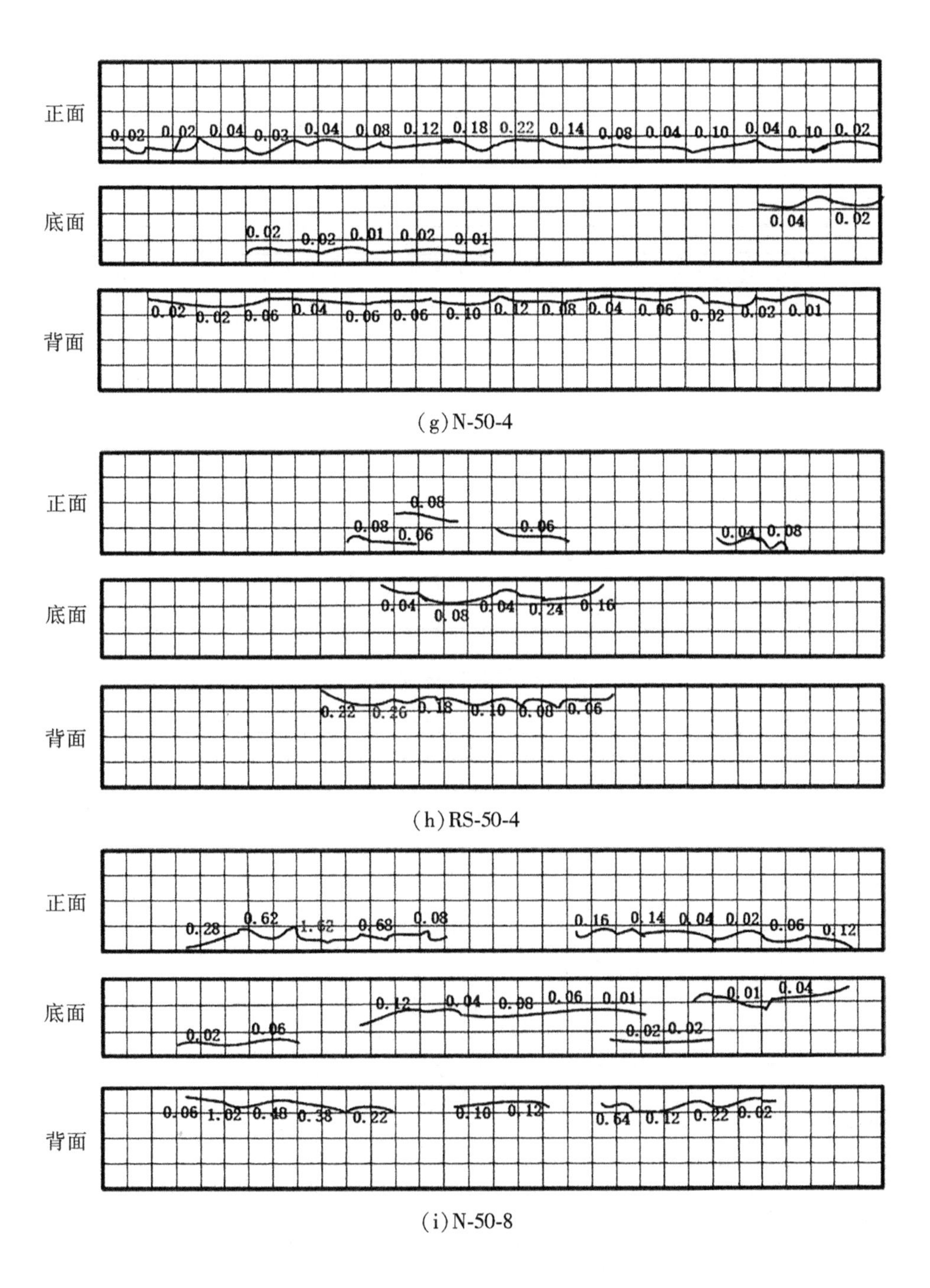

(g) N-50-4

(h) RS-50-4

(i) N-50-8

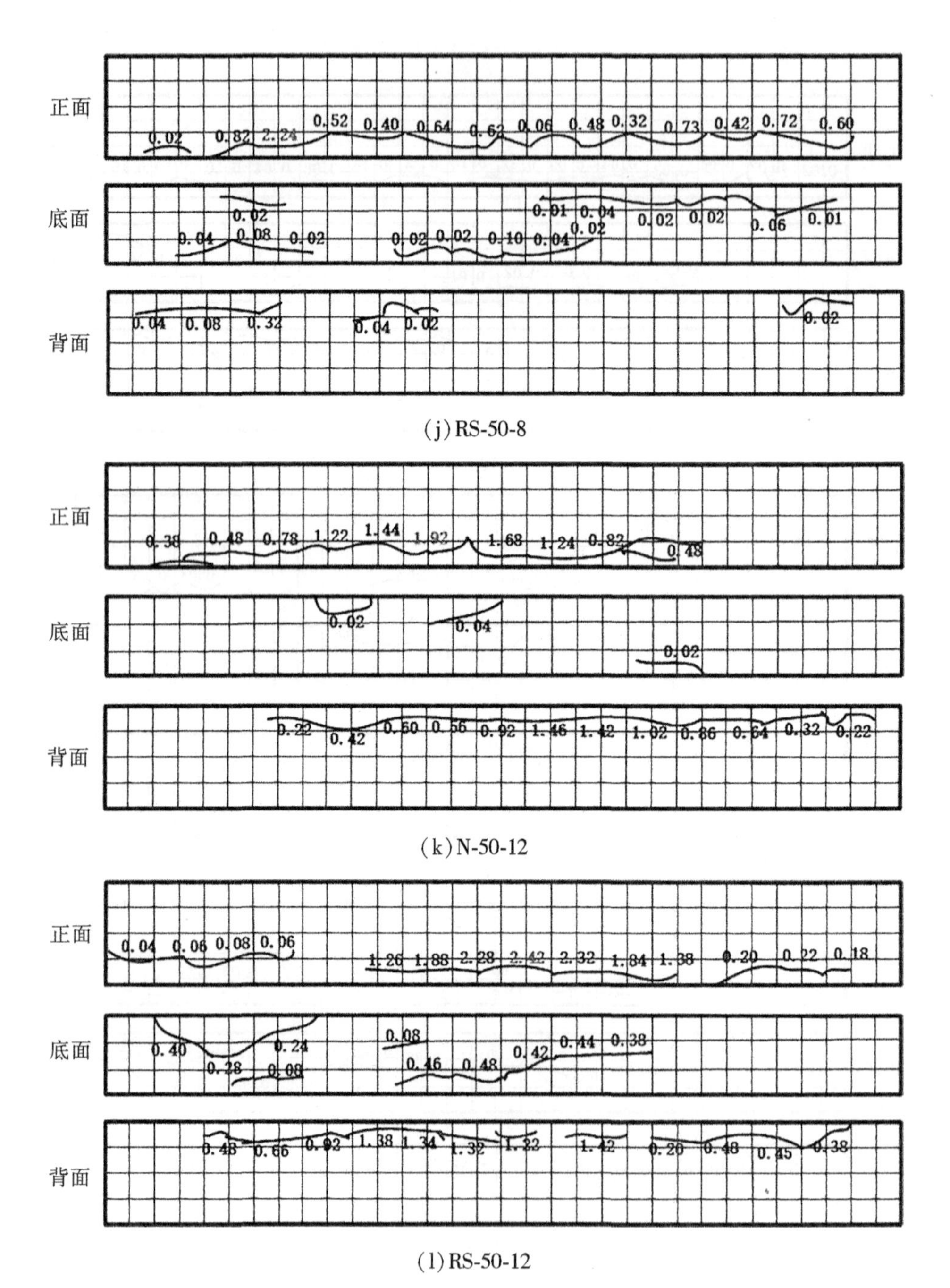

图 5.15 混凝土梁表面锈胀裂缝图

由图 5.15 可以看出，锈胀裂缝均出现在纵筋附近。在未持载锈蚀的情况下，两种梁的锈胀裂缝首先出现在梁的剪跨段，并随锈蚀时间的增加向沿纵筋方向向裂缝两端延伸，相比之下，自密实再生混凝土的锈胀裂缝均未延伸至纯弯段，其平均长度要明显小于普通混凝土；而在持载锈蚀情况下，两种梁的锈胀裂缝在纯弯段与剪跨段均出现裂缝，并随锈蚀时间的增加各自向裂缝两端延伸。比较锈蚀时间为 12d 时的自密实再生混凝土梁和普通混凝土梁的锈胀裂缝可以看出，自密实再生混凝土梁在底面的锈胀裂缝的延伸长度明显较普通混凝土梁长，这意味着自密实再生混凝土梁的保护层更易发生剥落。

通过对试验梁三面的锈胀裂缝宽度进行分析，发现其任何一面的锈胀裂缝宽度与锈蚀时间没有显示明确的关系，但将梁的纯弯段以及两侧剪跨段的三面锈胀裂缝宽度值取平均值后，发现其与锈蚀时间存在以下关系，如图 5.16 所示，图中的虚线段为未持载锈蚀条件下的平均锈胀裂缝宽度随锈蚀时间的变化曲线，实线段为工作荷载锈蚀条件下的平均锈胀裂缝宽度随锈蚀时间的变化曲线。

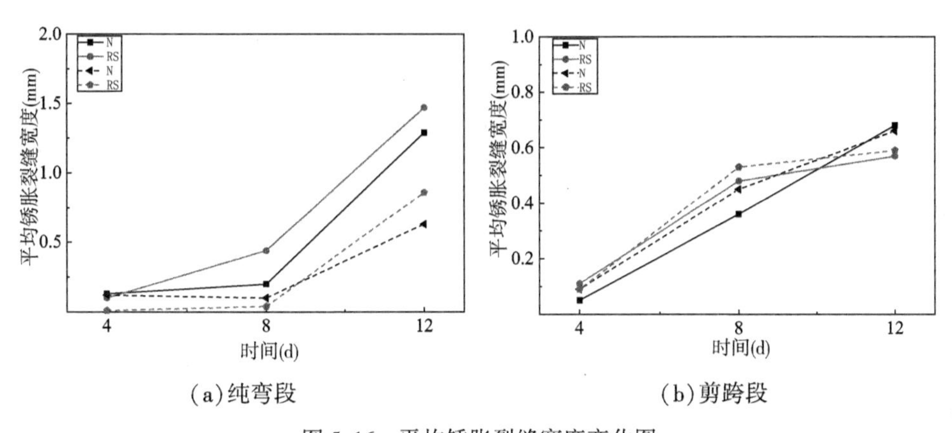

(a)纯弯段　　(b)剪跨段

图 5.16　平均锈胀裂缝宽度变化图

由图 5.16 可知，自密实再生混凝土梁纯弯段的平均锈胀裂缝宽度随锈蚀时间的增加而加速增大。例如，当锈蚀时间由 8d 增至 12d 时，自密实再生混凝土梁的平均锈胀裂缝宽度的增长速率较锈蚀时间从 4d 增加至 8d 大得多，在这点上，普通混凝土梁也有类似的规律。比较自密实再生混凝土梁和普通混凝土梁可知，前者的平均锈胀裂缝宽度大于后者，特别当锈蚀时间为 12d

时，前者比后者的平均锈胀裂缝宽度高出了 25.22%，这也导致当自密实再生混凝土梁的锈蚀时间较长时，其纯弯段附近的混凝土保护层更容易发生剥落现象。此外，比较持载锈蚀与未持载锈蚀情况下的自密实再生混凝土梁还可以看出，前者的平均锈胀裂缝宽度要显著大于后者，并且两者之间的差异还会随着锈蚀时间的增加而增大，平均锈蚀裂缝宽度的最大差值达到 0.86mm。

图 5.17 所示为未持载和持荷水平为 0.5 的两种锈蚀试验梁的最大锈胀裂缝宽度随锈蚀时间的关系曲线。由图可知，自密实再生混凝土梁和普通混凝土梁的最大锈胀裂缝宽度随锈蚀时间的增加而增大，且同等条件下的自密实再生混凝土梁的最大锈胀裂缝宽度值要大于普通混凝土梁。观察可知，两种梁的最大锈胀裂缝宽度随锈蚀时间的涨幅在锈蚀初期更为显著，例如，当锈蚀时间由 4d 增加至 8d 时，自密实再生混凝土梁的最大锈胀裂缝宽度较原裂缝宽度值大约增长了 8 倍，而当锈蚀时间由 8d 增加至 12d 时，自密实再生混凝土梁的最大锈胀裂缝宽度仅比原有宽度增长了 10%左右。

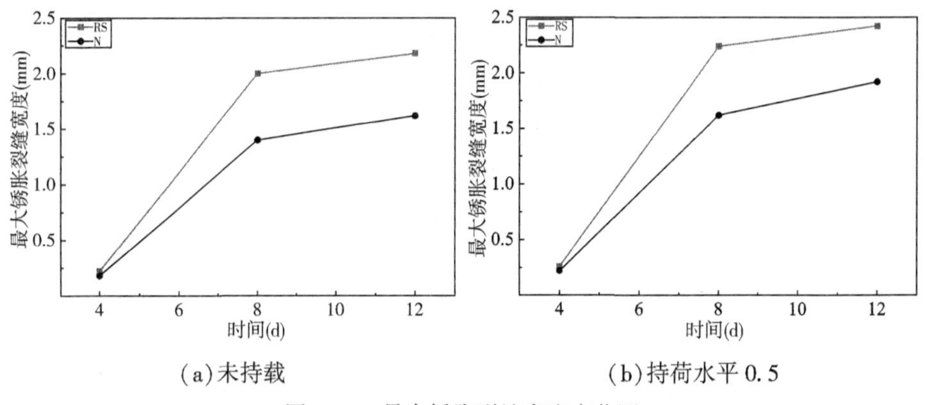

(a) 未持载　　(b) 持荷水平 0.5

图 5.17　最大锈胀裂缝宽度变化图

众所周知，钢筋混凝土梁在发生锈蚀以后，不仅会产生沿纵筋方向的锈胀裂缝，当锈蚀程度较严重时，甚至还会发生混凝土保护层剥落。已有学者对混凝土保护层锈胀破坏模式进行了研究，并将按表面形态将混凝土的剥落大致分为两类：直角剥落和角部剥落。试验中出现的比较典型的试验梁混凝土剥落如图 5.18 所示。

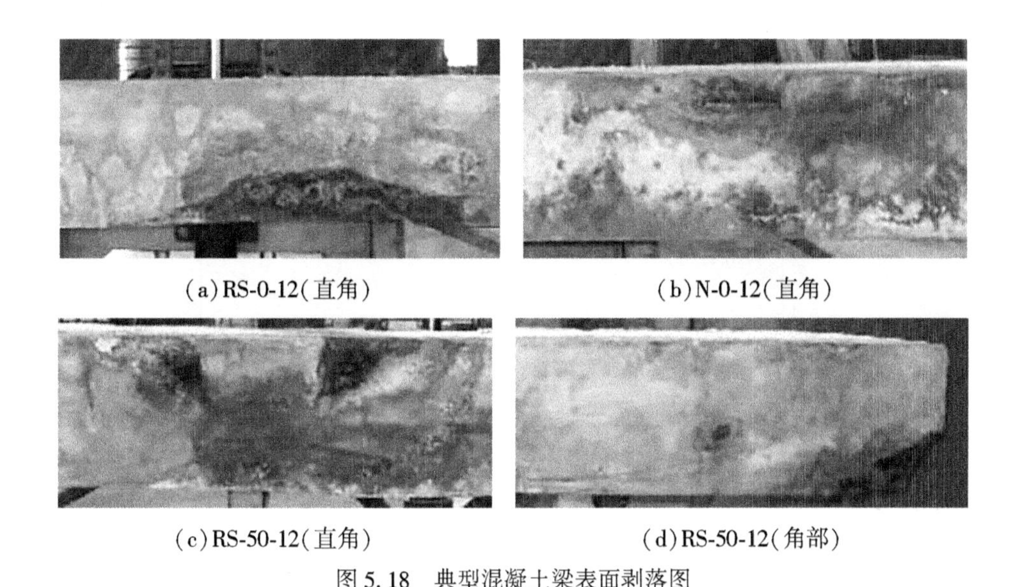

(a)RS-0-12(直角)　　(b)N-0-12(直角)

(c)RS-50-12(直角)　　(d)RS-50-12(角部)

图 5.18　典型混凝土梁表面剥落图

从图 5.18 可以明显看出，随着锈蚀时间的增加，锈蚀后的试验梁都有着比较严重的混凝土剥落现象。未持载锈蚀梁发生的是直角剥落，而在持荷锈蚀梁除发生直角剥落外，还会同时发生角部剥落，这表明持荷锈蚀梁的锈蚀程度更加严重。

5.5.2　挠度时间曲线

当持荷水平为 50%时，随着锈蚀时间的增加，试验梁 RS-50-12 的挠度增量按其增长速率可分为三个阶段，分别为 0~1d、1~7.5d 和 7.5~12d，它们的增长速率分别为 0.504mm/d、0.108mm/d 和 0.177mm/d。由此可见，试验梁 RS-50-12 的挠度增量的速率呈现出一个快—慢—快的三阶段过程，这主要是由于在锈蚀初期，梁体内的锈蚀产物累积较少，没有对纵向钢筋和周围混凝土之间的黏结产生有利作用，随着锈蚀时间的增加，锈蚀产物的累积越来越多，使得纵向钢筋与其周围混凝土之间的黏结得到大幅增强，所以梁体的挠度增加的速度开始变缓，而后，随着混凝土梁表面的受弯裂缝逐渐开展完全，裂缝处的锈蚀产物逐渐泄漏至腐蚀溶液中，锈蚀产物减少，导致纵向钢筋和周围混凝土之间的黏结程度有所降低，所以梁体的挠度增量的增速有所提高。相同条件下的试验梁 N-50-12 的挠度增量按其增长速率也可分为 0~1d、

1~7.5d 和 7.5~12d 这三个阶段，有所不同的是，在锈蚀时间为 1~7.5d 和 7.5~12d 时，RS-50-12 的增长速率较 N-50-12 分别降低了 26.85%和 22.37%。如图 5.19 所示。

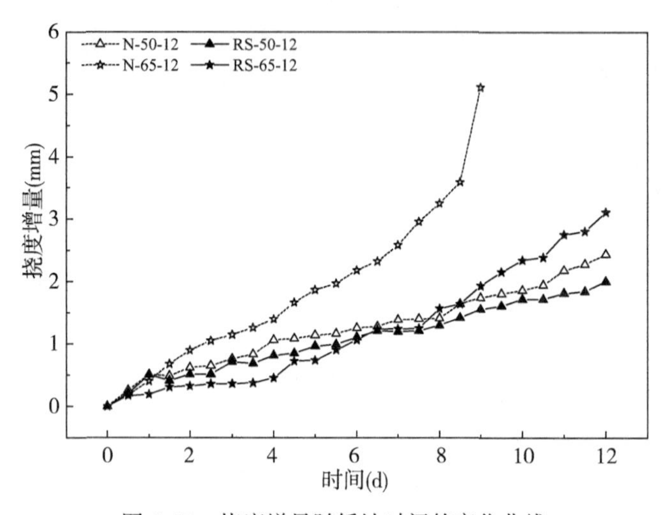

图 5.19　挠度增量随锈蚀时间的变化曲线

当持荷水平为 65%时，随着锈蚀时间的增加，试验梁 RS-65-12 的挠度增量按其增长速率可分为两个阶段，分别为 0~3.5d 和 3.5~12d，这两个阶段的增长速率分别为 0.107mm/d 和 0.322mm/d，呈现出一个先缓慢增长后快速增长的趋势。这主要是由于此时的持荷水平较高，梁体在锈蚀初期其内部就累积了较多的锈蚀产物，这些锈蚀产物对纵向钢筋与周围混凝土之间的黏结起到了增强作用，所以导致其挠度增量的速率较低，随后，梁体表面的受弯裂缝逐渐开展，宽度逐渐增大，导致较多的锈蚀产物泄漏，所以其挠度增量的速率开始加快。相同条件下的试验梁 N-65-12 由于在腐蚀至第 9d 时梁底纵筋突然发生断裂，所以仅记录了其 9d 内的挠度增量数据。随着锈蚀时间由 0 增加至第 8.5 天，其挠度增量基本呈线性增长趋势，增长速率为 0.423mm/d，当锈蚀时间为第 9 天时，其底部纵筋断裂，所以导致跨中挠度迅速增大，此时挠度增量是试验梁 RS-65-12 的 2.65 倍，可见其在高荷载水平下梁内钢筋的劣化程度要远高于试验梁 RS-65-12。

5.6　弯曲破坏试验结果分析

5.6.1　破坏形态分析

在本书中，除基准梁外，其他所有试验梁都需要经历两个试验阶段：锈蚀(无荷载/持载)阶段和弯曲破坏试验阶段。需要注意的是，对于持载锈蚀梁而言，由于本书设置的持载水平为0.5和0.65，均远高于试验梁的开裂荷载(自密实再生混凝土梁为0.22，普通混凝土梁为0.25)，因此在加载至持载值的过程中，试验梁的裂缝已经全部出齐，在持载锈蚀阶段，裂缝仅作宽度和高度上的变化。

由于持载水平和时间对梁内纵筋锈蚀的影响，导致试验梁的破坏情况各不相同，这里我们把试验梁的破坏情况大致分为以下四类(图5.20)：

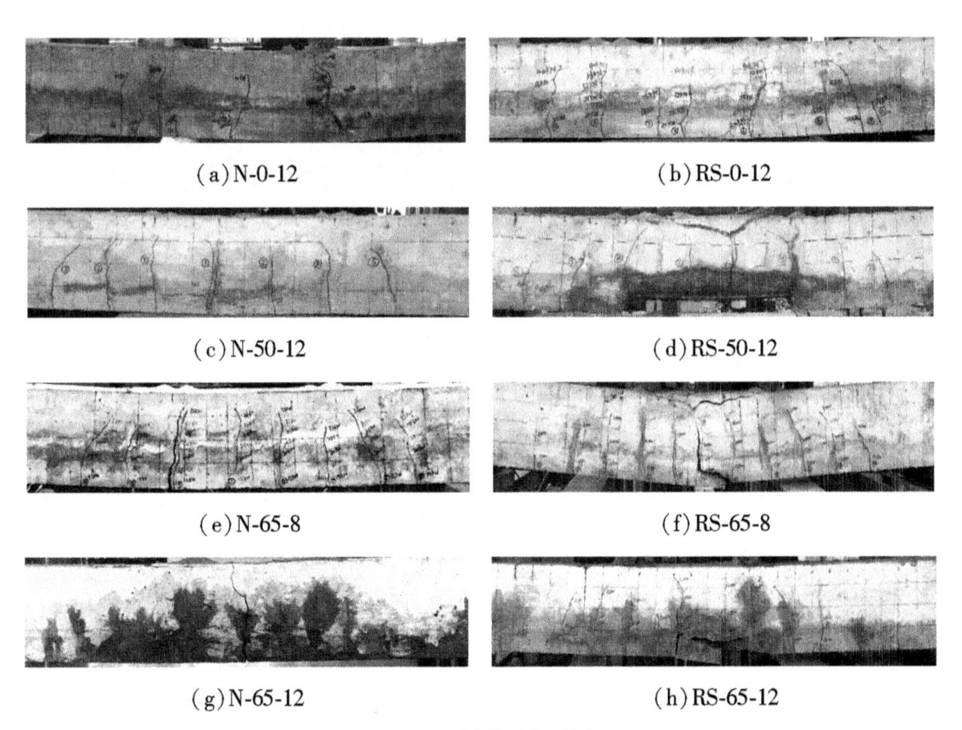

(a)N-0-12　(b)RS-0-12

(c)N-50-12　(d)RS-50-12

(e)N-65-8　(f)RS-65-8

(g)N-65-12　(h)RS-65-12

图5.20　梁的破坏形态

第一类是试验梁在持载锈蚀过程中因纵筋锈蚀严重而提前断裂导致的脆性破坏，试验梁N-65-12就属于此类破坏。N-65-12的计划持载值为44.72kN，计划持载锈蚀时间是12d。在持载锈蚀进行到第9天9点07分时，突然听到梁底传来“砰”的一声，此时荷载值由44.72kN迅速下降至30kN，挠度值由5.98mm迅速增大至7.49mm，跨中附近处原有的一条受弯裂缝的宽度突然增大超过4mm，对该处进行检查，发现其中一根钢筋已经断裂。整个破坏过程类似于少筋梁的破坏，受压区混凝土没有压碎迹象，破坏很突然，这种破坏是由于梁内纵筋截面削弱严重而造成的。值得注意的是，与N-65-12相对应的RS-65-12并未在持载锈蚀阶段发生破坏，而在随后的弯曲破坏试验中发生破坏。

第二类是弯曲破坏试验中由于纵筋锈蚀严重而提前断裂导致的脆性破坏，试验梁N-50-12、N-65-8和RS-65-12均属于此类破坏。由于在持载锈蚀阶段裂缝已经出齐，因此，当荷载由0加载至20kN左右时，试验梁的裂缝宽度和高度基本保持不变，但是随着荷载继续增加，原有裂缝宽度开始增大，当加载至42kN左右时，跨中附近的某条裂缝的宽度迅速增大，成为主裂缝，其他裂缝的宽度反而有所减小，随着加载的继续进行，梁体发出“砰”的一声，此处的主裂缝宽度超过1mm，对该处进行检查，发现其中一根纵筋已经断裂，试验梁宣告破坏。此时，受压区混凝土没有任何压碎迹象，这种破坏的发生非常突然，也属于脆性破坏。值得注意的是，在发生此类破坏的三根梁中，两根梁均是普通混凝土梁，仅一根为自密实再生混凝土梁。

第三类是弯曲破坏试验中由于纵筋与其周围混凝土的黏结滑移而导致的脆性破坏(弯曲黏结破坏)，试验梁N-0-12发生的破坏即为此类破坏。与持载腐蚀试验梁有所不同，它们在加载时混凝土梁表面没有受弯裂缝，在荷载由0增加至17kN左右时，混凝土梁处于弹性阶段，随着加载的进行，当外荷载加至18kN左右时，纯弯段范围内出现了受弯裂缝，梁体开裂。荷载继续增加，受弯裂缝相继出现，并逐渐向上延伸，宽度不断增加，当外荷载增加至40kN左右时，在梁体右侧剪跨段和纯弯段相交的地方出现了倾斜裂缝，并且在右侧剪跨段的纵筋位置处出现了水平裂缝，随着荷载的继续增加，试验梁N-0-12的右侧剪跨段的倾斜裂缝迅速加宽并向加载点延伸，最终形成了一条宽度为4.3mm的倾斜主裂缝，同时，其纵筋位置处的水平裂缝继续向支座点发展延伸，当裂缝发展到支座附近时，右侧剪跨段的钢筋与周围包裹其的混凝土中发生了黏结滑移，此时梁体承载力迅速下降，试验梁 N-0-12 宣告破坏。

第四类是类似于适筋梁的受弯破坏。除上述三类破坏情况以外，本试验中其他试验梁发生的破坏均为此类破坏。对于未持荷锈蚀试验梁，由于在腐蚀过程中没有产生受弯裂缝，所以在破坏试验中较持荷锈蚀试验梁多一个梁体开裂阶段。当荷载加至开裂荷载(18kN 左右)前，梁体处于弹性阶段，当荷载继续增加，纯弯段受弯裂缝数量继续增加，并向上开展，且宽度不断增加，当外荷载增加至 30kN 左右时，梁体两侧剪跨段开始出现斜裂缝，并随外荷载的增加向加载点方向逐渐开展，宽度不断增加，当荷载增至 40kN 左右时，裂缝开展高度基本稳定，但是随着加载的进行，其表面裂缝宽度不断增加，并且在纯弯段内出现了一条宽度较其他受弯裂缝明显较大的主裂缝，底部纵筋受拉屈服，当荷载继续增加至极限荷载时，受压区混凝土被压碎，试验梁宣告破坏。对于持荷锈蚀试验梁，其在持载锈蚀阶段裂缝已经出齐，在加载前期，当荷载由 0 加载至 20kN 左右时，试验梁的裂缝宽度和高度基本保持不变，荷载继续增加，纯弯段受弯裂缝数量继续增加，并向上开展，且宽度不断增加，当外荷载增加至 28kN 左右时，其剪跨段开始陆续出现斜裂缝，并随外荷载的增加向加载点方向逐渐开展，宽度不断增加，当荷载增至 40kN 左右时，在纯弯段内出现了一条宽度较其他受弯裂缝明显较大的主裂缝，底部纵筋受拉屈服，随着荷载继续增加，试验梁 RS-50-12 还发生了纯弯段混凝土的整层剥落，这可能是由于其梁底纵向钢筋产生的锈蚀产物过多，从而大大削弱了钢筋与混凝土保护层之间的黏结，这点从荷载挠度曲线的斜率也可以加以证明，其曲线斜率从加载初期就已经远低于基准梁。当外荷载增加至极限荷载时，受压区混凝土被压碎，试验梁宣告破坏。

5.6.2 极限承载力分析

如图 5.21 所示，当锈蚀时间为 4d 时，两种混凝土梁的极限承载力呈现线性下降的趋势，当持荷水平由 0 增加至 0.65 时，自密实再生混凝土梁和普通混凝土梁的极限承载力分别降低了 10.94%和 10.98%，相同条件下的两种混凝土梁的极限承载力比较接近，仅相差 1.31%~2.08%。

当锈蚀时间为 8d 时，随持荷水平的增加，自密实再生混凝土梁的极限承载力呈现出先快速下降(0~0.5)，而后缓慢下降(0.5~0.65)两个阶段，具体来看，当持荷水平由 0 增至到 0.5 时，其极限承载力降低了 13.63%，当持荷

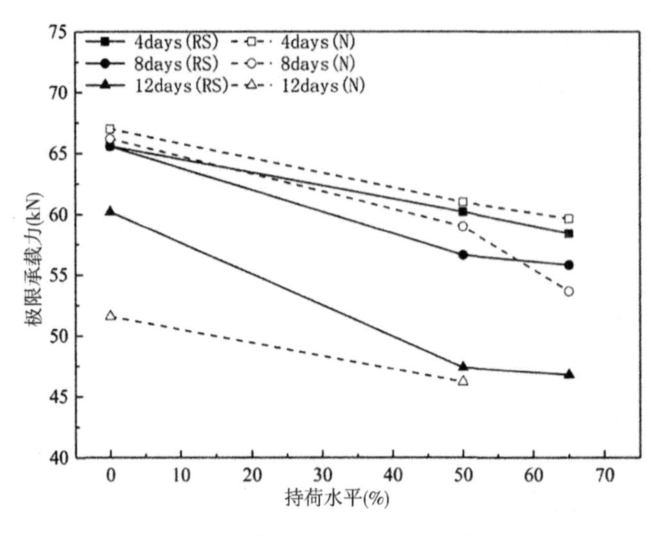

图 5.21　极限承载力与持荷水平的关系

水平由 0.5 增至到 0.65 时，其极限承载力降低了 1.45%。与其对应的普通混凝土梁在持荷水平由 0.5 增至到 0.65 时，其极限承载力降低了 9.05%，这主要是由于试验梁 N-65-8 发生了脆性破坏。其极限承载力相比同条件下的自密实再生混凝土梁发生了较大程度的降低，这表明当持荷水平由 0.5 增加至 0.65 时，普通混凝土梁的极限承载力的变化较不稳定。

当锈蚀时间为 12d 时，当持荷水平由 0 增至 0.5 时，其极限承载力降低了 21.26%，其降低幅度明显大于锈蚀时间 8d 时的降低幅度(13.36%)，说明较长的锈蚀时间下，持荷水平的升高对自密实再生混凝土梁的极限承载力影响较为严重。当持荷水平由 0.5 增至到 0.65 时，虽然试验梁 RS-65-12 发生了脆性破坏，但其极限承载力仅降低了 1.26%。试验梁 N-65-12 由于其在腐蚀过程中已经发生破坏，所以无相应的极限承载力值。此外，虽然试验梁 N-65-8 与 RS-65-8 的极限承载力比较接近，仅相差 2.53%，但是试验梁 RS-65-8 仍为适筋破坏，而试验梁 N-65-8 却发生了脆性破坏，这也说明在荷载水平较高时，虽然两种混凝土梁的极限承载力比较接近，但自密实再生混凝土梁相比普通混凝土梁有着更为良好的变形性能。

图 5.22 所示为未持载和工作荷载锈蚀条件下，两种混凝土梁的极限承载力随锈蚀时间增加的变化图，图中灰色条段代表自密实再生混凝土梁的极限承载力，黑色条段代表普通混凝土梁的极限承载力。

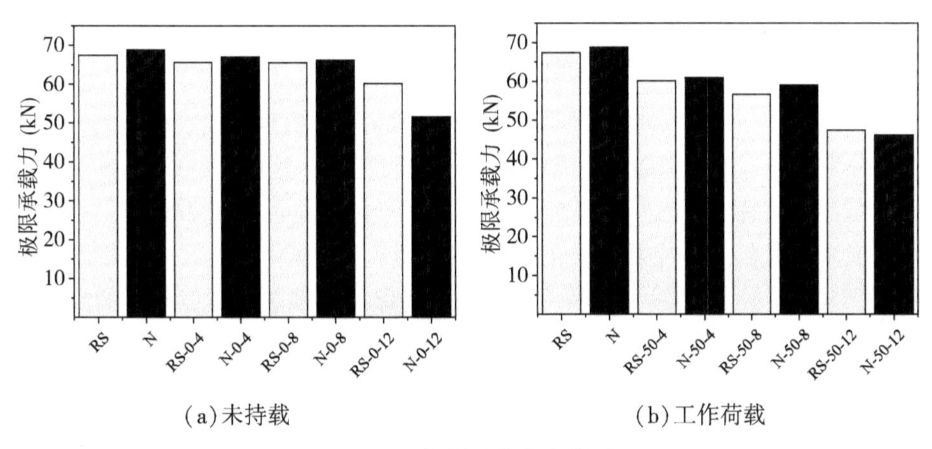

(a)未持载　　　　　　(b)工作荷载

图 5.22　极限承载力变化图

自密实再生混凝土梁在未持载锈蚀条件下，随着锈蚀时间从 4d 增加到 8d，其极限承载力与基准梁基本相等，最大仅下降了 1.81%，当锈蚀时间由 8d 增加到 12d 时，其极限承载力下降幅度较大，达到了 11.01%，这说明当自密实再生混凝土梁在未持载条件下且锈蚀时间较长时(例如本试验中设定的最大锈蚀时间为 12d)，其极限承载力会较基准梁有一定程度的降低。对比同条件下的普通混凝土梁，除发生黏结滑移破坏的试验梁 N-0-12 的极限承载力较自密实再生混凝土梁发生了较大程度的下降(降低了 14.29%)，其他试验梁与自密实再生混凝土梁的极限承载力都比较接近，它们的极限承载力在锈蚀时间为 4d 和 8d 时的变化规律与自密实再生混凝土梁类似。

自密实再生混凝土梁在工作荷载锈蚀条件下，与未持载锈蚀不同的是，由于混凝土梁受到荷载和锈蚀耦合作用的影响，其在锈蚀时间为 4d 时的极限承载力较基准梁下降要比未持载锈蚀时严重许多。在工作荷载锈蚀的条件下，锈蚀时间的增加对自密实再生混凝土梁的极限承载力的劣化影响要比试验条件为未持载锈蚀时严重，在此条件下，当锈蚀时间从 4d 增加到 8d 时，其极限承载力下降了 5.91%，锈蚀时间从 8d 增加到 12d 时，极限承载力下降了 16.31%。但是同条件下的自密实再生混凝土梁和普通混凝土梁的极限承载力相差不大。

综上，在工作荷载锈蚀的条件下，锈蚀时间的增加对自密实再生混凝土梁的极限承载力的劣化作用要比未持载锈蚀时严重。破坏形式相同的自密实再生混凝土梁和普通混凝土梁的极限承载力相差不大，这点与两种混凝土基准梁的极限承载力规律一致。

5.6.3　荷载挠度曲线分析

图 5.23 给出了试验梁在单调荷载作用下的荷载-挠度曲线。根据其特征可大致分为四类。第一类曲线具有明显的三阶段特征，是典型的适筋梁荷载-挠度曲线，这类曲线的第一阶段为弹性阶段，梁内受拉混凝土未开裂，整个构件处于弹性状态，此时梁的刚度最大；第二阶段为强化阶段，从混凝土开裂到受拉纵筋屈服，在这一阶段，荷载-挠度仍保持线性关系，但构件的刚度减小，这是由构件混凝土开裂引起的，卸载后构件会出现残余变形；第三阶段钢筋为破坏阶段，从受拉纵筋屈服到受压区混凝土的压应变达到最大值，在这一阶段，构件刚度急剧减小，构件处于塑性变形状态。第二类曲线具有明显的两阶段特征，这类曲线是持载锈蚀梁发生适筋破坏的典型荷载-挠度曲线，这类曲线的第一阶段相当于第一类曲线的强化阶段，从开始加载直至受拉纵筋屈服，在此阶段荷载-挠度呈线性变化，由于在持载锈蚀阶段，混凝土已开裂，此阶段的刚度小于第一类曲线第一阶段的刚度，但由于持载锈蚀阶段的残余变形不予考虑，因此该阶段的刚度一般仍高于第一类曲线第二阶段的刚度；第二阶段为破坏阶段，从受拉纵筋屈服直至混凝土压应变达到最大值，与第一类曲线的破坏阶段相同。以上两类曲线的特点是强化阶段和破坏阶段的曲线基本为直线，强化阶段和破坏阶段泾渭分明，以受拉纵筋屈服点为临界荷载点(以下称为屈服荷载)，两阶段的刚度相差十分显著，破坏阶段的刚度接近于零，但其挠度增长约为强化阶段挠度的 10 倍以上。第三类曲线是试验梁发生脆性破坏的典型特征曲线，近似分为两阶段，第一阶段近似为直线，与第一、二类曲线的强化阶段相似，但刚度不大于第一类曲线强化段刚度，屈服荷载远低于第一、二类曲线；第二阶段的挠度增长远小于第一、二类曲线的破坏阶段，显示出明显的脆性破坏特征。第四类曲线呈非线性变化，没有明显的屈服荷载点，且破坏时的位移增长最小。

RS/N、RS-0-4/N-0-4、RS-0-8/N-0-8 的荷载-挠度曲线均属于第一类曲线。受钢筋锈蚀的影响，锈蚀梁的屈服荷载和极限荷载略小于基准梁，但强化段刚度差别不大。值得注意的是，锈蚀梁在破坏阶段的塑性变形段曲线(以下简称为“塑性段”)较基准梁长，这是由于试验梁未采取锚固措施，仅靠钢筋与混凝土之间的黏结力来协同工作，当钢筋受到锈蚀后，黏结力减小，因此在到达极限荷载时，滑移量增加。由于采用未加载锈蚀方式且锈蚀时间较短，钢筋的锈蚀方式主要为均匀锈蚀，且锈蚀率较低，此种情况下，自密实再生混凝土梁与普通混凝土梁的荷载-挠度曲线基本重合，其锈后承载性能与变形性能基本相同。

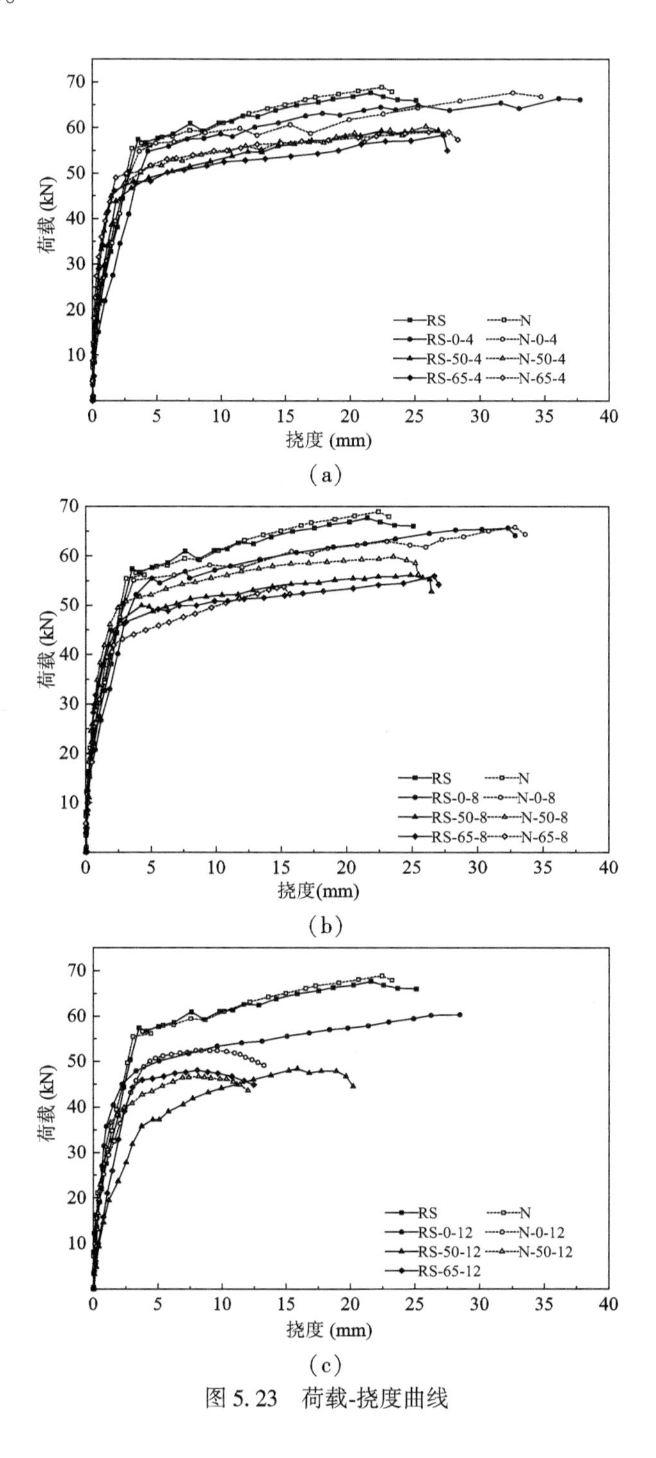

(a)

(b)

(c)

图 5.23　荷载-挠度曲线

RS-50-4/N-50-4、RS-65-4/N-65-4、RS-50-8/N-50-8 的荷载-挠度曲线均属于第二类曲线。在持载锈蚀的作用下，钢筋锈蚀程度明显加重，因此锈蚀梁的屈服荷载和极限荷载显著小于基准梁，也小于对应的未加载锈蚀梁，且由于不计持载残余变形的影响，持载锈蚀梁的强化段刚度也略高于基准梁和未加载锈蚀梁。由于屈服荷载和极限荷载的显著降低，持载锈蚀梁的塑性段长度较未加载锈蚀梁要小，但仍与基准梁相当。对比自密实再生混凝土梁和普通混凝土梁的曲线可以看出，RS-50-4 的屈服荷载略小于 N-50-4，但极限荷载、强化段刚度和塑性段长度与 N-50-4 基本相等，RS-50-8 的屈服荷载与极限荷载均略小于 N-50-8，但强化段刚度和塑性段长度与 N-50-8 基本相等，RS-65-4 与 RS-50-4 的规律相似。

本章小结

本书通过试验研究了荷载与锈蚀作用对自密实再生混凝土梁弯曲性能的影响，并与普通混凝土梁进行了比较，得到了以下结论：

(1) 自密实再生混凝土梁在无荷载作用下，纵筋发生均匀锈蚀，而在有荷载作用下纵筋发生不均匀锈蚀，且不均匀锈蚀系数随荷载水平的提高而增大；在荷载作用下，梁内纵筋锈蚀率沿梁的长度方向呈抛物线变化，并在梁的跨中部位达到最大。

(2) 在荷载作用下，自密实再生混凝土梁的不均匀锈蚀系数低于普通混凝土梁，尤其当荷载水平较高且锈蚀时间较长时，二者的不均匀锈蚀系数相差更明显，当不均匀锈蚀系数接近 2 时，梁大概率会发生以钢筋断裂为标志的脆性破坏，自密实再生混凝土梁发生脆性破坏的概率要远小于普通混凝土梁。

(3) 在荷载和锈蚀作用下，自密实再生混凝土梁与普通混凝土梁的跨中挠度均会随时间增加而增大，在高荷载水平下，普通混凝土梁的挠度随时间的增长速率会显著高于自密实再生混凝土梁。

(4) 即便是锈蚀时间较短，荷载对自密实再生混凝土梁的极限荷载的降低也具有显著的促进作用；当锈蚀时间较长时，荷载还会促进自密实再生混凝土梁刚度和延性的显著下降，这一点在高荷载水平下更为明显。普通混凝土梁的极限荷载、刚度和延性受荷载水平和锈蚀时间的作用较自密实再生混凝土梁更为显著。

参考文献

[1] Akhtar A, Sarmah A K. Construction and demolition waste generation and properties of recycled aggregate concrete: A global perspective[J]. Journal of Cleaner Production, 2018, 186: 262-281.

[2] Xiao Jianzhuang, Li Wenggui, Fan Yuhui, et al. An overview of study on recycled aggregate concrete in china(1996-2011) [J]. Construction & Building Materials, 2012, 31(6): 364-383.

[3] 黄潇宇. 荷载与氯盐侵蚀作用下自密实再生混凝土梁受弯性能研究[D]. 沈阳: 沈阳工业大学, 2021.

[4] 迟金龙. 持载锈蚀自密实再生混凝土梁力学性能试验研究[D]. 沈阳: 沈阳工业大学, 2020.

[5] Gesoglu M, Guneyisi E, Oz H O, et, al. Failure characteristics of self-compacting concretes made with recycled aggregates [J]. Construction and Building Materials, 2015, 98: 334-344.

[6] 向星赟, 赵人达, 李福海, 等. 自密实再生混凝土的基本力学性能试验研究[J]. 西南交通大学学报, 2019, 54(2): 359-365.

[7] Abed M, Nemes R, Bassam A Tayeh. Properties of self-compacting high-strength concrete containing multiple use of recycled aggregate[J]. Journal of King Saud University-Engineering Sciences, 2020, 32(2): 108-114.

[8] Vidal T, Castel A, François R. Analyzing crack width to predict corrosion in reinforced concrete[J]. Cement and Concrete Research, 2004, 34(1): 165-174.

[9] Ma Yafei, Zhang Jianren, Wang Lei, et al. Probabilistic prediction with Bayesian updating for strength degradation of RC bridge beams[J]. Structural Safety, 2013, 44: 102-109.

[10] Gjorv O E. Durability design of concrete structure in severe environments[M]. CRC Press, 2014.

[11] 贡金鑫, 王振吉, 马丽娜, 等. 沈海高速公路辽宁段沿线桥梁混凝土碳化概率特征研究[J]. 建筑科学与工程学报, 2016, 33(5): 14-21.

[12] Zou Zhenghao, Yang Guojiao, Su Tian, et, al. Analytical model to predict residual flexural capacity of recycled aggregate concrete beams with corroded

longitudinal rebars[J]. Advances in Materials Science and Engineering, 2020.

[13]Ye Taoping, Cao Wanlin, Zhang Yixuan, et, al. Flexural behavior of corroded reinforced recycled aggregate concrete beams [J]. Advances in Materials Science and Engineering, 2018.

[14]惠云玲，林志伸，李荣．锈蚀钢筋性能试验研究分析[J]. 工业建筑，1997(6)：11-14，34.

[15]张平生，卢梅，李晓燕．锈损钢筋的力学性能[J]. 工业建筑，1995(9)：41-44.

[16]Hassan A A A, Hossain K M A, M. Lachemi M. Structural assessment of corroded self-consolidating concrete beams[J]. Engineering Structures, 2010, 32(3): 874-885.

[17]Mohammed M, Ibrahim A A, Ghazi J A, et, al. Effect of rusting of reinforcing steel on its mechanical properties and bond with concrete [J]. Materials Journal, 1990, 87(5): 496-502.

[18]Allam Ibrahim M., Mohammed M, Saricimen Huseyin, et al. Influence of atmospheric corrosion on the mechanical properties of reinforcing steel[J]. Construction and Building Materials, 1994, 8(1).

[19]Abdullah A A. Effect of degree of corrosion on the properties of reinforcing steel bars[J]. Constructionand Building Materials, 2001, 15(8).

[20]Apostolopoulos C A, Papadopoulos M P, Pantelakis S G. Tensile behavior of corroded reinforcing steel bars BSt500s [J]. Construction and Building Materials, 2005, 20(9).

[21]王军强．大气环境下锈蚀钢筋力学性能试验研究分析[J]. 徐州建筑职业技术学院学报，2003(3)：25-27.

[22]吴庆，袁迎曙．锈蚀钢筋力学性能退化规律试验研究[J]. 土木工程学报，2008(12)：42-47.

[23]张克波，张建仁，王磊．锈蚀对钢筋强度影响试验研究[J]. 公路交通科技，2010，27(12)：59-66.

[24]张伟平，商登峰，顾祥林．锈蚀钢筋应力-应变关系研究[J]. 同济大学学报(自然科学版)，2006(5)：586-592.

[25]冯乃谦，蔡军旺，牛全林，等．山东沿海钢筋混凝土公路桥的劣化破坏及其对策的研究[J]. 混凝土，2003(1)：3-6，12.

第6章　锈蚀自密实再生混凝土梁的理论分析

在第5章中，我们已经对自密实再生混凝土梁在荷载作用和氯盐加速腐蚀作用下的受弯性能进行了试验研究，并认识到了持荷水平与锈蚀时间对自密实再生混凝土梁在破坏形态、钢筋锈蚀程度、梁的持载挠度、梁的受弯承载力以及梁的荷载-挠度曲线等方面的影响。

本章将讨论荷载作用与锈蚀时间双重因素作用下自密实再生混凝土梁的受弯性能退化规律，具体研究锈蚀自密实再生混凝土梁的受弯承载力以及延性的计算方法，为锈后自密实再生混凝土梁的性能劣化规律预测提供依据。

6.1　受弯承载力

钢筋混凝土梁是钢筋混凝土结构中最重要的承重构件之一，钢筋的腐蚀会大大削弱现有混凝土构件的承载力。在钢筋混凝土耐久性研究中，研究锈蚀钢筋混凝土梁的受弯承载力非常重要。

目前，《混凝土结构设计规范》(GB50010—2010)已经给出了普通混凝土矩形截面构件极限承载力的计算方法。由于本试验中的试验梁均为混凝土单筋矩形截面梁，因此对规范中混凝土梁的极限承载力公式进行了简化，计算公式如下：

$$\alpha_1 f_c bx = f_y A_s \tag{6.1}$$

$$M_u = \alpha_1 f_c bx\left(h_0 - \frac{x}{2}\right) \tag{6.2}$$

式中：α_1——等效矩形应力图的应力值与轴心抗压强度设计值的比值；

f_c——混凝土轴心抗压强度；

b——混凝土梁截面宽度；

x——受压区高度；

f_y——受拉钢筋屈服强度；

A_s——受拉钢筋截面面积；

M_u——正截面承载力；

h_0——截面有效高度。

本书在规范计算方法的基础上，采用两种不同的计算方法对锈蚀后自密实再生混凝土梁的极限承载力进行了相应的计算。

6.1.1　钢筋强度利用系数法

在锈蚀钢筋混凝土梁中，影响钢筋混凝土梁极限承载力的主要因素是钢筋截面面积的减小、屈服强度的降低以及钢筋与混凝土之间是否存在有效的黏结力，而钢筋强度利用系数就是综合考虑这三个影响因素的承载力计算方法。

通过孙彬(2008)对锈蚀普通钢筋混凝土梁极限承载力的研究可以知道锈蚀钢筋的强度利用系数 α 根据下面的三种情况来确定：

(1)当锈蚀钢筋混凝土梁的配筋指标小于界限配筋率 β_b（$\beta_b = 0.246$)时，可取 $\alpha = 1.0$。

(2)当钢筋混凝土梁锈蚀比较严重，纵向钢筋的锈蚀深度 x 大于等于 0.3mm 时，可按无黏结混凝土梁来确定钢筋强度利用系数。计算公式为：

$$\alpha = \begin{cases} 1.449 - 1.822\beta, & \beta \leqslant 0.444 \\ 0.922 - 0.634\beta, & \beta > 0.444 \end{cases} \tag{6.3}$$

当计算值 $\alpha>1.0$ 时，取 $\alpha=1$。

(3)当锈蚀钢筋混凝土梁的配筋指标 β 大于界限配筋率 β_b 并且纵向钢筋的锈蚀深度小于 0.3mm 时，计算公式为：

$$\alpha = \begin{cases} 1.0 + (0.449 - 1.822\beta)\dfrac{x}{0.3}, & 0.246 < \beta \leqslant 0.444 \\ 1.0 - (0.078 + 0.634\beta)\dfrac{x}{0.3}, & \beta > 0.444 \end{cases} \tag{6.4}$$

锈蚀钢筋混凝土梁的截面配筋指标 β 的计算方法如下：

$$\beta = \frac{f_{yc}A_{sc}}{f_c b h_0} \tag{6.5}$$

$$A_{sc} = (1 - \eta_s)A_s \tag{6.6}$$

式中：A_{sc} ——钢筋锈蚀后的截面面积；

f_{yc} ——锈蚀后钢筋的屈服强度。

通过大量试验数据的统计回归得到 f_{yc} 的计算公式为：

$$f_{yc} = \frac{1 - 1.077\eta_s}{1 - \eta_s}f_y \tag{6.7}$$

式中：η_s ——钢筋的截面损失率。

η_q 与 η_s 的关系可通过线性拟合的方式得到计算公式，线性回归相关系数为 0.96771：

$$\eta_s = 0.167\eta_q^2 + 0.008\eta_q + 1.240 \tag{6.8}$$

此外，在实际工程中，实测的钢筋截面损失率 η_s 与钢筋的坑蚀深度 x 满足下式：

$$x = 0.5d(1 - \sqrt{1 - \eta_s}) \tag{6.9}$$

根据钢筋表面坑蚀深度和锈蚀钢筋混凝土梁截面配筋指标，计算极限状态下受拉钢筋的强度利用系数，即可得到锈蚀钢筋的强度利用系数，然后参照式(6.1)和式(6.2)来计算锈蚀自密实再生混凝土梁的极限承载力。最终的计算公式为：

$$\alpha_1 f_c bx = \alpha f_{yc} A_{sc} \tag{6.10}$$

$$M_u = \alpha f_{yc} A_{sc}\left(h_0 - \frac{x}{2}\right) \tag{6.11}$$

利用式(6.10)和式(6.11)计算得到的锈蚀自密实再生混凝土梁极限弯矩值与其实测值见表 6.1。

表 6.1　　极限弯矩实测值与计算值对比(一)

梁编号	f_{yc}(MPa)	A_{sc}(mm^2)	β	x(mm)	α	M_{us} (kN·m)	M_{uj} (kN·m)	M_{us}/M_{uj}
RS-0-4	458.52	222.90	0.144	0.04	1	17.22	16.59	1.038
RS-0-8	457.63	217.54	0.141	0.12	1	17.21	16.20	1.063
RS-0-12	456.81	212.74	0.137	0.18	1	15.80	15.84	0.998
RS-50-4	457.54	216.98	0.140	0.12	1	15.80	16.16	0.978

续表

梁编号	f_{yc}(MPa)	A_{sc}(mm^2)	β	x(mm)	α	M_{us} (kN·m)	M_{uj} (kN·m)	M_{us}/M_{uj}
RS-50-8	455.61	206.18	0.133	0.27	1	14.87	15.35	0.969
RS-50-12	454.40	199.96	0.128	0.38	1	12.50	14.88	0.840
RS-65-4	456.48	210.9	0.136	0.21	1	15.34	15.70	0.977
RS-65-8	450.21	181.00	0.115	0.63	1	14.65	13.44	1.090
RS-65-12	445.71	164.24	0.103	0.89	1	12.29	12.15	1.012
							均值	0.9959
							方差	0.0051

注：M_{us} 为极限弯矩实测值，M_{uj} 极限弯矩计算值。

从表6.1的计算结果来看，实测值与计算值比值的均值达到了0.9959，方差为0.0051，说明采用钢筋强度利用系数法来计算锈蚀自密实再生混凝土梁的极限承载力是可行的，计算结果与实际结果的吻合度较好。

6.1.2　协同工作系数法

目前有很多试验研究表明，随着钢筋锈蚀率的增加，钢筋混凝土梁的受弯承载力会降低，而造成承载力下降的主要原因有如下三个方面：钢筋公称横截面面积的减少；钢筋本身屈服强度的降低；钢筋与混凝土之间的黏结性能由于钢筋的腐蚀而降低。这种黏结性能的退化可以用协同工作系数来反映。

为此，本书定义自密实再生混凝土梁的协同工作系数为发生适筋破坏的锈蚀自密实再生混凝土梁极限荷载与基准梁极限荷载的比值。

表6.2可以看出，对于质量损失率小于等于14.02 %的自密实再生混凝土梁，协同工作系数介于0.6~1.0。从表中可以看出，随着锈蚀时间的增加，锈蚀自密实再生混凝土梁的协同工作系数呈现下降的趋势，在持载水平为50%和65%的工作荷载锈蚀条件下的自密实再生混凝土梁的协同工作系数随锈蚀时间的增加分别下降了21.26%和19.91%，而未持载锈蚀条件下仅下降了8.18%，说明工作荷载锈蚀对自密实再生混凝土梁的协同工作系数劣化更严重一些。

表 6.2 **锈蚀梁协同工作系数**

梁编号	质量损失率 η_q (%)	锈蚀梁极限荷载 (kN)	基准梁极限荷载 (kN)	协同工作系数 ρ
RS	0	67.42	68.80	1.000
RS-0-4	1.51	65.60	68.80	0.953
RS-0-8	3.78	65.58	68.80	0.953
RS-0-12	5.91	60.20	68.80	0.875
RS-50-4	3.77	60.20	68.80	0.875
RS-50-8	6.38	56.64	68.80	0.857
RS-50-12	8.11	47.40	68.80	0.689
RS-65-4	5.28	58.42	68.80	0.849
RS-65-8	9.35	55.82	68.80	0.811
RS-65-12	14.02	46.80	68.80	0.680

对协同工作系数和钢筋质量损失率采用多项式回归的方式进行拟合可得锈蚀自密实再生混凝土梁的协同工作系数计算公式，公式相关系数为0.91248。公式如下：

$$\rho(\eta_q)=-0.02071\eta_q-0.00007\eta_q^2+0.9909 \tag{6.12}$$

式中，η_q ——钢筋的质量损失率 $\eta_q\leqslant 14.02\%$；

ρ ——协同工作系数。

引入锈蚀自密实再生混凝土梁的协同工作系数后，仍参照《混凝土结构设计规范》(GB50010—2010)，对锈蚀自密实再生混凝土梁正截面承载力计算作以下基本假定：

(1)混凝土截面应变符合平截面假定；

(2)忽略混凝土抗拉强度的影响；

(3)混凝土受压的应力-应变关系如下：

当 $\varepsilon_c\leqslant\varepsilon_0$ 时，

$$\sigma_c=f_c\left[1-\left(1-\frac{\varepsilon_c}{\varepsilon_0}\right)^n\right] \tag{6.13}$$

当 $\varepsilon_0<\varepsilon_c\leqslant\varepsilon_u$ 时，

$$\sigma_c = f_c \tag{6.14}$$

$$n = 2 - \frac{1}{60}(f_{cu,k} - 50) \tag{6.15}$$

$$\varepsilon_0 = 0.002 + 0.5(f_{cu,k} - 50) \times 10^{-5} \tag{6.16}$$

$$\varepsilon_{cu} = 0.0033 - (f_{cu,k} - 50) \times 10^{-5} \tag{6.17}$$

式中，σ_c ——受压区混凝土的压应变为 ε_c 时的压应力；

f_c ——混凝土轴心抗压强度设计值；

ε_0——受压区混凝土压应力为 f_c 时的压应变，一般取值 0.002；

ε_{cu} ——混凝土的极限压应变；

$f_{cu,k}$ ——混凝土的抗压强度标准值；

n ——系数。

根据上述假定，可以得到含有协同工作系数的锈蚀自密实再生混凝土梁极限承载力计算公式：

$$\alpha_1 f_c bx = f_{yc} A_{sc} \tag{6.18}$$

$$M = \rho\alpha_1 f_c bx\left(h_0 - \frac{x}{2}\right) \tag{6.19}$$

式中，α_1——等效矩形应力图的应力值与轴心抗压强度设计值的比值；

f_c ——混凝土轴心抗压强度；

b ——混凝土梁截面宽度；

x ——受压区高度；

f_{yc} ——锈蚀后受拉钢筋屈服强度，可按式(6.7)计算；

ρ ——自密实再生混凝土梁的协同工作系数，可按式(6.12)进行计算；

M ——正截面承载力；

h_0——混凝土梁横截面有效高度。

表 6.3 为利用式(6.16)和式(6.17)计算得到的锈蚀自密实再生混凝土梁极限弯矩计算表，其中 RS-65-12 发生加载断筋破坏未进行计算，表中试验值与计算值比值的均值为 1.113，方差为 0.011，总体来看，采用协同系数工作法来计算锈蚀自密实再生混凝土梁的受弯承载力是偏大的，其计算值和试验值的吻合度较钢筋强度利用系数法要低一些，因此，本书建议当锈蚀自密实再生混凝土梁内纵向钢筋的质量损失率小于等于 14.02%时，采用钢筋强度利用系数法可以更好地预测其极限承载力大小。

表 6.3 极限弯矩实测值与计算值对比(二)

梁编号	M_{us} (kN·m)	M_{uj} (kN·m)	M_{us}/M_{uj}
RS-0-4	17.22	16.34	1.054
RS-0-8	17.21	15.14	1.137
RS-0-12	15.80	14.06	1.124
RS-50-4	15.80	15.10	1.046
RS-50-8	14.87	13.45	1.106
RS-50-12	12.50	12.46	1.004
RS-65-4	15.34	14.15	1.084
RS-65-8	14.65	10.85	1.350
		均值	1.113
		方差	0.011

注:M_{us} 为极限弯矩实测值,M_{uj} 为极限弯矩计算值。

6.2 延性分析

延性具有丰富的内涵,本质上,它反映了非弹性变形的能力,它保证了构件在非弹性变形时能够保证足够的强度,不会因为非弹性变形而导致承载力急剧下降。结构延性的研究是制定结构设计可靠度指标和施工措施的基础。

延性的变化与构件内的钢筋锈蚀密切相关。以钢筋混凝土梁为例,随着钢筋锈蚀率的增加,梁的破坏形式会从有明显征兆的延性破坏转变为突然的脆性破坏,梁的延性也会随钢筋锈蚀率的增加而显著降低。因此,对于锈蚀自密实再生混凝土梁而言,不仅要保证锈蚀梁要具有一定的强度和刚度,还应具备一定的延性,以避免脆性破坏。

在本试验中,为了避免钢筋锚固对锈蚀梁受弯性能的影响,所有自密实再生混凝土梁和普通混凝土梁的梁内纵筋端部均不设锚固端,为此,在试验梁的荷载-挠度曲线中有部分挠度的增长是由钢筋滑移造成的,因而会对梁的延性系数计算会造成一定的影响。然而,若将自密实再生混凝土梁的延性系数仅用于与普通混凝土梁的延性系数的对比分析,则仍获得关于两者延性优步的定性分析。为此，本节仍可以两种衡量指标：位移延性和曲率延性，来对两种锈蚀混凝土梁的延性进行评定。

6.2.1　位移延性

位移延性通常用位移延性系数来表示，它是指试验梁的极限位移与屈服位移的比值，其表达式为：

$$\mu_\Delta = \frac{\Delta_u}{\Delta_y} \tag{6.20}$$

式中：μ_Δ ——位移延性系数；

Δ_u ——钢筋混凝土梁的极限位移；

Δ_y ——混凝土梁受拉钢筋屈服状态下的位移。

本节对部分试验梁的屈服位移、极限位移以及位移延性系数进行了计算，结果见表 6.4。通过对比可以发现，自密实再生混凝土梁的位移延性系数始终高于普通混凝土梁。例如，当两种梁同时发生适筋破坏时，自密实再生混凝土梁的位移延性较普通混凝土梁高 6.31%~24.33%；当两种梁同时发生脆性破坏时，自密实再生混凝土的位移延性系数则显著高于普通混凝土梁，其最大位移延性系数为普通混凝土梁的 3.9 倍。综上比较，可认为在同等条件下，自密实再生混凝土梁的延性高于普通混凝土梁。

表 6.4　**位移延性系数计算结果**

梁编号	Δ_u（mm）	Δ_y（mm）	μ_Δ
N	22.47	3.64	6.17
RS	23.05	3.54	6.51
N-0-4	32.36	3.78	8.56
RS-0-4	37.67	4.14	9.10
N-0-8	32.83	3.89	8.44
RS-0-8	32.43	3.61	8.98
N-0-12	9.46	4.37	2.16
RS-0-12	28.04	3.32	8.45
N-50-4	30.12	4.51	6.68
RS-50-4	26.99	3.40	7.94
N-50-8	23.71	3.98	5.96

续表

梁编号	Δ_u（mm）	Δ_y（mm）	μ_Δ
RS-50-8	22.46	3.03	7.41
N-50-12	8.23	3.17	2.60
RS-50-12	3.95	16.07	4.07

图6.1所示为自密实再生混凝土梁的位移延性系数随锈蚀时间增加的变化规律。由图可知，自密实再生混凝土梁的位移延性系数随锈蚀时间的增加而降低，其中，未持荷锈蚀梁的位移延性系数较持荷锈蚀梁的位移延性系数高得多。例如，RS-50-12的位移延性系数较RS-50-4的位移延性系数降低了39.07%，而RS-0-12的位移延性系数较RS-0-4的位移延性系数仅降低了7.14%，这表明未持荷锈蚀梁的位移延性系数下降比较平缓，而持荷锈蚀梁的位移延性系数下降幅度显著，这意味着随着锈蚀时间的延长，自密实再生混凝土梁在持荷锈蚀后的延性下降幅度比未持荷锈蚀的位移延性下降幅度要严重得多。

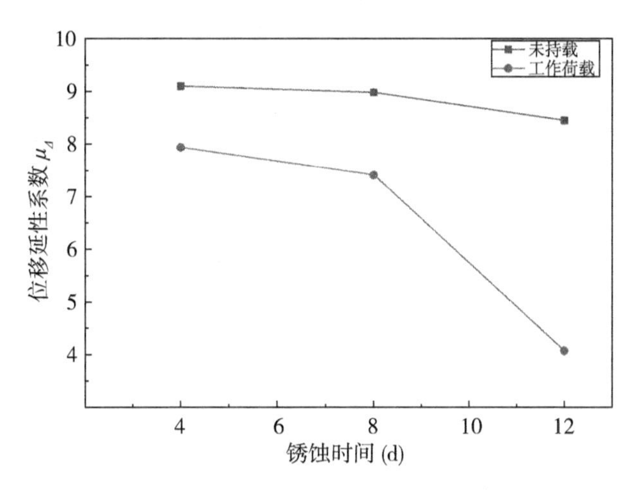

图6.1　荷载水平和锈蚀时间对位移延性系数的影响曲线

6.2.2　曲率延性

结构的曲率延性通常被定义为构件临界截面上的极限曲率与屈服曲率的

比值，对应的计算表达式为：

$$\mu_{\phi}=\frac{\phi_u}{\phi_y} \tag{6.21}$$

式中：μ_{ϕ}——曲率延性系数；

ϕ_u——截面极限曲率；

ϕ_y——截面屈服曲率。

对于本试验，锈蚀后自密实再生混凝土梁的极限曲率和屈服曲率可依据下式，由锈蚀自密实再生混凝土梁的实际荷载挠度曲线计算得到：

$$\phi=\frac{M}{B}=\frac{f}{\alpha l_0^2} \tag{6.22}$$

式中：M——弯矩值；

B——截面短期抗弯刚度；

α——与荷载形式、支座形式有关的系数；

l_0——混凝土跨度；

f——混凝土梁挠度值。

利用式(6.22)可得到试验梁的弯矩-曲率曲线，如图6.2所示，根据该曲线可得到试验梁的实测屈服曲率和极限曲率，然后即可求出曲率延性系数，见表6.5。

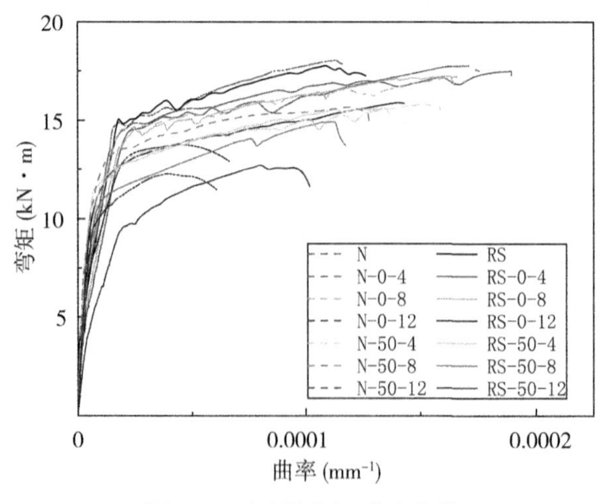

图6.2　试验梁弯矩-曲率曲线

表6.5　实测曲率延性系数表

梁编号	ϕ_y（m^{-1}）	ϕ_u（m^{-1}）	μ_ϕ
N	0.021	0.113	5.38
RS	0.018	0.114	6.33
N-0-4	0.024	0.169	7.04
RS-0-4	0.025	0.189	7.56
N-0-8	0.020	0.165	8.25
RS-0-8	0.019	0.163	8.57
N-0-12	0.022	0.048	2.18
RS-0-12	0.024	0.141	5.88
N-50-4	0.022	0.158	7.18
RS-50-4	0.019	0.156	8.21
N-50-8	0.017	0.157	9.24
RS-50-8	0.014	0.148	10.57
N-50-12	0.013	0.038	2.92
RS-50-12	0.018	0.092	5.11

由表6.5可知，在发生适筋破坏的前提下，自密实再生混凝土梁的曲率延性系数比普通混凝土梁要高3.88%～14.39%，在发生脆性破坏的前提下，自密实再生混凝土梁的曲率延性系数要远远高于普通混凝土梁，特别是对于试验梁RS-0-12和N-0-12，自密实再生混凝土梁的曲率延性系数为普通混凝土梁的2.7倍。由此可见，锈蚀后的自密实再生混凝土梁的曲率延性较普通混凝土梁更好。

图6.3所示为锈蚀自密实再生混凝土梁的曲率延性系数随锈蚀时间增加的变化规律。由图可知，随着锈蚀时间的增加，锈蚀自密实再生混凝土梁的曲率延性系数呈现出先上升后下降的变化趋势，当锈蚀时间为8d时，试验梁的曲率延性系数达到最大值。值得注意的是，当锈蚀时间从8d增加到12d时，自密实再生混凝土梁在持载锈蚀时的曲率延性系数的下降幅度要高于其在未持载锈蚀时的曲率延性系数的下降幅度，这说明持载锈蚀下自密实再生混凝土梁的曲率延性下降更为严重。

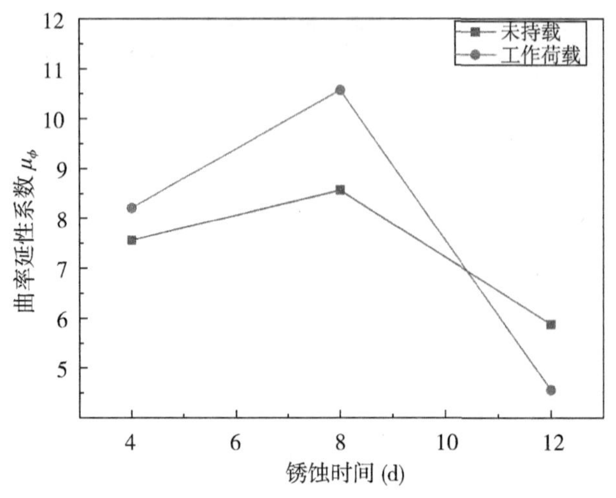

图 6.3　荷载水平和锈蚀时间对曲率延性系数 μ_φ 的影响曲线

通过以上分析可知，曲率延性系数可通过弯矩-曲率曲线实测屈服曲率和极限曲率后计算得到，但在实际操作中，根据荷载-挠度曲线计算得到曲率值，对试验梁的跨中挠度的变化十分敏感，这样可能导致曲率计算值产生较大偏差。为此，我们根据极限曲率和屈服曲率的定义，对曲率延性的公式进行了推导。

一般来说，锈蚀自密实再生混凝土梁的曲率计算需要考虑两方面因素的影响：①纵筋锈蚀导致钢筋的有效横截面面积减少和屈服强度的降低；②由于钢筋与混凝土间黏结性能的退化导致受压区混凝土压应变的降低。因此，在实际的计算中要注意把握好这两个方面，它们是对锈蚀自密实再生混凝土梁延性计算的关键。

单筋截面混凝土梁曲率计算的基本假定：

(1)受拉钢筋与受压混凝土的应变关系已知；

(2)混凝土梁横截面的变形仍符合平截面假定；

(3)不考虑受拉区的混凝土作用。

此外，自密实再生混凝土梁应同时满足以下的本构关系：

1. 混凝土应力-应变关系

采用无约束混凝土的应力-应变关系，并且假定混凝土没有任何损伤：

$$f_c = f'_c\left[2\frac{\varepsilon_c}{\varepsilon_0} - \left(\frac{\varepsilon_c}{\varepsilon_0}\right)^2\right] \tag{6.23}$$

式中：f_c ——混凝土压应变为 ε_c 时的混凝土压应力；

f'_c ——混凝土轴心抗压强度设计值；

ε_c ——混凝土压应变；

ε_0——相当于最大应力时的应变值，取 0.002。

2. 钢筋应力-应变关系

采用理想弹塑性应力-应变模型，并近似地认为锈蚀不会使钢筋的弹性模量发生变化。

$$\sigma_s = \begin{cases} E_s\sigma_s, & 0 \leqslant \varepsilon_s \leqslant \varepsilon_y \\ f_y, & \varepsilon_y < \varepsilon_s \leqslant \varepsilon_{cu} \end{cases} \tag{6.24}$$

式中：σ_s ——钢筋应力；

f_y ——钢筋屈服强度；

ε_s ——钢筋应变；

ε_y ——钢筋屈服应变；

$\varepsilon_{\mathrm{cu}}$ ——钢筋极限拉伸应变；

E_s ——钢筋弹性模量。

采用式(6.7)来计算锈蚀后钢筋的屈服强度，根据式(6.8)利用实测钢筋质量损失率计算得到横截面面积损失率，再利用式(6.6)计算得到锈蚀钢筋得横截面面积值。

计算时的应力应变图如图 6.4 所示。

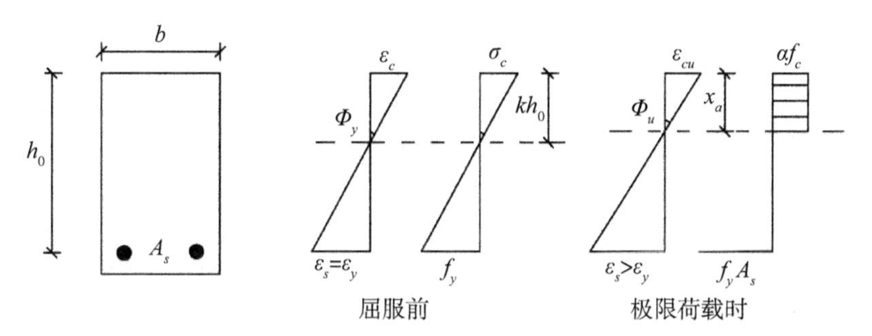

图 6.4　单筋矩形截面自密实再生混凝土梁的应力-应变分布

当梁底纵向钢筋屈服时，由图 6.4 屈服前的应力-应变关系图可知，截面屈服曲率为：

$$\phi_y = \frac{\varepsilon_y}{(1-k)h_0} \tag{6.25}$$

此时受压区混凝土压应力的合力为：

$$C = \frac{1}{2}\sigma_c bkh_0 = \frac{1}{2}bh_0 E_c \varepsilon_y \frac{k^2}{1-k} \tag{6.26}$$

式中：σ_c——混凝土应力；

b——混凝土构件截面宽度，mm；

h_0——截面有效高度，mm；

E_c——混凝土弹性模量。

根据底部纵向受拉钢筋和受压区混凝土的受力情况建立平衡方程可得：

$$\frac{1}{2}bh_0 E_c \varepsilon_y \frac{k^2}{1-k} = E_s \varepsilon_y A_{sc} \tag{6.27}$$

根据方程(6.27)并令 $\rho' = \frac{A_{sc}}{bh_0}$ 求解出 k 值：

$$k = \sqrt{(\rho'\alpha_E)^2 + 2\rho'\alpha_E} - \rho'\alpha_E \tag{6.28}$$

式中：α_E——钢筋与混凝土弹性模量的比值。

将式(6.28)代入式(6.25)中，即得出锈蚀作用下截面的屈服曲率：

$$\phi_y = \frac{\varepsilon_y}{h_0} \cdot \frac{1}{1 - \sqrt{(\rho'\alpha_E)^2 + 2\rho'\alpha_E} + \rho'\alpha_E} \tag{6.29}$$

式中：ρ'——锈蚀后钢筋混凝土梁的截面配筋率。

钢筋屈服后，并且达到极限荷载时，将受压区混凝土的压应力进行相应的等效变换，等效矩形应力图应力值为 $\alpha_1 f_c$，高度为 $\beta_1 x_a$，由力的平衡得：

$$\alpha_1 f_a bx = \alpha_1 f_c b\beta_1 x_a = f_{yc} A_{sc} \tag{6.30}$$

求解式(6.30)得出：

$$x_a = \frac{\rho' f_{yc} h_0}{\alpha_1 \beta_1 f_c} \tag{6.31}$$

极限曲率计算公式为：

$$\phi_u = \frac{\varepsilon_{cu}}{x_a} \tag{6.32}$$

将式(6.31)代入式(6.32)中，得到锈蚀混凝土梁截面的极限曲率：

$$\phi_u = \frac{\alpha_1 \beta_1 \varepsilon_{cu} f_c}{\rho' f_{yc} h_0} \tag{6.33}$$

从而得到锈蚀梁正截面受弯曲率延性计算公式为：

$$\mu_\phi = \frac{\phi_u}{\phi_y} = \frac{\varepsilon_{cu}}{\varepsilon_y} \cdot \frac{\alpha_1\beta_1 f_c\left[1 - \sqrt{(\rho'\alpha_E)^2 + 2\rho'\alpha_E} + \rho'\alpha_E\right]}{\rho' f_{yc}} \tag{6.34}$$

表6.6列出了锈蚀自密实再生混凝土梁的曲率延性系数计算值与实测值，实测值与计算值比值的均值为0.989，方差为0.0070，这表明利用式(6.34)得到的计算结果与实测结果吻合度较好，离散性小，可用以计算锈蚀自密实再生混凝土梁的曲率延性系数。

表6.6　**曲率延性系数实测值与计算值的对比**

梁编号	$\mu_{\phi j}$	$\mu_{\phi s}$	$\mu_{\phi s}/\mu_{\phi j}$
RS-0-4	7.18	7.56	1.053
RS-0-8	8.33	8.57	1.028
RS-0-12	6.51	5.88	0.903
RS-50-4	8.01	8.21	1.025
RS-50-8	9.82	10.57	1.076
RS-50-12	6.03	5.11	0.848
		均值	0.989
		方差	0.0070

注：$\mu_{\phi j}$ 为曲率延性系数实测值，$\mu_{\phi j}$ 为曲率延性系数计算值。

本章小结

本章建立了持载锈蚀自密实再生混凝土梁的黏结退化系数计算公式，并基于该公式，得到了考虑持荷水平与锈蚀时间双因素的锈蚀自密实再生混凝土梁受弯承载力；通过自密实再生混凝土梁和普通混凝土梁的荷载-挠度曲线计算了它们的位移延性系数和曲率延性系数，并据此对自密实再生混凝土梁和普通混凝土梁的延性进行了对比分析，从而得到锈蚀自密实再生混凝土梁的延性优于锈蚀普通混凝土梁的结论。此外，对曲率延性系数公式进行了理论推导，解决了曲率实测难度大的问题。

参考文献

[1]黄潇宇. 荷载与氯盐侵蚀作用下自密实再生混凝土梁受弯性能研究[D]. 沈阳: 沈阳工业大学, 2021.

[2]迟金龙. 持载锈蚀自密实再生混凝土梁力学性能试验研究[D]. 沈阳: 沈阳工业大学, 2020.

[3]杨卫闯. 自密实再生混凝土梁受力性能试验研究[D]. 沈阳: 沈阳工业大学, 2018.

[4]曹芙波, 王晨霞, 刘龙刚, 等. 锈蚀钢筋再生混凝土梁试验研究及刚度分析[J]. 建筑结构学报, 2015, 45(10): 49-55.

[5]曹芙波, 尹润平, 王晨霞, 等. 锈蚀钢筋再生混凝土梁黏结性能及承载力研究[J]. 土木工程学报, 2016, 49(S2): 14-19.

[6]叶涛萍, 曹万林, 乔崎云, 等. 锈蚀钢筋高强再生混凝土梁抗弯性能试验研究[J]. 自然灾害学报, 2017, 26(6): 93-101.

[7]Li Hedong, Li Bo, Jin Ruoyu. Effects of sustained loading and corrosion on the performance of reinforced concrete beams [J]. Construction and Building Materials, 2018, 169: 179-187.

[8]江楠. 持续荷载与氯离子侵蚀复合作用下 RC 梁抗弯性能试验及理论研究[D]. 长沙: 长沙理工大学, 2014.

[9]赵新. 锈蚀钢筋混凝土梁工作性能的试验研究[D]. 长沙: 湖南大学, 2006.

[10]张建仁, 邓鸣. 锈蚀钢筋混凝土梁的裂缝研究[J]. 长沙理工大学学报(自然科学版), 2007, 4(3): 23-28.

[11]何世钦. 氯离子环境下钢筋混凝土构件耐久性能试验研究[D]. 大连: 大连理工大学, 2004.

[12]金伟良, 王毅. 持续荷载与氯盐作用下钢筋混凝土梁力学性能试验[J]. 浙江大学学报(工学版), 2014, 48(2): 221-227.

[13]Hariche L, Ballim Y, Bouhicha M. Effects of reinforcement configuration and sustained load on the behavior of reinforced concrete beams affected by reinforcing steel corrosion [J]. Cement & Concrete Composites, 2012, 34(10): 1202-1209.

[14]Ballim Y, Reid J C. Reinforcement corrosion and deflection of RC beams-an experimental critique of current test methods [J]. Cement & Concrete

Composites, 2003, 25(6): 625-632.

[15] Malumbela G, Moyo P, Alexander M. Longitudinal strains and stiffness of RC beams under load as measures of corrosion levels [J]. Engineering Structures, 2012, 35: 215-227.

[16] 孙彬，牛荻涛，王庆霖. 锈蚀钢筋混凝土梁抗弯承载力计算方法[J]. 土木工程学报，2008(11): 1-6.

[17] Castel A, Francy O, Francois R. Chloride diffusion in reinforced concrete beam under sustained loading [C]. Farmington Hills: American Concrete Institute, 2001: 647-661.

[18] Gowripalan N, Sirivivatnanon V, Lim C C. Chloride diffusivity of concrete cracked in flexure [J]. Cement and Concrete Research, 2000, 30(5): 725-730.

第7章　预应力自密实再生混凝土梁的受弯性能试验研究

自密实再生混凝土具有高流动性、高填充性、免振捣的优异工作性能及节能环保的特点，在截面多变、配筋复杂的桥梁工程中有着广泛的应用前景。预应力混凝土梁是我国桥梁结构的主要结构形式之一。本章针对预应力自密实再生混凝土梁的受弯性能进行试验研究，通过对比试验，分析预应力自密实再生混凝土梁与预应力普通混凝土梁的开裂荷载、受弯承载力以及挠度等受弯性能方面的差异；探讨影响预应力自密实再生混凝土梁受弯性能的主要影响因素。

7.1　试验概况

7.1.1　试验材料

1. 混凝土

1)混凝土原材料

试验用混凝土材料的选取参照《自密实混凝土应用技术规程》(JGJ/T 283—2012)的相关规定。再生粗骨料来源于沈阳工业大学结构试验室废弃混凝土，先经过颚式破碎机破碎，再用搅拌机以去除骨料表面附着的旧有水泥砂浆，最后经人工筛分得到粒径为5~20mm的再生粗骨料，连续颗粒级配。具体制备过程如图7.1所示。天然粗骨料采用辽宁省抚顺市生产的石灰岩碎石，粒径为5~20mm，级配良好。天然细骨料采用沈阳市浑河上游含泥量小于1%的天然水洗中砂，其表观密度为2620kg/m^3，细度模数为2.8。粗骨料的基本性能见表7.1。试验用水泥采用“山水工源”牌水泥，其中，配置C40、C50混凝土采用P.O.42.5级普通硅酸盐水泥，配置C30混凝土采用

P. S. 32. 5 级矿渣硅酸盐水泥。试验用粉煤灰采用沈西热电厂生产的 I 级粉煤灰，其表观密度为 2200kg/m^3。减水剂采用辽宁省建筑科学研究院生产的 LJ612 型聚羧酸高效减水剂。

(a)废弃混凝土

(b)颚式破碎机破碎

(c)搅拌机打磨

图 7.1 再生骨料制备过程

表 7.1 **粗骨料物理性能**

骨料类型	颗粒级配 (mm)	表观密度 (kg/m^3)	堆积密度 (kg/m^3)	孔隙率 (%)	压碎指标 (%)	吸水率 (%)
再生	5~20	2730	1525	41.2	14.1	5.10
天然	5~20	2830	1632	39.5	8.71	0.91

2)配合比设计

试验混凝土配合比参照《普通混凝土配合比设计规程》(JGJ55—2011)进行设计，根据其坍落度、坍落扩展度、J循环扩展度及T_{500}等多种力学性能得出最优配合比方案，具体配合比见表7.2。

表7.2 混凝土配合比

混凝土编号	水胶比	水(kg/m³)	水泥(kg/m³)	粉煤灰(kg/m³)	砂子(kg/m³)	再生骨料(kg/m³)	天然骨料(kg/m³)	减水剂(kg/m³)
RASCC30	0.40	192	360	120	884.0	816	0	0.77
RASCC40	0.38	190	375	125	870.4	816	0	0.91
RASCC50	0.32	180	420	140	838.0	816	0	2.22
NAC40	0.42	168	400	0	585.6	0	1244.4	0.43

注：RASCC30代表混凝土强度等级为C30的自密实再生混凝土，NAC40代表混凝土强度等级为C40的普通混凝土。

3)混凝土的力学性能

试验用混凝土强度等级分别为C30、C40、C50。每根试验梁浇注时各预留6块立方体伴随件(100mm×100mm×100mm)和6块棱柱体伴随件(100mm×100mm×300mm)，伴随件与试验梁进行同期同条件养护。混凝土达到养护龄期后，在结构试验前，依据现行《普通混凝土力学性能试验方法标准》(GB/T50081—2002)有关规定，对3块棱柱体伴随件进行轴心抗压强度试验，对另外3块棱柱体伴随件进行弹性模量试验，对3块立方体伴随件进行立方体抗压强度试验，对另外3块立方体伴随件进行劈裂抗拉强度试验。试验过程见图7.2，具体试验结果见表7.3，试验结果均取平均值，且符合设计要求。

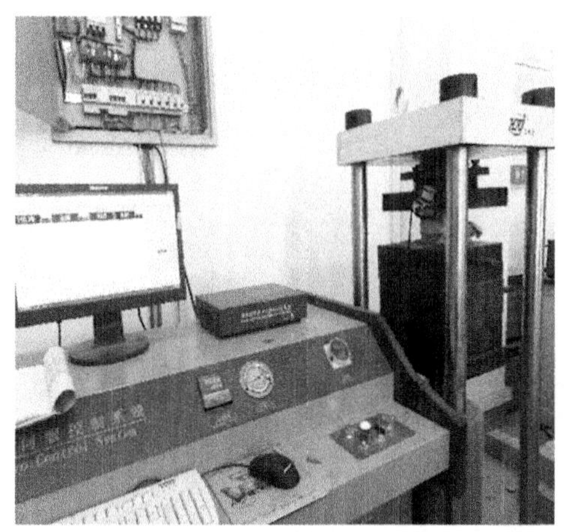

(a)立方体抗压强度试验

(b)轴心抗压强度试验

图 7.2 混凝土材料性能试验

表 7.3 **混凝土的力学性能**

混凝土设计强度等级	混凝土类型	立方体抗压强度(MPa)	轴心抗压强度(MPa)	劈裂抗拉强度(MPa)	弹性模量($\times10^4$MPa)
C30	再生	45.9	28.4	2.27	2.41
C40	再生	47.1	27.9	2.57	3.26
C50	再生	57.6	33.8	2.94	3.76
C40	普通	51.3	25.0	2.77	3.41

2. 钢筋

试验用预应力钢筋采用天津大强钢铁有限公司生产的低松弛 1860 级 $1\times7\Phi^S$ 15.2 钢绞线，截面面积为 139mm²，结构试验前依据现行《预应力混凝土用钢绞线》(GB/T5224—2014)有关规定，对试验所用钢绞线的同批预留样段进行拉伸试验。试验用非预应力钢筋采用首钢集团通化钢铁股份有限公司生产的 HRB400 级螺纹钢筋，公称直径分别为 8mm、10mm、12mm、14mm、16mm、18mm、20mm、25mm 及 28mm，箍筋和架立筋均采用 HPB300 级光圆钢筋，公称直径为 6.5mm。结构试验前依据现行《金属材料拉伸试验：室温试验方法》(GB/T228.1—2010)有关规定，对试验所用钢筋的同批预留样段进行拉伸试验。试验过程见图 7.3，钢筋基本性能试验结果见表 7.4，试验结果均取平均值。

图 7. 3 钢筋材料性能试验

表 7.4 **钢筋材料性能**

钢筋等级	钢筋直径 (mm)	屈服强度 f_y(N/mm^2)	极限强度 f_y(N/mm^2)	弹性模量 E_s(×10^{5}N/mm^2)
HPB300	6. 5	375. 34	601. 66	2. 15
HRB400	8	434. 23	643. 75	2. 02
	10	458. 33	647. 17	1. 99
	12	465. 00	599. 38	2. 02
	14	461. 67	594. 17	2. 05
	16	472. 50	625. 00	2. 01
	18	457. 33	610. 75	2. 01
	20	466. 67	637. 50	2. 00
	25	446. 88	579. 06	2. 03
	28	494. 17	662. 50	2. 02
钢绞线	15. 2	1849	1942	1. 97

7.1.2 试件设计及制作

1. 试件设计

本试验共设计制作了21根试验梁，均为有黏结后张简支梁，预应力钢绞线均为直线型布筋，张拉控制应力均为$0.75f_{ptk}$。试验梁的主要设计参数是混凝土类型(自密实再生混凝土和普通混凝土)、受拉区非预应力筋配筋率(ρ_s = 0.17%、0.25%、0.60%、0.98%、1.30%、1.77%、2.05%)、预应力筋根数(n=1、2、3)、综合配筋指数CRI(q = 0.36、0.42、0.50)和混凝土强度(C30、C40、C50)。试验梁的截面尺寸$b \times h$ = 200mm×300mm，梁长l = 3000mm，计算跨度l_0=2700mm，试验梁在纯弯段的箍筋间距为200mm，剪跨段及梁端支座处的箍筋间距为50mm。试验梁尺寸及配筋形式见图7.4，尺寸及配筋参数见表7.5。

其中，综合配筋指数(CRI)计算公式为：

$$q = \frac{A_p f_{py} + A_s f_y}{f_c b h_0} \tag{7.1}$$

式中：A_p——预应力钢绞线截面面积，mm²；

A_s——非预应力受拉钢筋截面面积，mm²；

f_{py}——预应力钢绞线屈服强度，MPa；

f_y——非预应力受拉钢筋的屈服强度，MPa；

f_c——混凝土的轴心抗压强度，MPa；

b——试验梁的截面宽度，mm；

h_0——试验梁的截面有效高度，mm。

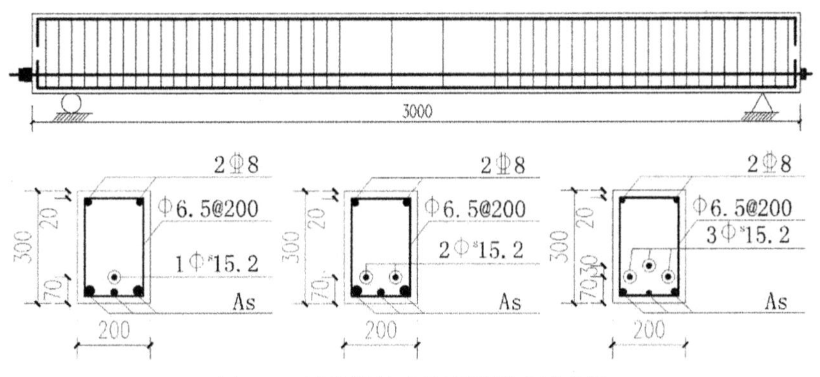

图7.4 试验梁尺寸及配筋形式示意图

表 7.5　　　　　　　　　　　　　**试验梁设计参数**

试验梁编号	混凝土强度等级	梁长（mm）	截面尺寸（mm）	预应力筋	非预应力筋	配筋率（%）	预应力筋根数
PSRC-1-0. 17	C40	3000	200×300	$1\times7\Phi^S15.2$	2 Φ 8	0. 17	1
PSRC-1-0. 25	C40	3000	200×300	$1\times7\Phi^S15.2$	3 Φ 8	0. 25	1
PSRC-1-0. 60	C40	3000	200×300	$1\times7\Phi^S15.2$	2 Φ 14+1 Φ 8	0. 60	1
PSRC-1-0. 98	C40	3000	200×300	$1\times7\Phi^S15.2$	2 Φ 18+1 Φ 10	0. 98	1
PSRC-1-1. 30	C40	3000	200×300	$1\times7\Phi^S15.2$	2 Φ 20+1 Φ 14	1. 30	1
PSRC-1-1. 77	C40	3000	200×300	$1\times7\Phi^S15.2$	2 Φ 25+1 Φ 10	1. 77	1
PSRC-1-2. 05	C40	3000	200×300	$1\times7\Phi^S15.2$	2 Φ 28	2. 05	1
PNC-1-0. 17	C40	3000	200×300	$1\times7\Phi^S15.2$	2 Φ 8	0. 17	1
PNC-1-0. 25	C40	3000	200×300	$1\times7\Phi^S15.2$	3 Φ 8	0. 25	1
PNC-1-0. 60	C40	3000	200×300	$1\times7\Phi^S15.2$	2 Φ 14+1 Φ 8	0. 60	1
PNC-1-0. 98	C40	3000	200×300	$1\times7\Phi^S15.2$	2 Φ 18+1 Φ 10	0. 98	1
PNC-1-1. 30	C40	3000	200×300	$1\times7\Phi^S15.2$	2 Φ 20+1 Φ 14	1. 30	1
PNC-1-1. 77	C40	3000	200×300	$1\times7\Phi^S15.2$	2 Φ 25+1 Φ 10	1. 77	1
PNC-1-2. 05	C40	3000	200×300	$1\times7\Phi^S15.2$	2 Φ 28	2. 05	1
PSRC-2-0	C40	3000	200×300	$2\times7\Phi^S15.2$	—	0	2
PSRC-2-0. 35	C40	3000	200×300	$2\times7\Phi^S15.2$	2 Φ 10+1 Φ 8	0. 35	2
PSRC-2-0. 60	C40	3000	200×300	$2\times7\Phi^S15.2$	2 Φ 14+1 Φ 8	0. 60	2
PSRC-2-0. 80	C40	3000	200×300	$2\times7\Phi^S15.2$	2 Φ 16+1 Φ 10	0. 80	2
PSRC-3-0. 60	C40	3000	200×300	$3\times7\Phi^S15.2$	2 Φ 14+1 Φ 8	0. 60	3
PSRC30-1-0. 60	C30	3000	200×300	$1\times7\Phi^S15.2$	2 Φ 14+1 Φ 8	0. 60	1
PSRC50-1-0. 60	C50	3000	200×300	$1\times7\Phi^S15.2$	2 Φ 14+1 Φ 8	0. 60	1

注：PSRC-1-0. 17 代表混凝土强度为 C40、配置 1 根预应力钢绞线、受拉区非预应力筋配筋率为 0. 17%的预应力自密实再生混凝土梁；PNC-1-0. 17 代表混凝土强度为 C40、配置 1 根预应力钢绞线、受拉区非预应力筋配筋率为 0. 17%的预应力普通混凝土梁；PSRC30-1-0. 60 代表混凝土强度为 C30、配置 1 根预应力钢绞线、受拉区非预应力筋配筋率为 0. 60%的预应力自密实再生混凝土梁。

2. 试验梁的制作过程

试验梁的施工制作均在沈阳工业大学结构试验室进行。

1)钢筋的处理

首先依据试验梁的设计尺寸，进行非预应力钢筋及钢绞线的下料。而后进行应变片粘贴，粘贴位置均为试验梁纯弯段。钢筋应变片的粘贴位置要进行磨平处理，以保证采集应变值的准确性。打磨钢筋时，要尽量避开钢筋的螺纹，以减小对钢筋与混凝土之间黏结力的损伤。

2)钢绞线的定位

试验梁需要预先铺设塑料波纹管作为预留孔道，再将钢绞线穿入塑料管，为了防止混凝土浇筑过程中，钢绞线设计位置发生偏移，沿梁长方向每隔 1m 设置一个钢筋支架，用于固定钢绞线，支架固定于钢筋笼骨架上。

3)混凝土浇筑及养护

试验梁浇筑过程连续进行，试验梁内预埋吊钩，以便后期的运输和吊装。混凝土的养护方法为自然养护、浇水和薄膜覆盖相结合的方式，浇水次数应能保持混凝土处于湿润状态。

试验梁的现场施工制作过程见图 7.5。

3. 预应力筋张拉

本试验施加预应力的方法为后张法，采用一端张拉，一端锚固的张拉方式。试验梁的张拉过程采用液压油泵和 270kN 的穿心式千斤顶加载，为了精确控制张拉荷载的大小，在千斤顶前放置 300kN 的穿心式拉压传感器进行实时监控。试验梁的张拉端和锚固端各设置一块钢垫板，以防止试验过程中锚具下的混凝土局部应力过大。为获得张拉后受压区混凝土的有效压应力，在试验梁受压区边缘粘贴标距为 100mm 的混凝土应变片。为获得试验梁的反拱值，在试验梁的跨中及两端支座处分别安装位移计以监测张拉过程中各点的位移变化。

由于试验梁较短，为了减小预应力损失，采用自行发明的低回缩锚具及辅助张拉装置结合二次张拉工艺方法进行张拉。本试验的张拉控制应力 $\sigma_{con}=0.75f_{ptk}$，在正式加载前，先进行两次预加载，以消除支座及加载装置间隙对变形的影响；第一次张拉时，每级荷载为张拉控制应力的 10%(即 $10\%\sigma_{con}$)，共十级，每级荷载持载 3min，然后缓慢放张，二次张拉前，将辅助张拉装置——层铰放置在穿心千斤顶前段，然后将预应力筋一次性张拉至 σ_{con}，同时

(a)钢筋下料

(b)钢绞线下料

(c)钢筋笼绑扎

(d)模板支设

(e)钢筋笼入模

(f)试件养护

图7.5　试验梁的施工制作过程

拧紧低回缩锚具的锚环，以弥补张拉端锚具变形和钢筋的回缩量。两次张拉的荷载、混凝土应变以及试验梁的变形值均通过 32 通道 IMC 动态数据采集仪自动采集。有黏结试验梁的预应力钢绞线张拉完成 12h 后要进行孔道灌浆。采用普通硅酸盐水泥拌制水泥浆，水灰比 0.42，其强度不低于 M30，向孔道压力灌浆并稳压 1~2min 后封闭灌浆孔。预应力钢绞线的张拉锚固过程及使用设备如图 7.6 所示。试验梁张拉及测点布置如图 7.7 所示。

(a)高压油泵

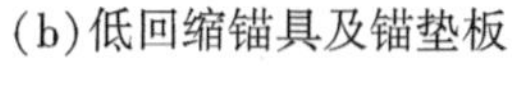

(b)低回缩锚具及锚垫板

(c)穿心式千斤顶

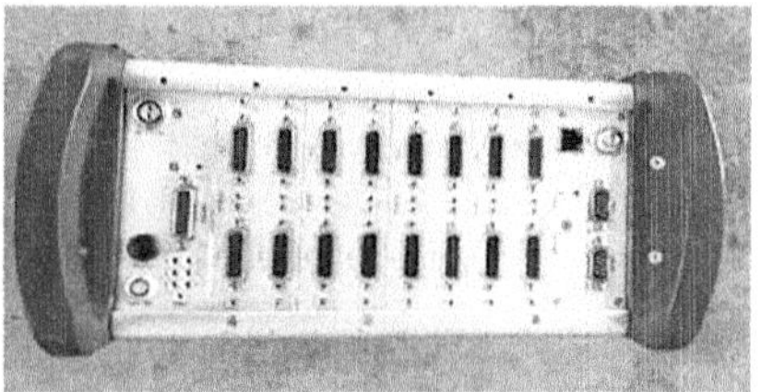

(d)32 通道 IMC

图 7.6 预应力钢绞线的张拉锚固过程及使用设备

图 7.7 试验梁张拉及测点布置图

7.1.3　加载装置及加载方案

试验在结构实验室 5000kN 电液伺服试验机上进行，通过分配梁，进行四点弯曲加载。依据实测试验材料的强度值对试验梁的开裂荷载和极限荷载等特征值进行计算，结合荷载控制和位移控制，对加载程序进行修正。

试验梁正式加载前均需要进行预加载，施加荷载值为理论极限荷载计算值的 5%，预加载重复两次，然后准备进行正式加载。正式加载采用分级加载制度，正式加载时，每级加载值为理论极限荷载计算值的 10%，力控制速率为 0. 1kN/s，每级持荷 10min。当荷载值接近开裂荷载计算值时，每级加载值为理论极限荷载计算值的 5%，以便可以准确获得实测特征荷载值。当试验梁开裂后仍按照理论极限荷载计算值的 10%进行分级加载，直至加载至极限荷载的 85%后，改为位移控制继续加载，加载速率为 1mm/min，直至试验梁破坏。各加载阶段试验数据均用 32 通道 IMC 动态数据采集仪自动采集。短期试验加载装置图如图 7. 8 所示。

图 7. 8　试验加载装置图

7.1.4　测点布置及量测内容

试验主要量测内容包括荷载、挠度、裂缝、应变等。具体的测点布置图如图 7. 9 所示。

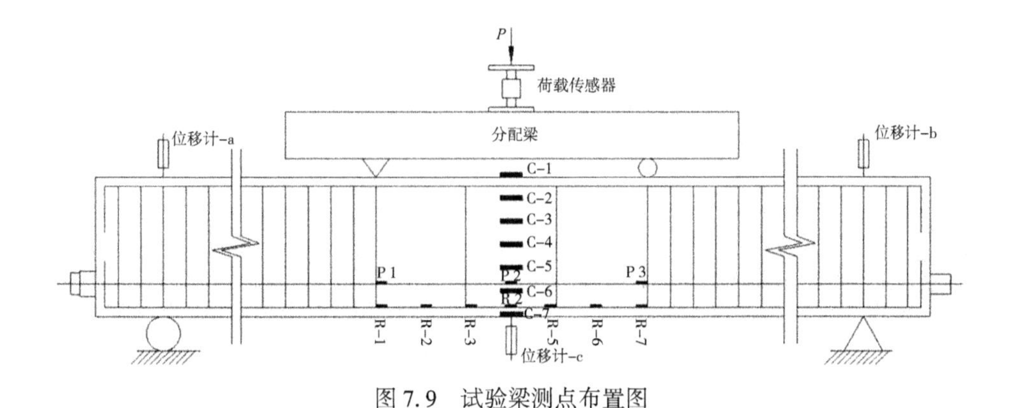

图 7.9 试验梁测点布置图

7.2 破坏形态分析

图 7.10 所示为所有 PSRC 梁和 PNC 梁的破坏形态。所有试验梁均为延性破坏，当加载到开裂荷载时，在梁跨中受拉区出现首条竖向裂缝，继续加载，在纯弯段相继出现多条竖向裂缝，随后在剪跨段对称出现竖向裂缝，随着荷载的增加，裂缝向加载点延伸，直至受拉区非预应力筋钢筋、预应力筋相继屈服，受压区混凝土剥落，试验梁宣告破坏。对比不同非预应力筋配筋率下的 PSRC 梁和 PNC 梁的破坏形态图，可以发现 PSRC 梁和 PNC 梁裂缝形态的差异受非预应力筋配筋率的影响。当非预应力配筋率为 0.17%时，PSRC 梁和 PNC 梁的裂缝都较为稀疏，并且只分布在梁纯弯段范围内，但 PSRC 梁和 PNC 梁在裂缝数量和裂缝范围上有着显著差别，与 PNC 梁相比，PSRC 梁的裂缝数量增多 37.5%，裂缝分布范围增大 21.4%。当非预应力筋配筋率由 0.25%增至 0.98%时，试验梁裂缝数量逐渐增多，裂缝范围向弯剪段扩展，PSRC 梁与 PNC 梁的裂缝数量之比由 1.33(0.25%)减至 1.14(0.98%)，而裂缝范围之比由 1.46(0.25%)减至 1.18(0.98%)，PSRC 梁与 PNC 梁的裂缝形态(裂缝数量和裂缝范围)差异在逐渐缩小。当非预应力筋配筋率从 1.30%增长为 2.05%时，试验梁裂缝数量几乎不再增加，裂缝范围也没有进一步扩大，PSRC 梁和 PNC 梁的裂缝数量和范围相差不大，其裂缝数量和分布范围之比分别为1.06、1.07，这说明在此非预应力筋配筋率范围内，试验梁裂缝的数

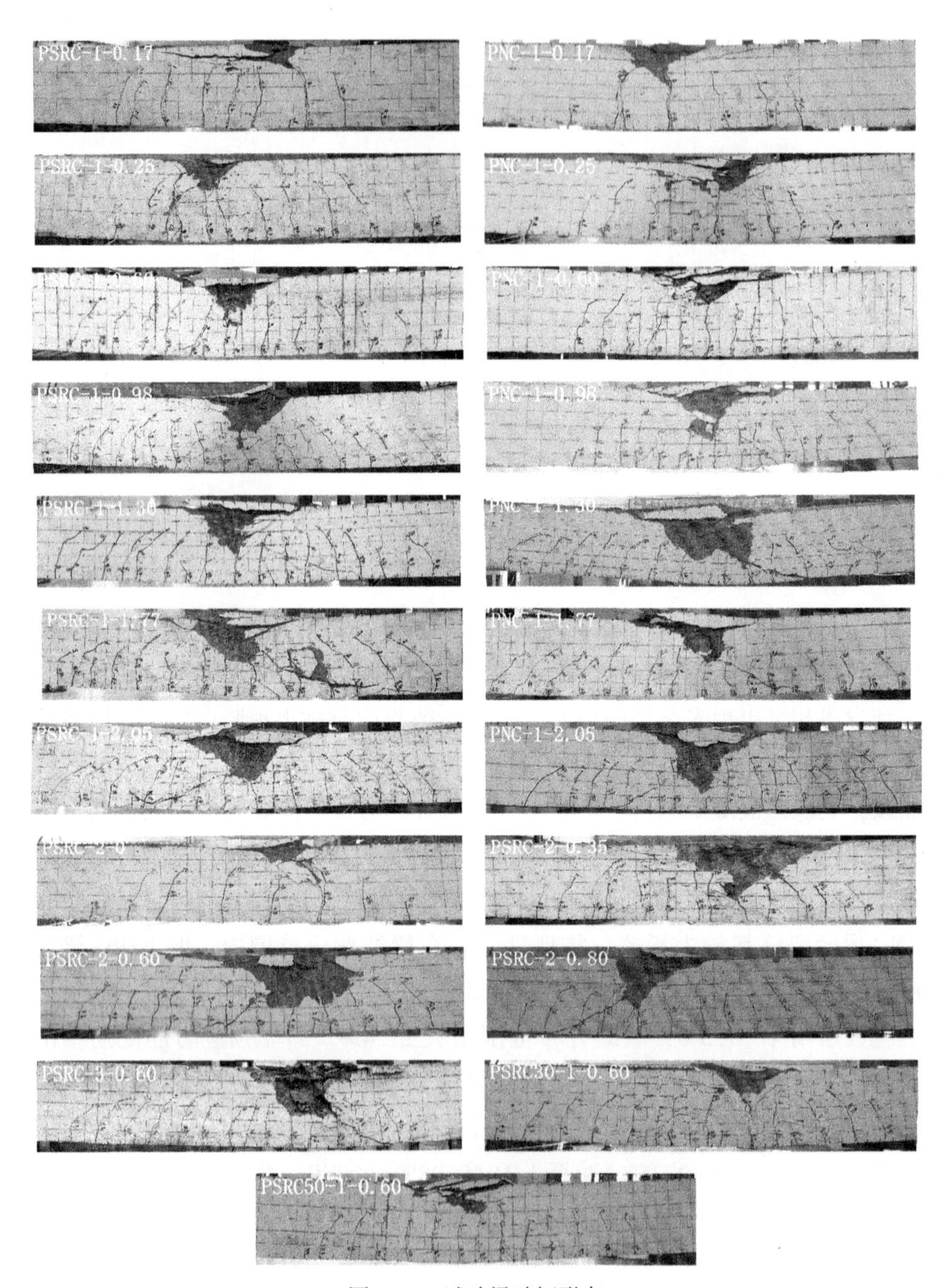

图 7.10　试验梁破坏形态

量和范围均保持稳定，不再随配筋率的变化而变化。事实上，对 PSRC 梁来说，PSRC-1-0.98 与 PSRC-1-1.30(1.77/2.05)的裂缝数目和裂缝范围基本相同，这说明当非预应力筋配筋率为 0.98~2.05%时，PSRC 梁的裂缝形态与配筋率无关，若将此时配筋率称为(裂缝)稳定配筋率，则对 PNC 梁来说，其稳定配筋率范围则为 1.30%~2.05%。从图中还可以观察到，随着非预应力筋配筋率的增长，PSRC 梁和 PNC 梁受压区混凝土的破坏面积在逐渐增大，但在相同配筋率下，PSRC 梁和 PNC 梁的破坏程度没有明显的差异。

对比试验梁 PSRC40-1-0.60、PSRC40-2-0.60 和 PSRC40-3-0.60 可见，随着预应力筋根数的增加，试验梁开裂荷载提高 53.3%，裂缝延伸高度由 210mm 逐渐缩短至 180mm，受压区混凝土的破坏面积增大，但裂缝数量和间距变化不明显。试验梁 PSRC30-1-0.60、PSRC40-1-0.60 和 PSRC50-1-0.60 以混凝土强度为影响因素设计，试验梁开裂荷载变化不明显，随着混凝土强度的提高，裂缝分布范围由 145cm 减至 130cm，平均裂缝延伸高度减小 8.7%，裂缝数目减少 12.5%，平均裂缝间距略微增大。

试验梁 PSRC40-2-0、PSRC40-2-0.35 和 PSRC40-2-0.80 的 CRI 分别为 0.36、0.42 和 0.50，3 根梁预应力筋根数均为 2，其开裂荷载变化不明显，而随着 CRI 的增大，试验梁裂缝范围由 115cm 逐渐增至 140cm，裂缝数目由 8 条增至 14 条，平均裂缝间距由 148mm 减小为 93mm，裂缝延伸高度由 230mm 降至 210mm。梁 PSRC40-1-0.98、PSRC40-1-1.30 和 PSRC40-1-1.77 的 CRI 分别与 PSRC40-2-0、PSRC40-2-0.35 和 PSRC40-2-0.80 相同，而预应力筋根数均为 1，相同 CRI 下，相比预应力筋根数 $n=1$ 的试验梁，预应力筋根数 $n=2$ 的试验梁开裂弯矩提高 69.1%~80.6%，剪跨段竖向裂缝晚 30~50kN 出现，裂缝范围减小 6.7%~30.3%，平均裂缝间距增大 7.7%~48.1%。

7.3 荷载-挠度曲线

图 7.11 所示为不同试验参数对试验梁荷载-挠度曲线的影响。从图 7.11(a)中可以看出，试验梁的荷载-挠度曲线大体上分为三个阶段。第一阶段为混凝土开裂前的弹性阶段，此时弯矩尚小，试验梁处于弹性状态，截面刚度较大，试验梁的挠度随着荷载的增加而增大，但增长速率很小，荷载-挠度曲线呈线形状态；第二阶段为混凝土开裂至非预应力钢筋屈服前的强化阶段，

受拉区混凝土进入塑性状态且逐渐退出工作，截面的拉应力完全由非预应力钢筋和预应力筋来承担，试验梁处于弹塑性状态，截面刚度明显减小，挠度增长速率加快，此后的曲线斜率相对开裂前要小许多，但曲线大体仍呈直线状态；第三阶段为非预应力钢筋屈服至截面破坏的屈服阶段，非预应力筋钢筋达到屈服，混凝土梁挠度急剧增大而荷载保持了较慢速度的增长，曲线近似水平发展直至受弯承载力达到极限荷载，随后荷载-挠度曲线因受压区混凝土压碎而出现不同程度的骤降。

图 7.11(b)所示为不同非预应力筋配筋率 ρ_s 情况下的混凝土种类对荷载-挠度曲线的影响，从图中可以看出，从开始加载到混凝土开裂前，不同配筋率、不同混凝土类型的试验梁荷载-挠度曲线基本重合，试验梁处于弹性状态，截面刚度较大，荷载-挠度曲线呈线性变化，说明非预应力筋配筋率和混凝土类型在混凝土开裂前对刚度基本无影响；从混凝土开裂至非预应力筋屈服，刚度较混凝土开裂前明显降低，荷载-挠度曲线仍呈线性变化。随着非预应力筋配筋率的提高，荷载-挠度曲线的斜率不断增大，预应力自密实再生混凝土梁与预应力普通混凝土梁的荷载-挠度曲线相比，在相同非预应力筋配筋率的情况下，二者基本平行；从非预应力筋屈服至试验梁破坏，试验梁挠度急剧增大而荷载保持了较慢速度的增长，曲线近似水平发展直至受弯承载力达到极限荷载。随着非预应力筋配筋率的减小，荷载-挠度曲线的平滑段越来越长，试验梁的延性越好，在相同非预应力筋配筋率的情况下，预应力自密实再生混凝土梁的平滑段要长于预应力普通混凝土梁；极限荷载后，随着非预应力筋配筋率的提高，荷载-挠度曲线的骤降段越来越长，刚度退化速率越大。

图 7.11(c)所示为不同综合配筋指数 CRI 影响下的荷载-挠度曲线，从图中可以看出，从开始加载到混凝土开裂前，不同综合配筋指数 CRI 的试验梁荷载-挠度曲线基本重合，试验梁处于弹性状态，截面刚度较大，荷载-挠度曲线呈线性变化，说明 CRI 在混凝土开裂前对刚度基本无影响；从混凝土开裂至非预应力筋屈服，刚度较混凝土开裂前明显降低，荷载-挠度曲线仍呈线性变化。随着 CRI 的提高，荷载-挠度曲线的斜率不断增大，预应力筋根数 $n=1$ 与 $n=2$ 梁的荷载-挠度曲线相比，在相同 CRI 的情况下，二者基本平行，但预应力筋根数 $n=2$ 的试验梁荷载-挠度曲线更早地进入平滑段；从非预应力筋屈服至试验梁破坏，试验梁挠度急剧增大而荷载保持了较慢速度的增长，曲线

近似水平发展直至受弯承载力达到极限荷载。随着 CRI 的减小，荷载-挠度曲线的平滑段越来越长，试验梁的延性越好，在相同 CRI 的情况下，预应力筋根数 $n=2$ 的试验梁平滑段要长于预应力筋根数 $n=1$ 的试验梁。

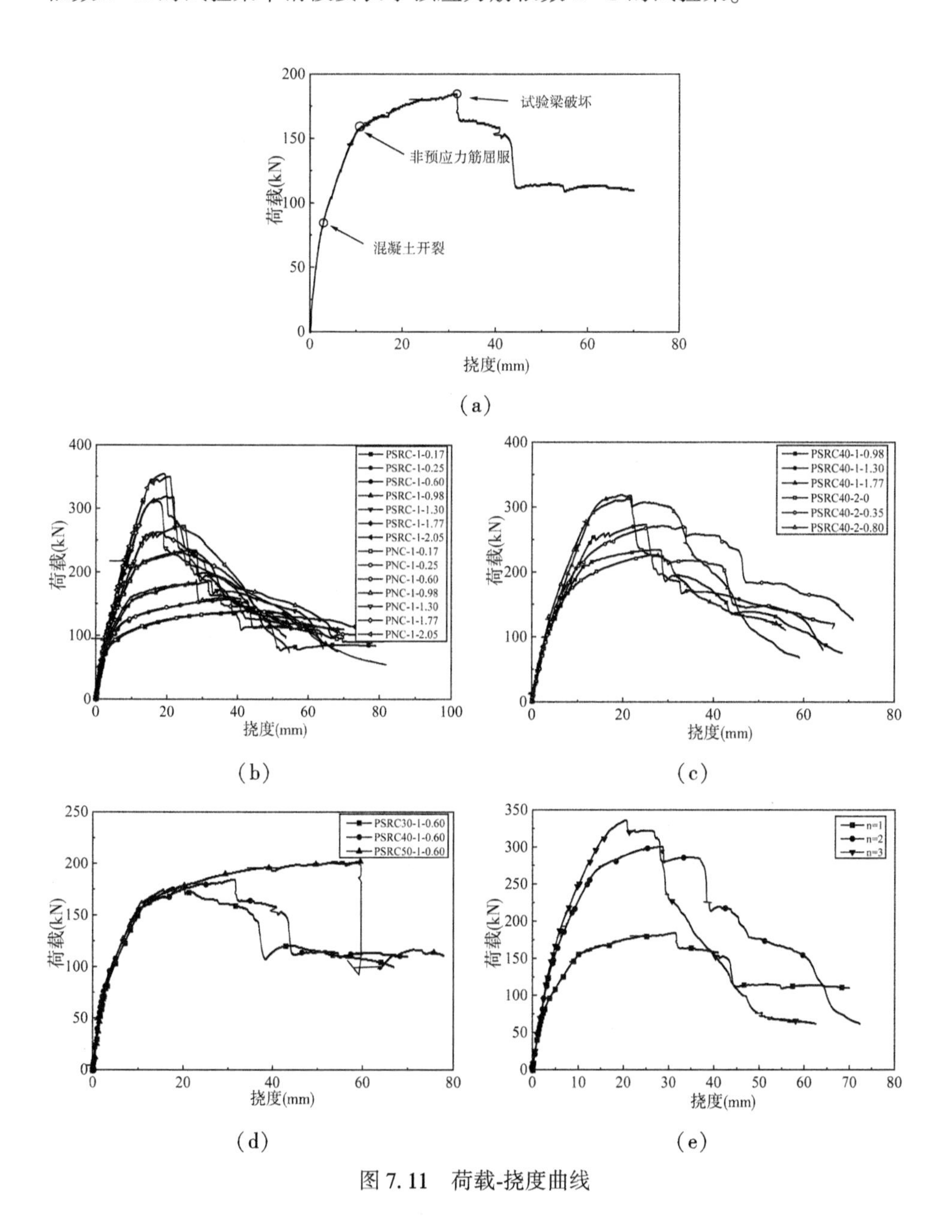

图 7.11　荷载-挠度曲线

图 7. 11(d)所示为不同混凝土强度影响下的荷载-挠度曲线，从图中可以看出，从开始加载至非预应力钢筋达到屈服，荷载-挠度曲线的斜率基本重合，非预应力钢筋达到屈服后，混凝土梁挠度急剧增大而荷载保持了较慢速度的增长，曲线近似水平发展直至受弯承载力达到极限荷载，随着混凝土强度的提高，荷载-挠度曲线的平滑段越来越长，且随着混凝土强度的提高，试验梁达到极限荷载后出现的骤降程度越来越大，这是因为混凝土强度越高，混凝土脆性特征越明显导致的。

图 7. 11(e)所示为不同预应力筋根数影响下的荷载-挠度曲线，从图中可以看出，混凝土开裂前，不同预应力筋根数的试验梁荷载-挠度曲线基本重合，试验梁处于弹性状态，截面刚度较大，荷载-挠度曲线呈线形变化，说明预应力筋根数在混凝土开裂前对刚度基本无影响；混凝土开裂至非预应力钢筋屈服，挠度增长速率加快，此后的曲线斜率相对开裂前要小许多，随着预应力筋根数的提高，荷载-挠度曲线的斜率不断增大；非预应力钢筋达到屈服后，荷载-挠度曲线进入平滑段，随着预应力筋根数的减小，荷载-挠度曲线的平滑段越来越长，试验梁的延性越好。

7. 4　荷载-应变曲线

7. 4. 1　非预应力筋应变分析

图 7. 12 所示为部分试验梁的荷载-非预应力钢筋应变曲线，可以看出，试验梁的荷载-非预应力筋应变曲线呈现明显的三阶段增长趋势，从开始加载至试验梁开裂前，非预应力筋发生弹性变形，其应变曲线近似直线变化，应变的增幅较小。试验梁开裂后，受拉区混凝土逐渐退出工作，非预应力筋承担的拉应力增大，应变曲线斜率随即减小。当非预应力筋屈服后，随着荷载的增加，非预应力筋应变的急剧增大，应变曲线接近水平发展。纵观非预应力筋的整个受力过程，可以发现非预应力筋与预应力钢绞线的协同受力较好。同时，非预应力筋屈服后，其应变仍继续稳定增长，这说明配置于预应力混凝土梁中的受拉非预应力筋能够充分发挥其强度和延性。

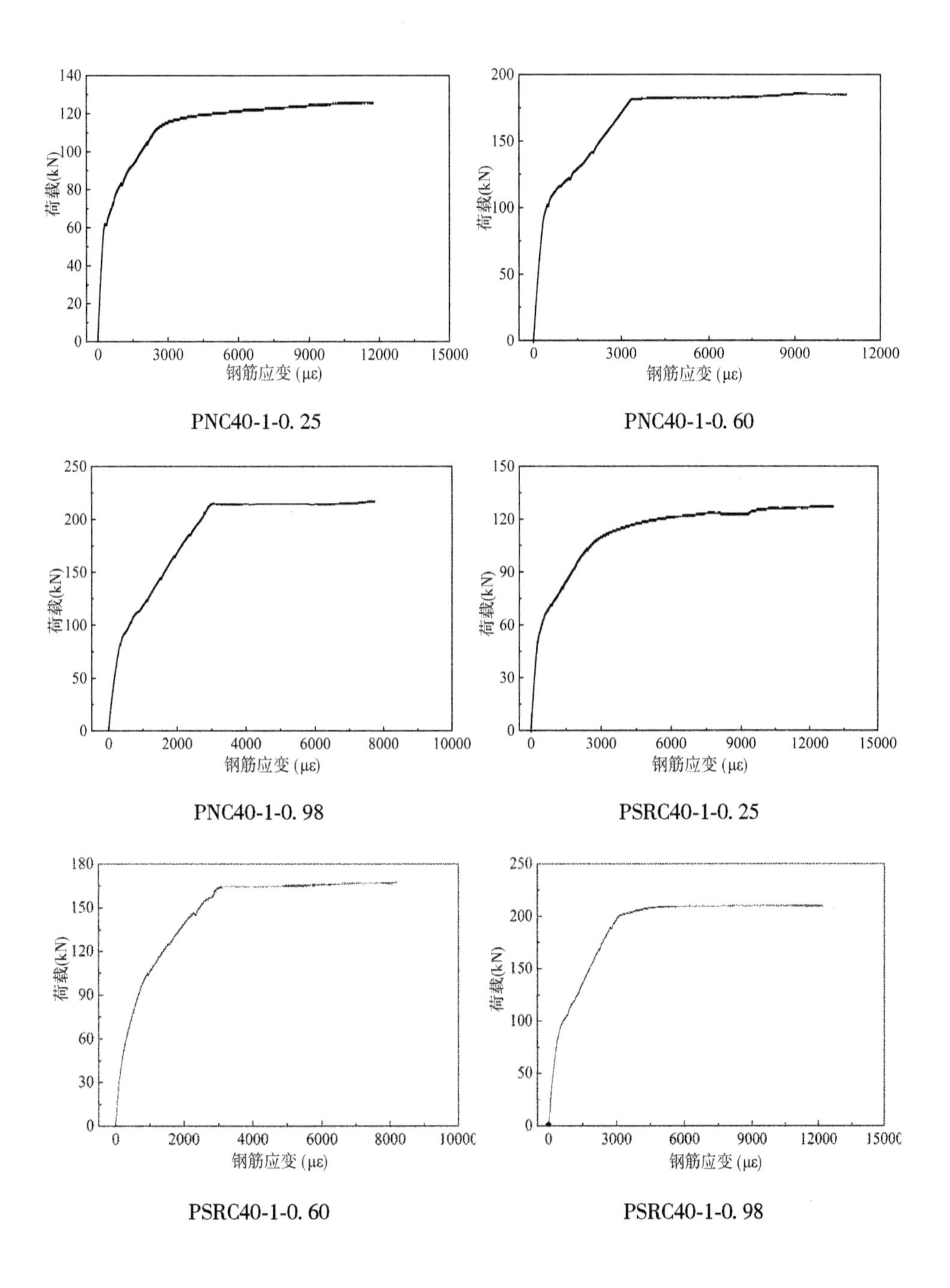

PNC40-1-0. 25

PNC40-1-0. 60

PNC40-1-0. 98

PSRC40-1-0. 25

PSRC40-1-0. 60

PSRC40-1-0. 98

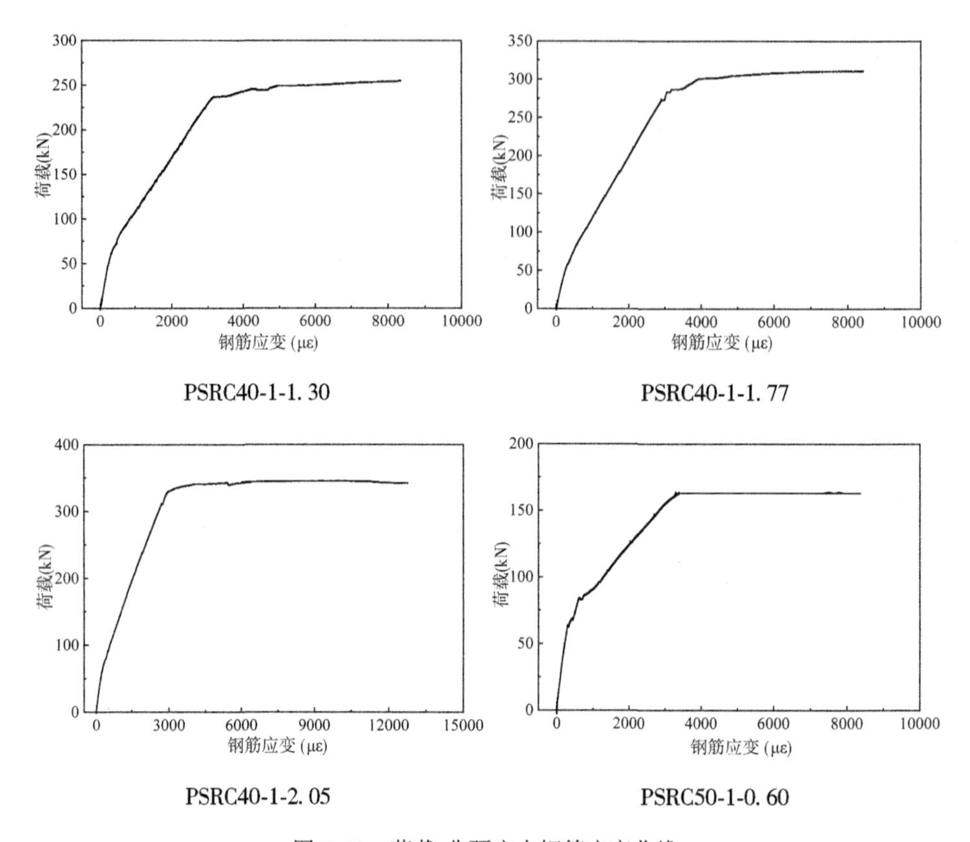

图 7. 12　荷载-非预应力钢筋应变曲线

7. 4. 2　混凝土应变分析

图 7. 13 所示为各级荷载作用下的部分试验梁跨中截面沿高度方向的混凝土应变分布情况，可以看出，在受拉区混凝土开裂前，混凝土基本处于弹性阶段，跨中截面沿高度方向的应变分布为直线型，故符合平截面假定，中和轴接近截面几何形心位置。当进入带裂缝工作阶段，试验梁跨中截面沿高度方向的平均应变分布仍近似直线型，故仍符合平截面假定，中和轴位置稍有上升。由此可见，在静力荷载作用下试验梁的跨中截面平均应变近似线性分布，符合平截面假定。

图 7.14 所示为试验过程中各试验梁跨中顶面处混凝土压应变的发展情况，可以看出，从开始加载至试验梁开裂前，试验梁跨中顶面处的混凝土压应变增长较为缓慢，其应变曲线近似直线变化。在试验梁受拉区混凝土开裂后，应变曲线斜率增大，梁顶的混凝土压应变增速加快。在临近试验梁破坏时，受弯承载力增速减慢，跨中顶面处的混凝土压应变增速进一步加快。

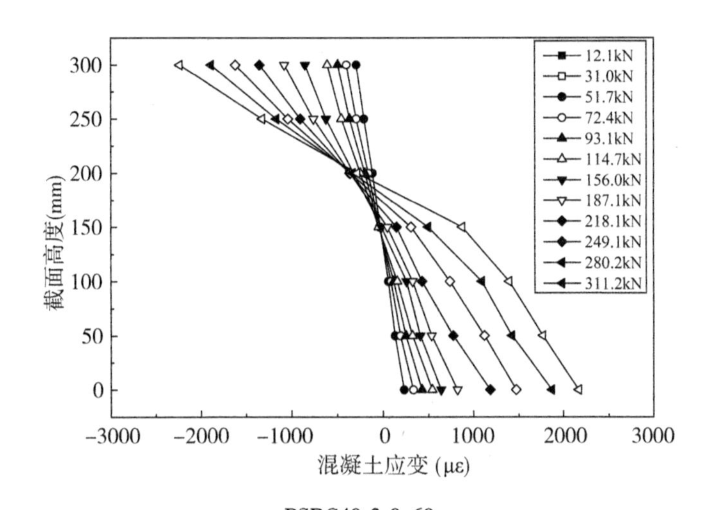

PSRC40-3-0.60

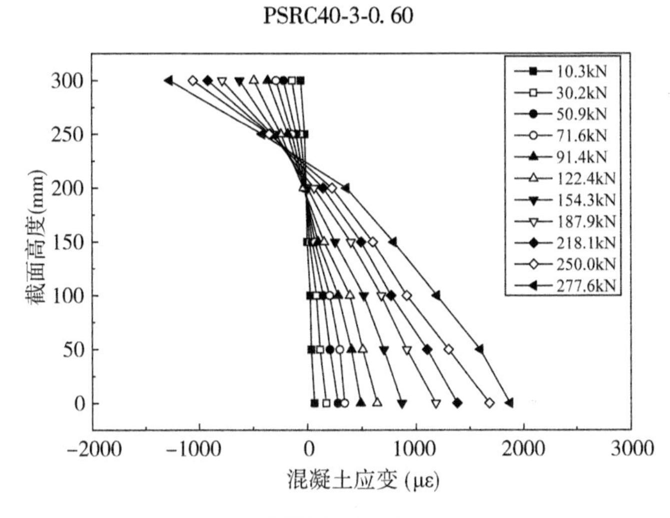

PSRC40-2-0.80

图 7.13 平截面假定

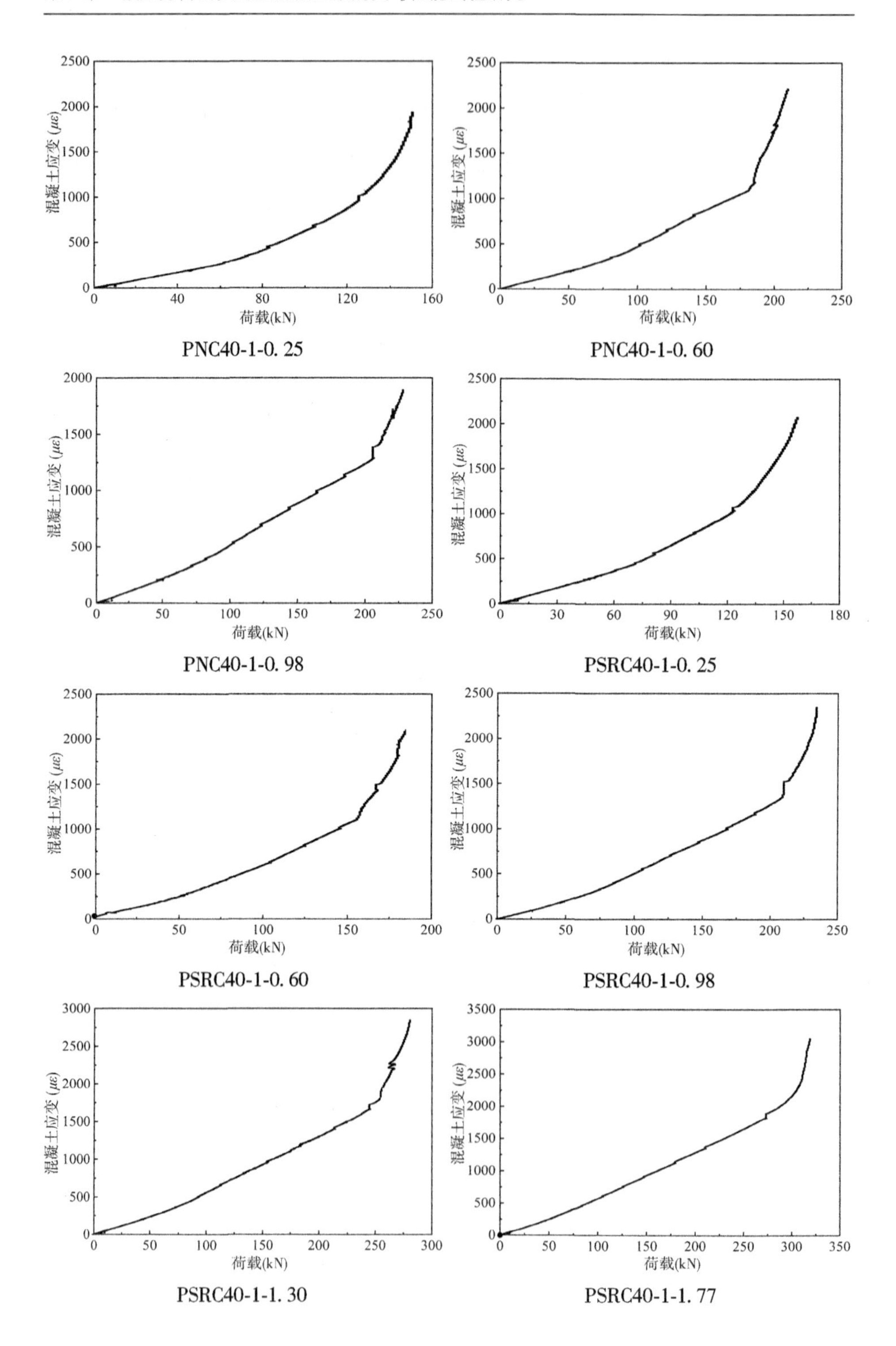
混凝土应变 (με)
荷载(kN)
PNC40-1-0.25
PNC40-1-0.60
PNC40-1-0.98
PSRC40-1-0.25
PSRC40-1-0.60
PSRC40-1-0.98
PSRC40-1-1.30
PSRC40-1-1.77

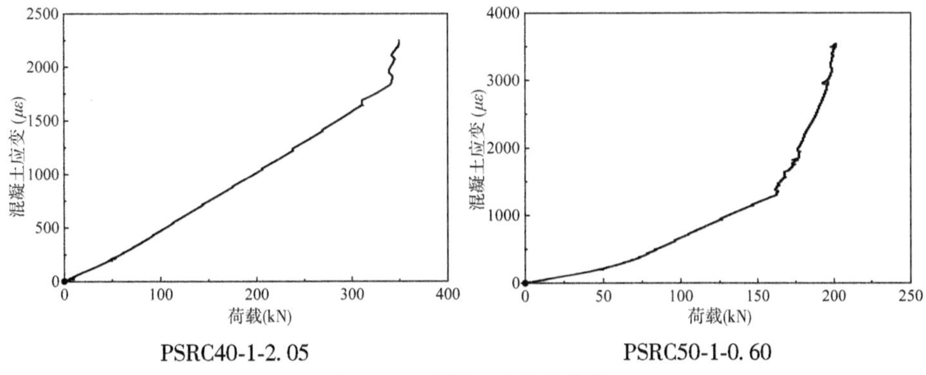

图 7.14 混凝土压应变曲线

7.5 特征值影响因素分析

7.5.1 实测特征值

预应力混凝土梁的开裂荷载、屈服荷载、极限荷载、工作挠度(工作荷载，即极限荷载/1.5下的跨中挠度)、屈服挠度以及极限挠度反映了预应力混凝土梁的受弯性能特征，故此我们称之为预应力混凝土梁的特征值。为了分析各试验参数对试验梁受弯性能的影响，表7.6列出了各试验梁的实测特征值。

表 7.6 实测特征值

试验梁编号	P_{cr}(kN)	P_y(kN)	P_u(kN)	f_k(mm)	f_y(mm)	f_u(mm)
PSRC40-1-0.17	56.03	104.7	138.79	5.41	8.86	45.2
PSRC40-1-0.25	64.60	118.4	156.90	5.51	7.40	39.4
PSRC40-1-0.60	61.70	138.4	184.48	6.34	7.88	31.6
PSRC40-1-0.98	63.65	175.9	234.48	6.88	8.31	28.4
PSRC40-1-1.30	62.21	205.0	273.28	8.09	9.60	25.2
PSRC40-1-1.77	62.06	239.2	318.97	8.81	9.90	21.8

续表

试验梁编号	P_{cr}(kN)	P_y(kN)	P_u(kN)	f_k(mm)	f_y(mm)	f_u(mm)
PSRC40-1-2. 05	60. 34	262. 5	349. 14	8. 92	10. 49	20. 9
PNC40-1-0. 17	74. 99	102. 0	135. 17	4. 46	8. 14	39. 3
PNC40-1-0. 25	71. 55	117. 0	156. 03	5. 19	7. 10	35. 7
PNC40-1-0. 60	68. 00	140. 7	187. 59	5. 78	7. 47	28. 2
PNC40-1-0. 98	77. 58	172. 6	229. 31	6. 61	8. 22	24. 4
PNC40-1-1. 30	69. 82	197. 2	262. 93	7. 65	9. 26	19. 4
PNC40-1-1. 77	70. 00	234. 1	310. 34	7. 97	9. 56	18. 5
PNC40-1-2. 05	72. 41	265. 7	354. 31	8. 02	10. 43	19. 1
PSRC40-2-0	102. 58	195. 7	226. 72	6. 26	13. 5	41. 7
PSRC40-2-0. 35	122. 41	228. 4	271. 55	7. 58	13. 0	34. 0
PSRC40-2-0. 60	112. 07	261. 9	300. 86	7. 89	13. 8	28. 7
PSRC40-2-0. 80	112. 06	276. 7	313. 79	7. 85	12. 4	28. 8
PSRC40-3-0. 60	145. 68	331. 89	335. 34	8. 32	17. 2	20. 6
PSRC30-1-0. 60	58. 62	164. 66	178. 45	6. 52	11. 8	20. 2
PSRC50-1-0. 60	58. 00	162. 93	201. 72	7. 47	10. 7	59. 5

7. 5. 2　开裂荷载影响因素分析

1. 非预应力筋配筋率、混凝土类型对开裂荷载的影响

非预应力筋配筋率、混凝土类型对开裂荷载的影响如图 7. 15 所示，从图中可以看出，在相同 ρ_s 条件下，PSRC 梁的开裂荷载较 PNC 梁显著降低，平均降低 11. 6%，这是由于自密实再生混凝土内部界面众多，骨料交界处存在大量的孔隙，有着比普通混凝土更多的细微裂缝，这些缺陷导致裂缝的更早出现；随着 ρ_s 的增大，PSRC 梁的开裂荷载变化不大，不同配筋率下 PSRC 梁开裂荷载的差值不超过 4%，说明开裂荷载与非预应力筋配筋率无关。

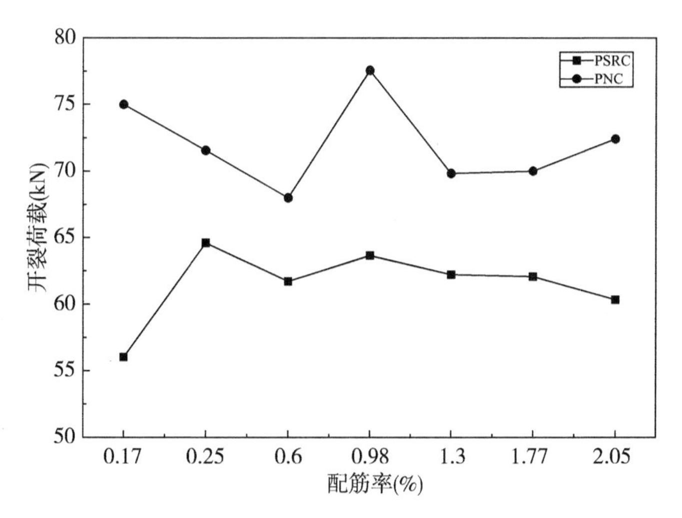

图 7.15　非预应力筋配筋率和混凝土类型对开裂荷载的影响

2. 综合配筋指数 CRI 对开裂荷载的影响

综合配筋指数对开裂荷载的影响如图 7.16 所示，可以看出，在相同 CRI 情况下，预应力筋根数 $n=2$ 的梁开裂荷载约为预应力筋根数 $n=1$ 的梁开裂荷载的 1.61~1.97 倍，这是由于预应力筋根数 $n=2$ 的梁预加应力增大造成的。随着 CRI 的增大，试验梁开裂荷载变化不大，说明开裂荷载与 CRI 无关。

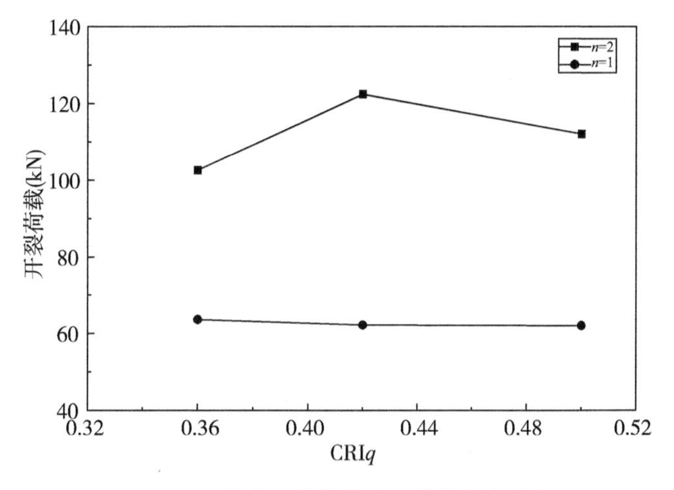

图 7.16　综合配筋指数对开裂荷载的影响

3. 预应力筋根数对开裂荷载的影响

预应力筋根数对开裂荷载的影响如图7.17所示，可以看出，梁PSRC-2-0.60的开裂荷载约为梁PSRC-1-0.60的1.65倍，梁PSRC-3-0.60的开裂荷载约为梁PSRC-2-0.60的1.30倍，说明提高预应力筋根数能够显著提高开裂荷载。

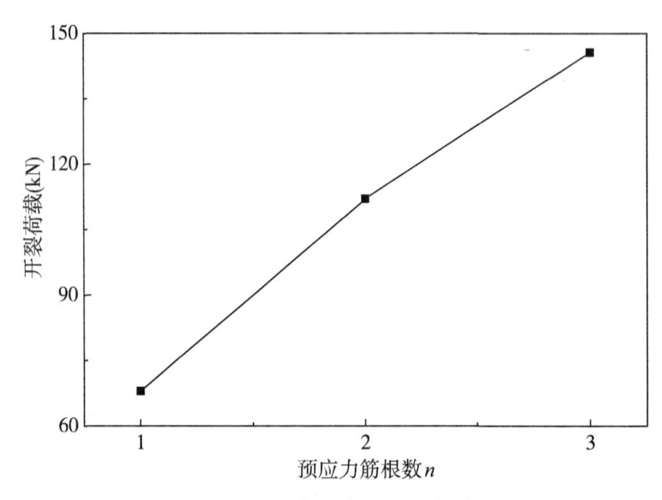

图7.17 预应力筋根数对开裂荷载的影响

7.5.3 屈服荷载影响因素分析

1. 非预应力筋配筋率、混凝土类型对屈服荷载的影响

非预应力筋配筋率、混凝土类型对屈服荷载的影响如图7.18所示，可以看出，在相同ρ_s条件下，PSRC梁与PNC梁的屈服荷载基本相同，表明以自密实再生混凝土替代普通混凝土对试验梁屈服荷载影响较小；随着ρ_s的增大，PSRC梁的屈服荷载提高了9.7%~27.1%，说明增加非预应力筋配筋率显著提高PSRC梁的屈服荷载。

2. 综合配筋指数CRI对屈服荷载的影响

综合配筋指数对屈服荷载的影响如图7.19所示，可以看出，在相同CRI情况下，预应力筋根数$n=2$的梁屈服荷载相对预应力筋根数$n=1$的梁增大11.3%~15.7%，说明增加预应力筋根数能够提高试验梁的屈服荷载。随着CRI的增大，当CRI从0.36增大至0.42和从0.42增大至0.50时，试验梁的屈服荷载分别提高了 16.7%和 21.1%，表明提高 CRI 能够有效增大试验梁的屈服荷载。

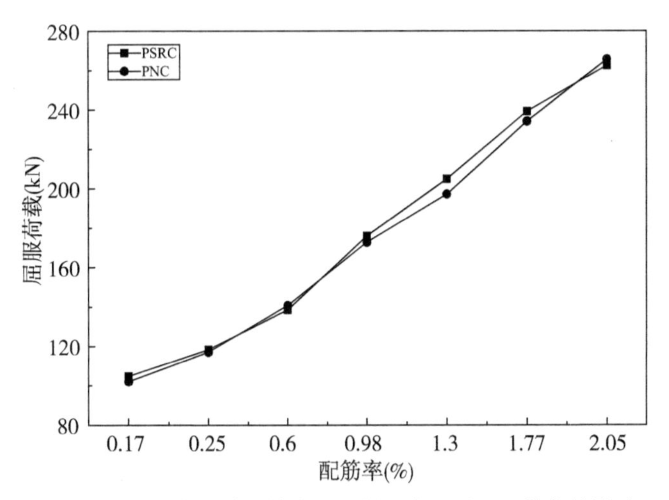

图 7.18　非预应力筋配筋率和混凝土类型对屈服荷载的影响

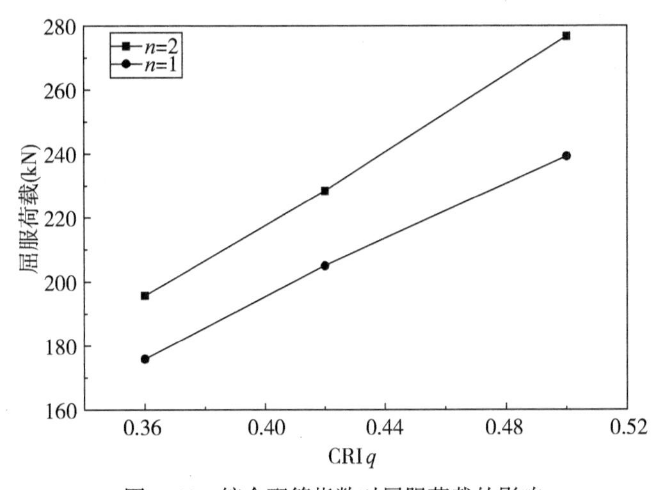

图 7.19　综合配筋指数对屈服荷载的影响

3. 预应力筋根数对屈服荷载的影响

预应力筋根数对屈服荷载的影响如图 7.20 所示，可以看出，梁 PSRC-2-0.60 的屈服荷载约为梁 PSR-1-0.60 的 1.89 倍，梁 PSRC-3-0.60 的屈服荷载约为梁 PSRC-2-0.60 的 1.27 倍，表明增大预应力筋根数显著提高试验梁的屈服荷载。

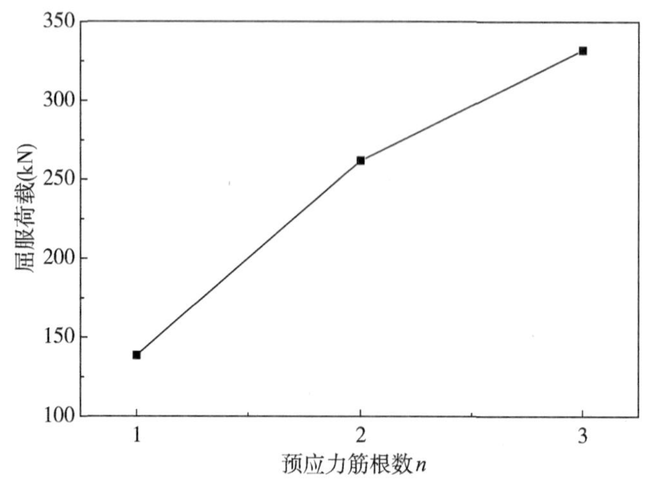

图 7.20　预应力筋根数对屈服荷载的影响

7.5.4　极限荷载影响因素分析

1. 非预应力筋配筋率、混凝土类型对极限荷载的影响

非预应力筋配筋率、混凝土类型对极限荷载的影响如图 7.21 所示，可以看出，在相同 ρ_s 条件下，PSRC 梁与 PNC 梁的极限荷载基本相同，说明使用自密实再生混凝土替代普通混凝土对试验梁的极限荷载影响不大；随着非预应力筋配筋率的增大，PSRC 梁的极限荷载提高了 9.5%~27.1%，说明提高非预应力筋配筋率能够有效地增大 PSRC 梁的极限荷载。

2. 综合配筋指数 CRI 对极限荷载的影响

综合配筋指数对极限荷载的影响如图 7.22 所示，可以看出，在相同 CRI 情况下，预应力筋根数 $n=2$ 的梁极限荷载相对预应力筋根数 $n=1$ 的梁增大 5.1%~15.8%，说明增大预应力筋根数能够提高试验梁的极限荷载。随着 CRI 的增大，当 CRI 从 0.36 增大至 0.42 和从 0.42 增大至 0.50 时，试验梁的极限荷载分别提高了 10.8%和 11.5%，说明提高 CRI 能够有效地增大试验梁的极限荷载。

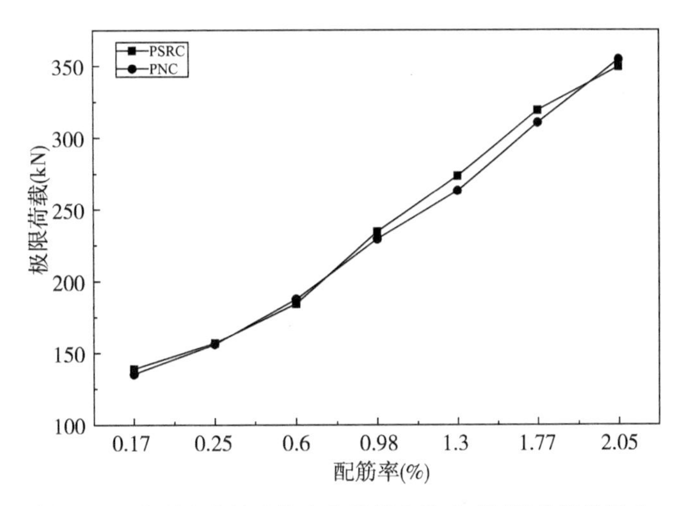

图 7.21 非预应力筋配筋率和混凝土类型对极限荷载的影响

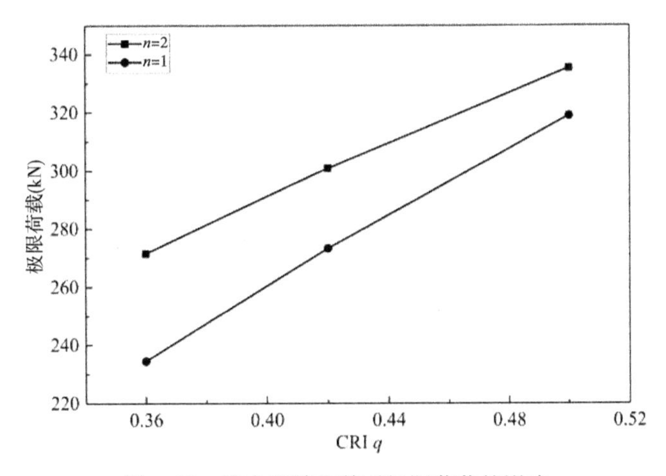

图 7.22 综合配筋指数对极限荷载的影响

3. 预应力筋根数对极限荷载的影响

预应力筋根数对极限荷载的影响如图 7.23 所示，可以看出，梁 PSRC-2-0.60 的极限荷载约为梁 PSR-1-0.60 的 1.63 倍，梁 PSRC-3-0.60 的极限荷载约为梁 PSRC-2-0.60 的 1.11 倍，说明增大预应力筋根数能有效地提高试验梁的极限荷载。

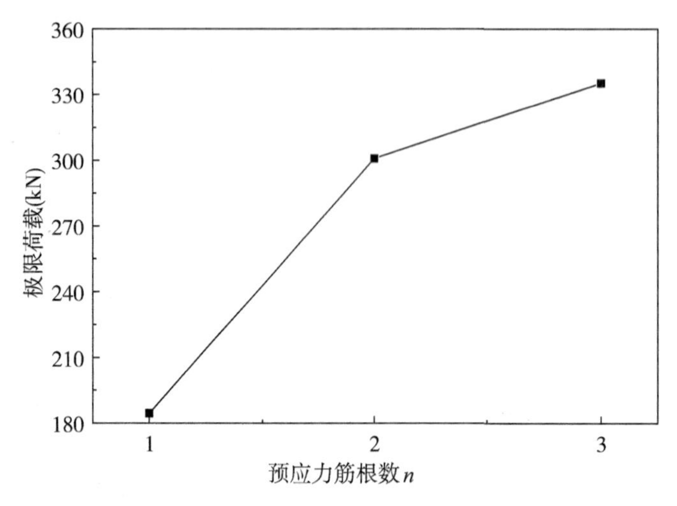

图 7.23　预应力筋根数对极限荷载的影响

4. 混凝土强度对极限荷载的影响

混凝土强度对极限荷载的影响如图 7.24 所示，可以看出，梁 PSRC40-1-0.60 的极限荷载约为梁 PSRC30-1-0.60 的 1.03 倍，梁 PSRC50-1-0.60 的极限荷载约为梁 PSRC40-1-0.60 的 1.09 倍，说明提高混凝土强度能够提高试验梁的极限荷载。

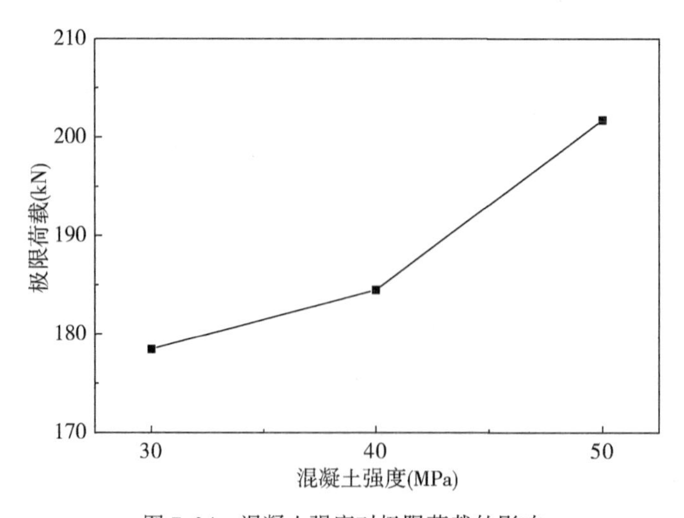

图 7.24　混凝土强度对极限荷载的影响

7.5.5 工作挠度影响因素分析

1. 非预应力筋配筋率、混凝土类型对工作挠度的影响

非预应力筋配筋率、混凝土类型对试验梁工作挠度的影响如图 7.25 所示，可以看出，在相同ρ_s条件下，PSRC 梁相比 PNC 梁工作挠度偏大 4.1%~21.3%，说明使用自密实再生混凝土替代普通混凝土会增大试验梁的工作挠度；随着ρ_s的增大，PSRC 梁的工作挠度增大了 1.2%~17.6%，表明提高非预应力筋配筋率也会增加试验梁工作挠度。

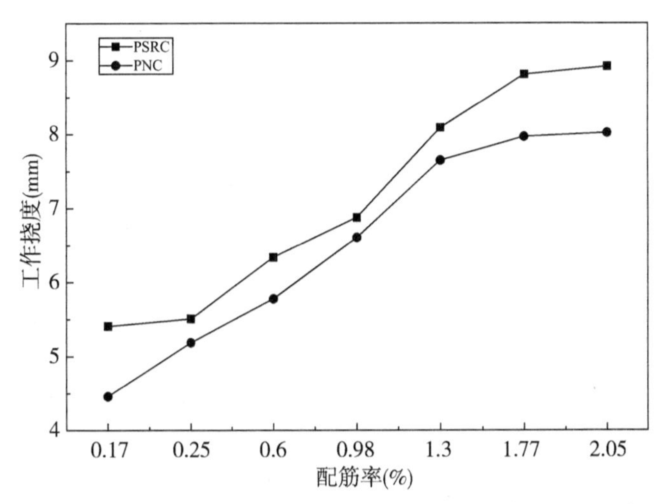

图 7.25 非预应力筋配筋率和混凝土类型对工作挠度的影响

2. 综合配筋指数 CRI 对工作挠度的影响

CRI 对跨中工作挠度的影响如图 7.26 所示，可以看出，在相同 CRI 情况下，预应力筋根数 $n=1$ 的梁的工作挠度相对预应力筋根数 $n=2$ 的梁大 6.7%~12.2%，表明减少预应力筋根数会增大试验梁的工作挠度。当 CRI 从 0.36 增大至 0.42 和从 0.42 增大至 0.50 时，试验梁的工作挠度分别增长 21.1%和 3.6%，说明提高 CRI，增加了试验梁的工作挠度。

3. 预应力筋根数对工作挠度的影响

预应力筋根数对试验梁工作挠度的影响如图 7.27 所示，可以看出，梁 PSRC-2-0.60 的工作挠度约为梁 PSRC-1-0.60 的 1.24 倍，梁 PSRC-3-0.60 的挠度约为梁 PSRC-2-0.60 的 1.05 倍，说明增加预应力筋根数能够增大试验梁的工作挠度。

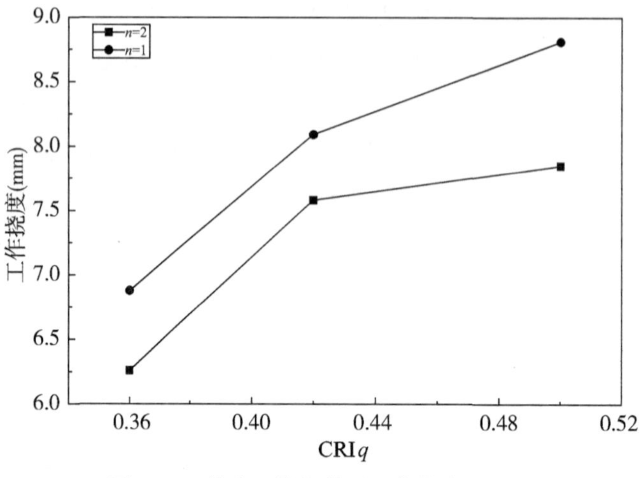

图 7.26　综合配筋指数对工作挠度的影响

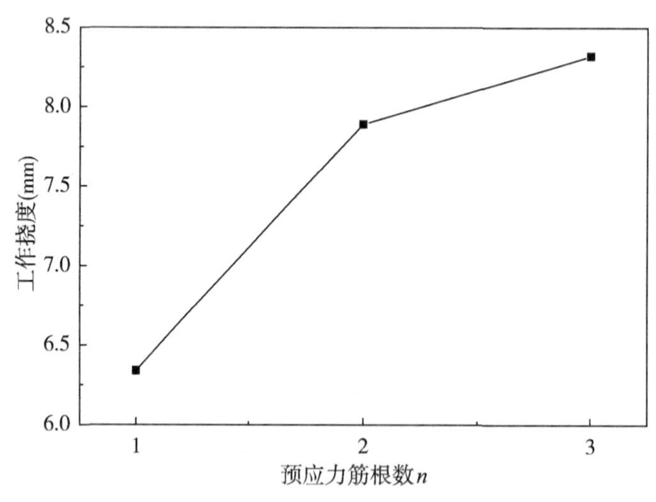

图 7.27　预应力筋根数对工作挠度的影响

7.5.6　屈服挠度影响因素分析

1. 非预应力筋配筋率、混凝土类型对屈服挠度的影响

非预应力筋配筋率、混凝土类型对试验梁屈服挠度的影响如图 7.28 所示，可以看出，在相同 ρ_s 条件下，PSRC 梁的屈服挠度较 PNC 梁略微增大，平均增长 3.9%，表明以自密实再生混凝土替代普通混凝土会增大试验梁的屈服挠度。除配筋率为0.17%的试验梁，随着ρ_s的提高，其余PSRC梁的屈服挠度增大了3.1%~15.5%，表明提高非预应力筋配筋率明显增大了试验梁屈服挠度。

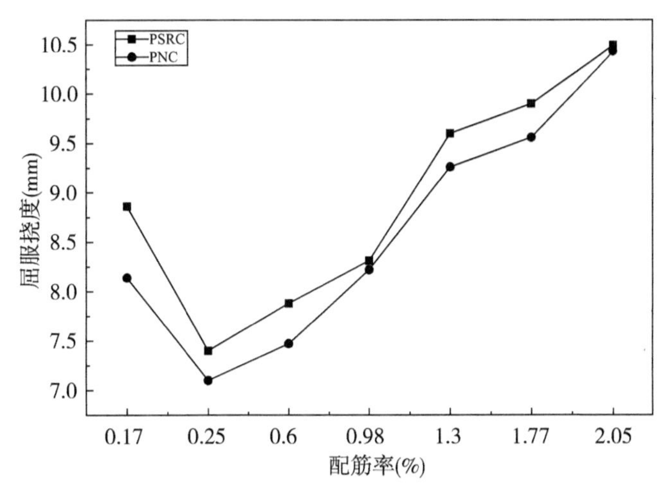

图7.28　非预应力筋配筋率和混凝土类型对屈服挠度的影响

2. 综合配筋指数CRI对屈服挠度的影响

CRI对试验梁屈服挠度的影响如图7.29所示，可以看出，当预应力筋根数$n=1$时，CRI从0.36增大至0.42和从0.42增大至0.50时，试验梁的屈服

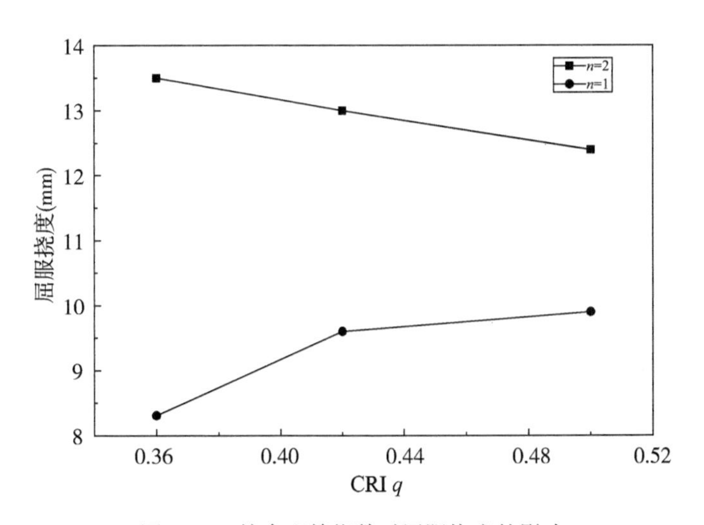

图7.29　综合配筋指数对屈服挠度的影响

挠度分别增长 15.5%和 3.1%，说明预应力筋根数 $n=1$ 的试验梁的屈服挠度随 CRI 的提高呈现增长趋势。当预应力筋根数 $n=2$ 时，CRI 从 0.36 增大至 0.42 和从 0.42 增大至 0.50 时，试验梁的屈服挠度分别降低 3.7%和 4.6%，表明对于预应力筋根数 $n=2$ 的试验梁，提高综合配筋指数能够减小试验梁的屈服挠度。

3. 预应力筋根数对屈服挠度的影响

预应力筋根数对试验梁屈服挠度的影响如图 7.30 所示，可以看出，梁 PSRC-2-0.60 的屈服挠度约为梁 PSRC-1-0.60 的 1.75 倍，梁 PSRC-3-0.60 的挠度约为梁 PSRC-2-0.60 的 1.25 倍，说明增加预应力筋根数会增大试验梁的屈服挠度。

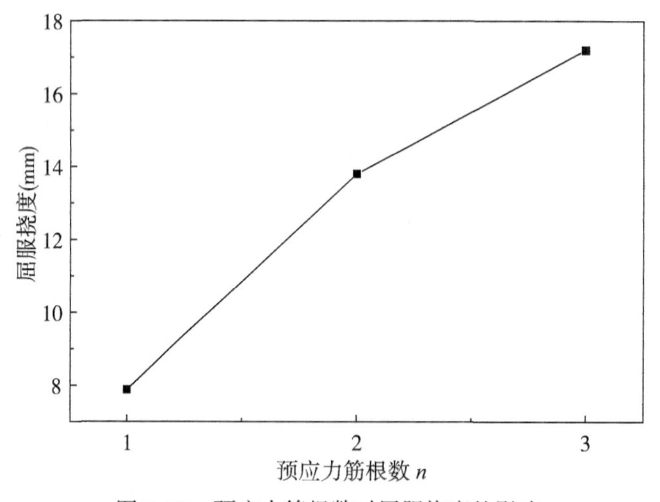

图 7.30　预应力筋根数对屈服挠度的影响

7.5.7　极限挠度影响因素分析

1. 非预应力筋配筋率、混凝土类型对极限挠度的影响

非预应力筋配筋率、混凝土类型对跨中极限挠度的影响如图 7.31 所示，可以看出，在相同 ρ_s 条件下，PSRC 梁较 PNC 梁极限挠度偏大 9.4%～29.9%，说明使用自密实再生混凝土替代普通混凝土能够提高试验梁的极限挠度；随着非预应力筋配筋率的增大，PSRC 梁的极限挠度减小了 4.3%～19.8%，说明提高非预应力筋配筋率能够有效地减小 PSRC 梁的极限挠度。

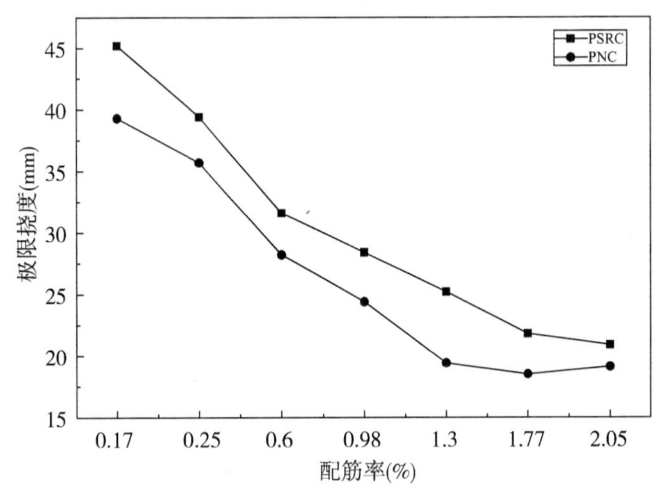

图 7.31 非预应力筋配筋率和混凝土类型对极限挠度的影响

2. 综合配筋指数 CRI 对极限挠度的影响

CRI 对跨中极限挠度的影响如图 7.32 所示，可以看出，在相同 CRI 情况下，预应力筋根数 $n=2$ 的梁较预应力筋根数 $n=1$ 的梁极限挠度偏大 32.1%~46.8%，说明提高预应力筋根数能明显地提高试验梁的变形能力。随着 CRI 的增大，当 CRI 从 0.36 增大至 0.42 和从 0.42 增大至 0.50 时，试验梁的极限挠度分别减小了 18.5%和 15.3%，说明提高 CRI 能够显著地减小试验梁的极限挠度。

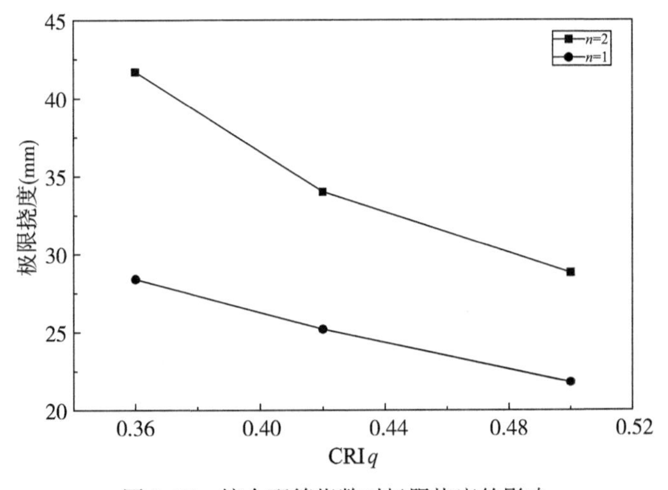

图 7.32 综合配筋指数对极限挠度的影响

3. 预应力筋根数对极限挠度的影响

预应力筋根数对跨中极限挠度的影响如图 7.33 所示，可以看出，梁 PSRC-2-0.60 的极限挠度约为梁 PSRC-1-0.60 的 0.91 倍，梁 PSRC-3-0.60 的极限挠度约为梁 PSRC-2-0.60 的 0.72 倍，说明提高预应力筋根数能够降低试验梁的极限挠度。

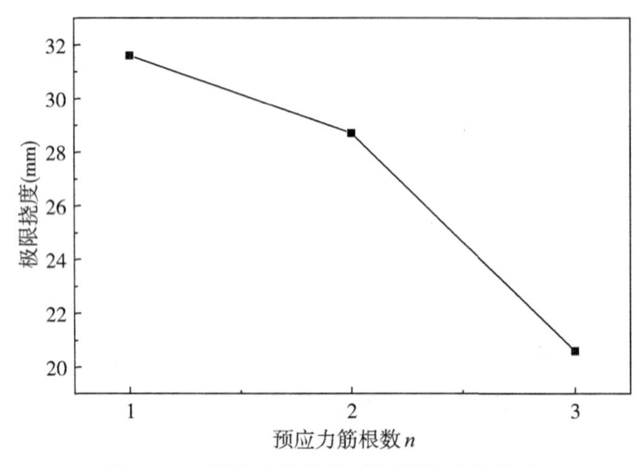

图 7.33　预应力筋根数对极限挠度的影响

4. 混凝土强度对极限挠度的影响

混凝土强度对跨中极限挠度的影响如图 7.34 所示，可以看出，梁 PSRC40-1-0.60 的极限挠度约为梁 PSRC30-1-0.60 的 1.56 倍，梁 PSR50-1-

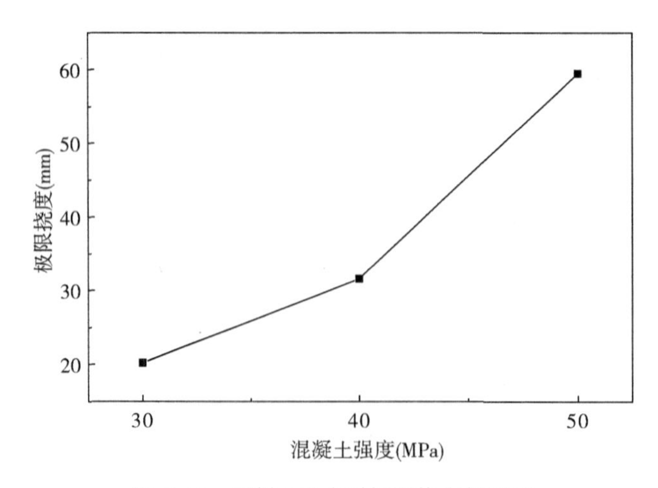

图 7.34　混凝土强度对极限挠度的影响

0.60 的极限挠度约为梁 PSR40-1-0.60 的 1.88 倍，说明提高混凝土强度能够显著地提高试验梁的极限挠度。

7.6 裂缝开展及影响因素分析

7.6.1 裂缝分布图

本书描绘的裂缝分布图是从受拉区混凝土第一条裂缝出现，在每一级荷载下对裂缝进行描绘与记录。图 7.35 所示为部分试验梁的裂缝分布情况。

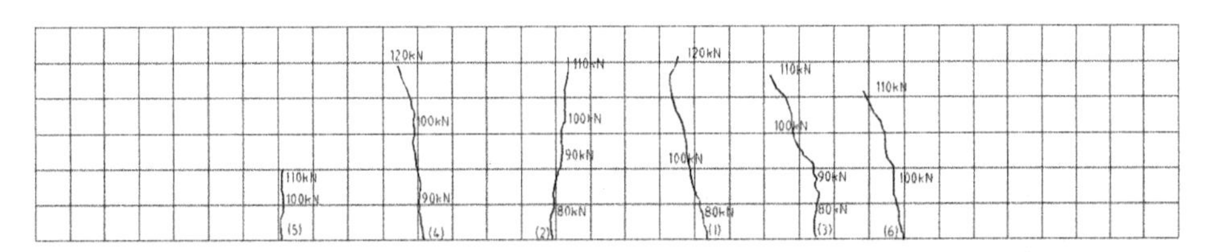

(a) PNC40-1-0.17

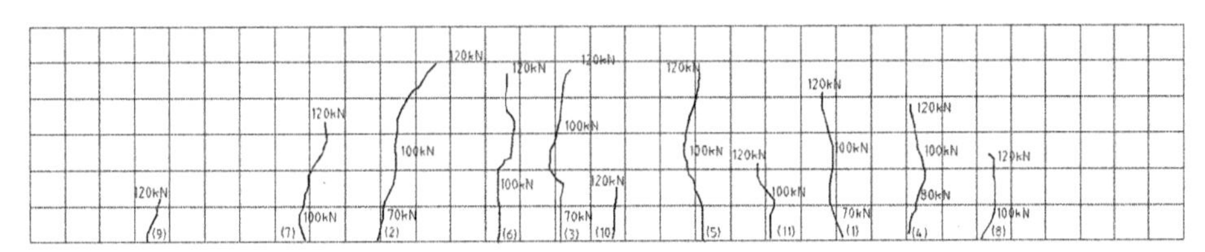

(b) PSRC40-1-0.17

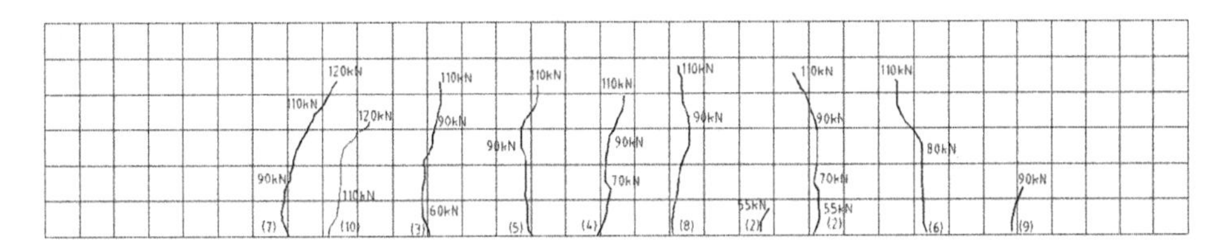

(c) PNC40-1-0.25

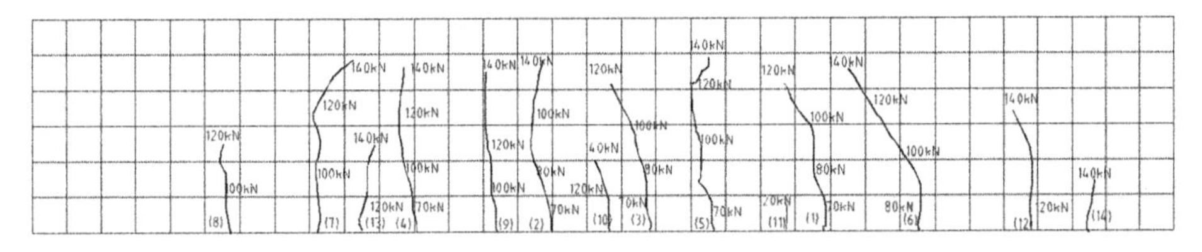

(d) PSRC40-1-0.25

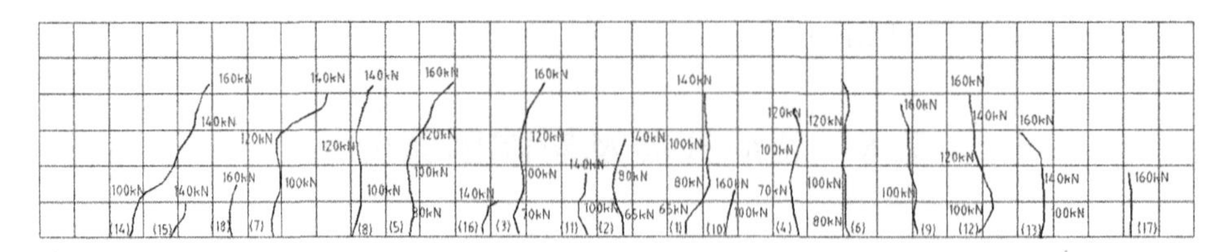

(e) PSRC40-1-0. 60

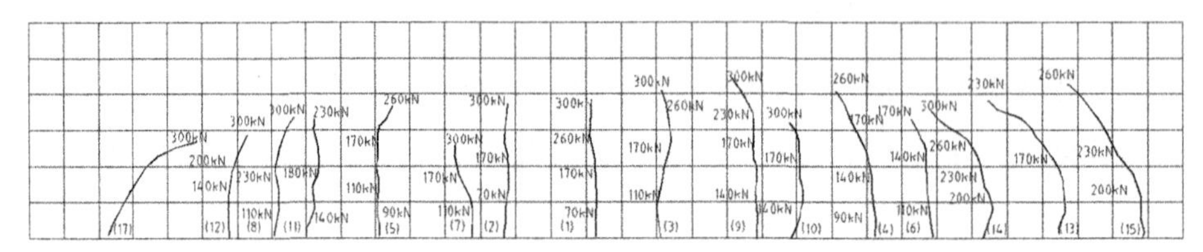

(f) PNC40-1-2. 05

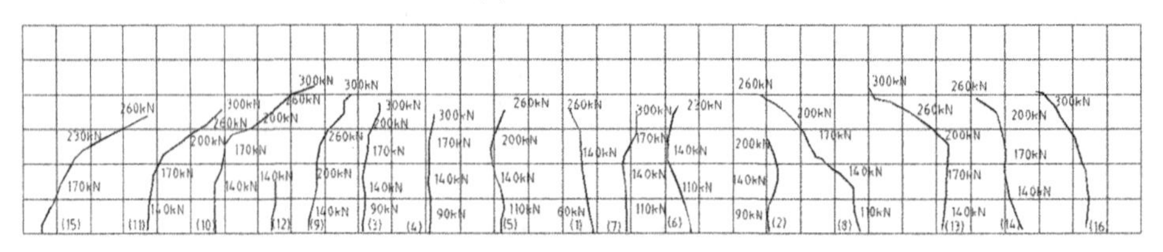

(g) PSRC40-1-2. 05

图 7. 35　试验梁的裂缝分布图

7. 6. 2　裂缝宽度影响因素分析

1. 非预应力筋配筋率对裂缝宽度的影响

非预应力筋配筋率对裂缝宽度的影响如图 7. 36 所示，可以看出，随着荷载的增大，不同非预应力筋配筋率下的试验梁裂缝宽度随之不断增大，在相同的荷载水平下，随着非预应力筋配筋率的提高，预应力自密实再生混凝土梁的裂缝宽度不断减小，这主要是因为随着非预应力筋配筋率的提高，自密实再生混凝土与钢筋的接触面积增大，相同荷载水平的情况下，钢筋与自密实再生混凝土的黏结力增强，从而导致二者的相对滑移减少，裂缝宽度减小。

2. 混凝土类型对裂缝宽度的影响

图 7. 37 所示为预应力自密实再生混凝土梁和预应力普通混凝土梁

裂缝宽度随荷载的变化规律，可以看出，预应力自密实再生混凝土梁和预应力普通混凝土梁的裂缝宽度均随着荷载水平的增大而增大，在相同荷载作用下，预应力普通混凝土梁的裂缝宽度高于预应力自密实再生混凝土梁。

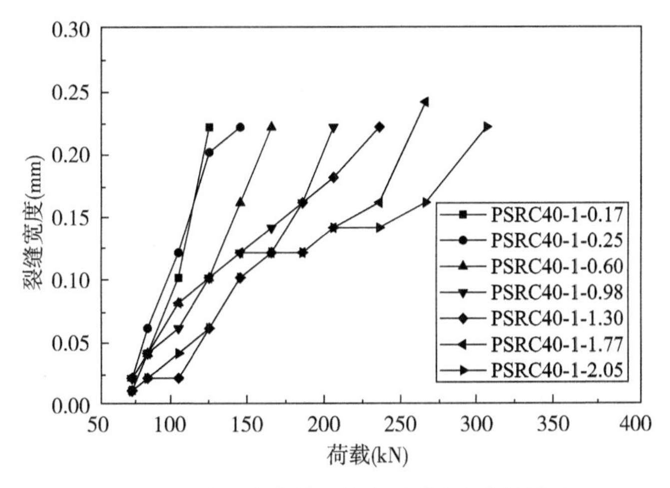

图 7.36 非预应力筋配筋率对裂缝宽度的影响

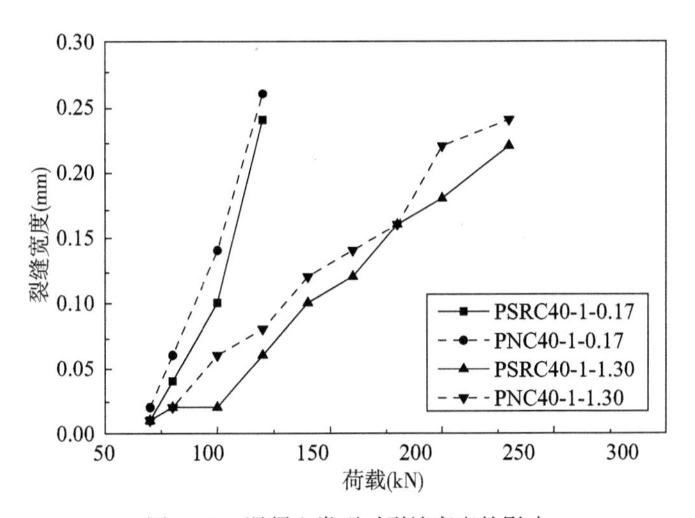

图 7.37 混凝土类型对裂缝宽度的影响

7.7　预应力自密实再生混凝土梁延性分析

7.7.1　延性评价指标

结构构件的延性一般是指在直接荷载和间接荷载作用下，结构和构件的承载力在没有下降的前提下承受变形的能力。在建筑结构设计中，既要保证结构具备足够的承载力，又要考虑结构的延性，两者对于结构安全性同等重要。主要延性指标有位移延性系数、曲率延性系数和耗能延性系数，其中位移延性系数和曲率延性系数更能体现静力荷载作用下构件的延性特征。位移延性系数侧重体现构件的整体延性特征，曲率延性系数侧重体现截面的延性特征。

1. 位移延性系数

传统预应力混凝土梁位移延性系数通常是指在承载力极限状态下和非预应力钢筋屈服时跨中位移的比值，按下式计算：

$$\mu_\Delta = \frac{\Delta_u}{\Delta_y} \tag{7.2}$$

根据四种 FRP 筋预应力混凝土 T 型梁的试验结果，Abdelrahman 等(1995)提出的位移指标如下式所示：

$$\mu_\Delta = \frac{\Delta_f}{\Delta_l} \tag{7.3}$$

式中：Δ_f ——破坏时的位移，mm；

Δ_l ——极限荷载作用下未开裂部分的等效位移，mm。

Dolan 等(2001)探讨了 FRP 筋预应力混凝土桥梁的变形性能，被定义为极限位移与开裂或初始钢筋屈服位移之比，它可以表示为：

$$\mu_\Delta = \frac{\Delta_u}{\Delta_{cr}} \text{或} u_\Delta = \frac{\Delta_u}{\Delta_y} \tag{7.4}$$

邹晓军(2003)将预应力混凝土梁的变形性能指标定义为破坏挠度与首次开裂挠度之比乘以极限弯矩(或荷载)与开裂弯矩(或荷载)之比：

$$\mu_\Delta = \frac{\Delta_u}{\Delta_{cr}} \cdot \frac{M_u}{M_{cr}} \tag{7.5}$$

Tann 等(2004)将位移延性系数定义为：

$$\mu_{\Delta} = \frac{\Delta_{0.95}}{\Delta_s} \tag{7.6}$$

式中：$\Delta_{0.95}$ ——95%峰值荷载对应的位移，mm；

Δ_s ——67%峰值荷载对应的位移，mm。

2. 曲率延性系数

用于常规预应力混凝土的曲率延性系数是指受压区混凝土达到极限压应变时的极限曲率与受拉区非预应力钢筋达到屈服强度时的屈服曲率之比。即：

$$\mu_{\varphi} = \frac{\varphi_u}{\varphi_y} \tag{7.7}$$

Park 和 Paulay(1975)提出，预应力钢筋混凝土截面屈服曲率取受拉钢筋首次屈服时的屈服曲率，可计算为：

$$\varphi_y = \frac{f_y}{E_s(1-k)d} \tag{7.8}$$

式中：$k = \sqrt{\{(\rho+\rho')^2 n^2 + 2[\rho + (\rho' d'/n)]n\}} - (\rho+\rho')n$；

ρ ——受拉钢筋配筋率(%)，$\rho = A_s/(bd)$；

ρ' ——受压钢筋配筋率(%)，$\rho' = A'_s/(bd)$；

$n = E_s/E_c$，E_s 和 E_c 分别为钢筋和混凝土的弹性模量，$\mathrm{N/mm^2}$；

d 和 d' ——受拉钢筋和受压钢筋的有效高度，mm。

基于 Jaeger 等（1997）的工作，加拿大公路桥梁设计规范(CHBDC，2000)提出了截面曲率延性计算公式：

$$\mu_{\varphi} = \frac{\varphi_u}{\varphi_{0.001}} \cdot \frac{M_u}{M_{0.001}} \tag{7.9}$$

式中：φ_u 和 M_u ——极限状态下的曲率($\mathrm{mm^{-1}}$)和弯矩(kN·m)；

$\varphi_{0.001}$ 和 $M_{0.001}$ ——工作状态下对应混凝土最大压应变为 0.001 的曲率($\mathrm{mm^{-1}}$)和弯矩(kN·m)，这个因子对于矩形截面必须大于 4，对于 T 截面必须大于 6。

Dolan 等(2001)将 FRP 筋梁的曲率延性定义为：

$$\mu_{\varphi} = \frac{\varphi_u}{\varphi_s} = \frac{(d-kd)\varepsilon_{\mathrm{FRP-ultimate}}}{\left(d - \frac{\alpha}{\beta_1}\right)\varepsilon_{\mathrm{FRP-service}}} \tag{7.10}$$

式中：d、k、α 和 β_1——几何参数；

φ_s——混凝土拉应力为 $3\sqrt{f_c}$ 时的工作荷载下的曲率，mm^{-1}。

3. 耗能延性系数

常规预应力混凝土梁的耗能延性系数是指梁在极限荷载与屈服荷载下吸收的能量之比(荷载-挠度曲线下的面积)。即：

$$\mu_E = \frac{E_u}{E_y} \tag{7.11}$$

Naaman 和 Jeong(1995)提出了计算适用于 FRP 筋的预应力混凝土梁的耗能延性指数的公式，如下所示：

$$\mu_E = 0.5\left(\frac{E_{\mathrm{tot}}}{E_{\mathrm{el}}} + 1\right) \tag{7.12}$$

式中：E_{tot}——荷载-挠度曲线下直至破坏荷载的面积计算得到的耗能总量；

E_{el}——弹性能，弹性能表示耗能总量的一部分。

Spadea 等(1997)提出了耗能延性的如下表达式：

$$\mu_E = \frac{E_{\mathrm{tot}}}{E_{0.75\mathrm{pu}}} \tag{7.13}$$

式中：$E_{0.75\mathrm{pu}}$——荷载挠度曲线下75%极限荷载处的面积(mm^2)。

Grace 等(1998)利用非弹性能与耗能总量之比来量化预应力混凝土梁的变形能力。根据 Grace 等的研究，如果耗能比大于等于75%，那么梁就会出现延性破坏。

ACI 委员会 440(2001)将耗能延性指数定义为结构达到极限荷载的耗能量(弯矩-曲率曲线下的面积)与处于工作荷载水平耗能量之比，但工作荷载水平没有明确规定。

$$\mu_E = \frac{E_u}{E_{\mathrm{se}}} \tag{7.14}$$

Thomsen 等(2004)定义耗能延性指数为极限荷载对应的耗能总量与受拉钢筋屈服时的系统耗能量的比值为：

$$\mu_E = \frac{E_u}{E_y} \tag{7.15}$$

7.7.2 延性影响因素分析

由式(7.2)~式(7.15)可以看出，提出了几种延性指标的定义。为计算这些参数提供方便，并检验所研究的因素对试验梁延性的影响，采用式(7.2)定义的位移延性系数、式(7.7)定义的曲率延性系数和式(7.11)定义的耗能延性系数计算试验梁延性。

表7.7分别列出了不同混凝土类型、不同非预应力筋配筋率及不同CRI、不同预应力筋根数、不同混凝土强度影响下的预应力混凝土梁位移延性系数(μ_Δ)、曲率延性系数(μ_ϕ)及耗能延性系数(μ_E)。

表7.7 **延性系数计算值**

试验梁编号	μ_Δ	μ_ϕ	μ_E
PSRC40-1-0.17	7.26	9.89	76.5
PSRC40-1-0.25	4.46	4.41	5.49
PSRC40-1-0.60	3.15	2.06	4.22
PSRC40-1-0.98	2.50	1.57	3.72
PSRC40-1-1.30	1.73	1.28	2.39
PSRC40-1-1.77	1.45	1.28	1.75
PSRC40-1-2.05	1.38	0.87	1.65
PNC40-1-0.17	6.14	8.26	74.9
PNC40-1-0.25	3.60	2.60	4.87
PNC40-1-0.60	2.53	2.02	4.14
PNC40-1-0.98	2.05	1.27	2.68
PNC40-1-1.30	1.43	1.14	1.72
PNC40-1-1.77	1.24	1.13	1.44
PNC40-1-2.05	1.24	0.78	1.38

续表

试验梁编号	μ_Δ	μ_ϕ	μ_E
PSRC40-2-0	3.14	2.53	4.56
PSRC40-2-0.35	2.61	1.64	3.79
PSRC40-2-0.60	2.08	—	—
PSRC40-2-0.80	2.32	1.39	3.78
PSRC40-3-0.60	1.20	—	—
PSRC30-1-0.60	1.70	—	—
PSRC50-1-0.60	5.54	—	—

1. 非预应力筋配筋率、混凝土类型对延性系数的影响

图7.38(a)所示为PSRC梁和PNC梁的曲率延性系数与非预应力筋配筋率的关系。可以看出，PSRC梁的曲率延性明显高于PNC梁，但在$0.25 \leqslant \rho_s \leqslant 1.77$范围内，随着$\rho_s$的增大，PSRC梁与PNC梁曲率延性系数之间的差距而逐渐从69.5%减小至11.1%，说明PSRC梁的变形性能要优于PNC梁。另外，与PNC类似，PSRC梁的曲率延性系数随着ρ_s的增大而逐渐减小。

图7.38(b)所示为PSRC梁和PNC梁的位移延性系数与非预应力筋配筋率的关系。可以看出，PSRC梁的位移延性也明显高于PNC梁，同样在$0.25 \leqslant \rho_s \leqslant 1.77$范围内，PSRC梁与PNC梁位移延性系数之间的差距也随着ρ_s的增大逐渐从23.8%减小至5.1%，亦可说明PSRC梁的变形性能较PNC梁要好。与PNC梁相同，PSRC梁的位移延性系数随着ρ_s的增大而逐渐减小，且降幅也随着ρ_s的增大逐渐从44.0%减小至5.1%。

图7.38(c)所示为PSRC梁和PNC梁的耗能延性系数与非预应力筋配筋率的关系。PSRC梁的耗能延性也明显高于PNC梁，同样在$0.25 \leqslant \rho_s \leqslant 1.77$范围内，PSRC梁与PNC梁耗能延性系数之间的差距也随着ρ_s的增大逐渐从38.7%减小至12.9%，亦可说明PSRC梁的变形性能较PNC梁要好。与PNC梁相同，PSRC梁的耗能延性系数随着ρ_s的增大而逐渐减小，且降幅也随着ρ_s的增大逐渐从35.7%减小至6.1%。

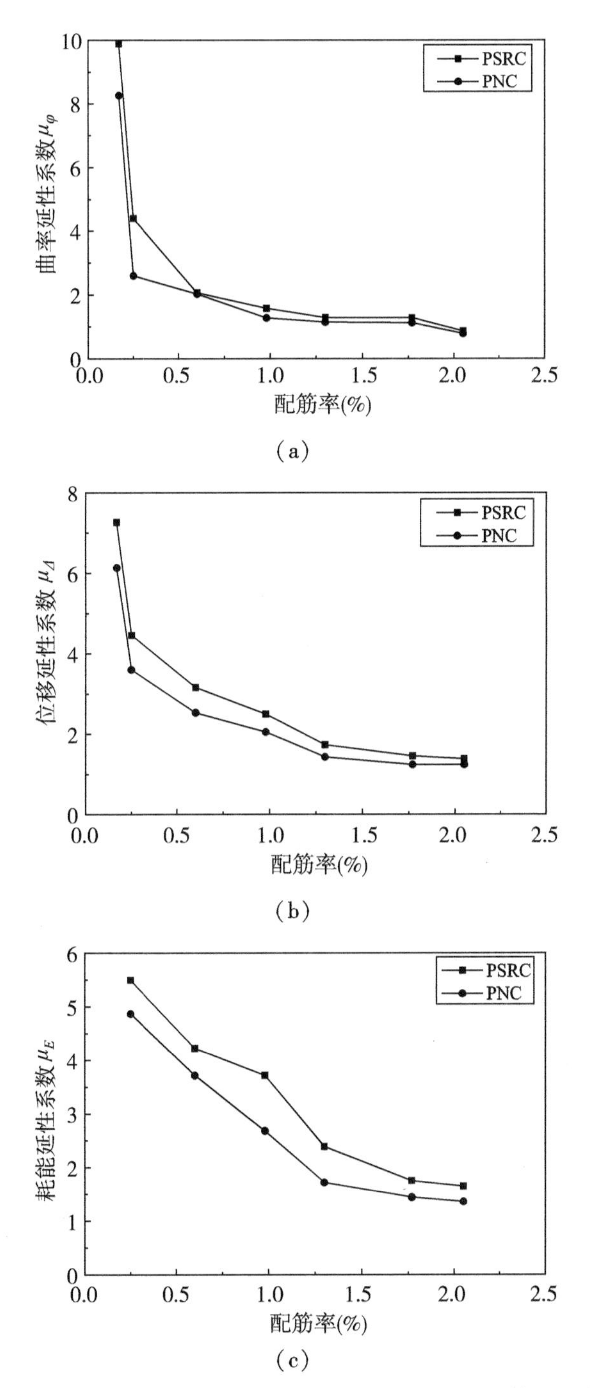

图 7.38 非预应力筋配筋率和混凝土类型对延性系数的影响

2. 综合配筋指数对延性系数的影响

图7.39(a)所示为PSRC梁和PNC梁的曲率延性系数与综合配筋指数的关系。当CRI为0.36时，预应力筋根数$n=2$的梁的曲率延性较预应力筋根数$n=1$的梁偏大60.6%；当CRI为0.42时，预应力筋根数$n=2$的梁的曲率延性较预应力筋根数$n=1$的梁偏大27.7%；当CRI为0.50时，预应力筋根数$n=2$的梁的曲率延性较预应力筋根数$n=1$的梁偏大8.5%。预应力筋根数$n=2$的梁与预应力筋根数$n=1$梁曲率延性系数之间的差距随着CRI的增大逐渐减小，说明预应力筋根数$n=2$的梁的变形性能要优于预应力筋根数$n=1$的梁，且CRI越小越好。与预应力筋根数$n=1$梁类似，预应力筋根数$n=2$的梁的曲率延性系数随着CRI的增大而逐渐减小，且降幅也随着CRI的增大逐渐从35.1%减小至15.3%。

图7.39(b)所示为PSRC梁和PNC梁的位移延性系数与综合配筋指数的关系。当CRI为0.36时，预应力筋根数$n=2$的梁的位移延性较预应力筋根数$n=1$的梁偏大25.9%；当CRI为0.42时，预应力筋根数$n=2$的梁的位移延性较预应力筋根数$n=1$的梁偏大50.3%，当CRI为0.50时，预应力筋根数$n=2$的梁的位移延性较预应力筋根数$n=1$的梁偏大59.6%。预应力筋根数$n=2$的梁与预应力筋根数$n=1$的梁位移延性系数之间的差距也随着CRI的增大逐渐增大，亦可说明预应力筋根数$n=2$的梁的变形性能较预应力筋根数$n=1$的梁要好。与预应力筋根数$n=1$的梁相同，预应力筋根数$n=2$的梁的位移延性系数随着CRI的增大而逐渐减小，且降幅也随着CRI的增大逐渐从17.1%减小至10.9%。

图7.39(c)所示为PSRC梁和PNC梁的耗能延性系数与综合配筋指数的关系。当CRI为0.36时，预应力筋根数$n=2$的梁的耗能延性较预应力筋根数$n=1$的梁偏大22.6%；当CRI为0.42时，预应力筋根数$n=2$的梁的耗能延性较预应力筋根数$n=1$的梁偏大58.4%；当CRI为0.50时，预应力筋根数$n=2$的梁的耗能延性较预应力筋根数$n=1$的梁偏大115.6%。预应力筋根数$n=2$的梁与预应力筋根数$n=1$的梁耗能延性系数之间的差距也随着CRI的增大逐渐增大，亦可说明预应力筋根数$n=2$的梁的变形性能较预应力筋根数$n=1$的梁要好。与预应力筋根数$n=1$的梁相同，预应力筋根数$n=2$的梁的耗

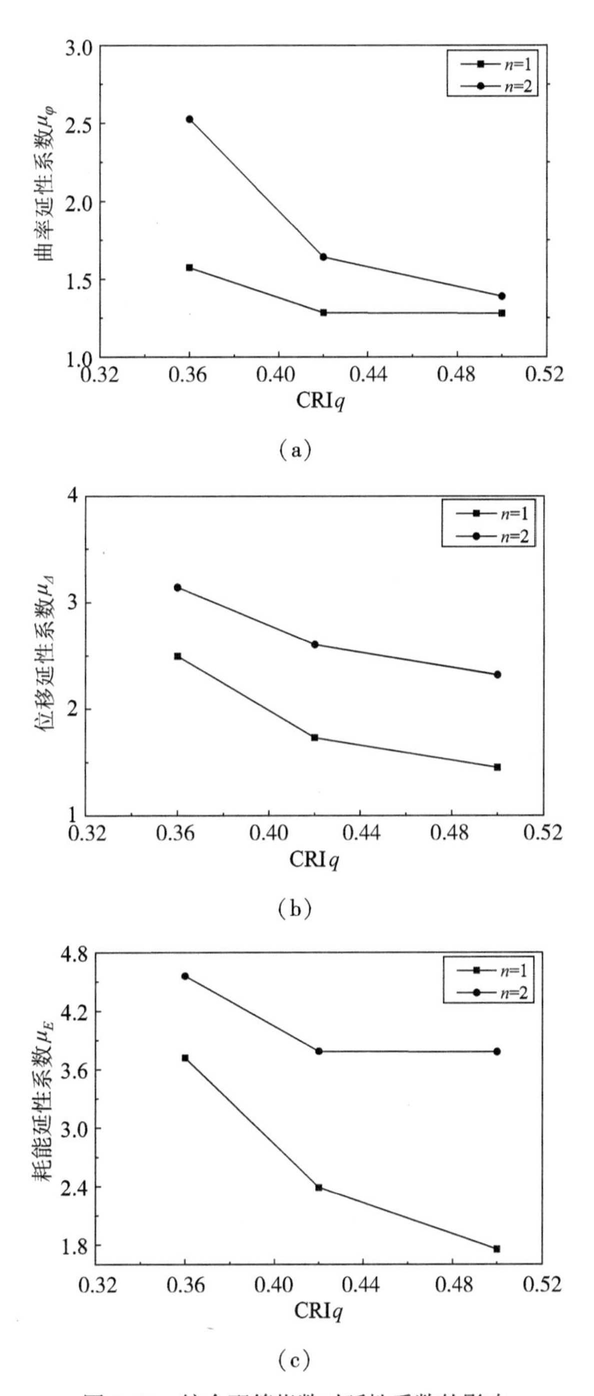

图 7.39 综合配筋指数对延性系数的影响

能延性系数随着 CRI 的增大而逐渐减小，且降幅也随着 CRI 的增大逐渐从 20.4%减小至 0.2%。

3. 混凝土强度对延性系数的影响

图 7.40 所示为混凝土强度对位移延性系数的影响，结合表 7.7，可以看出，随着混凝土强度的提高，试验梁的位移延性系数不断增大，当混凝土强度从 C30 增大到 C40 时，试验梁的位移延性提高了 85.3%；当混凝土强度从 C40 增大到 C50 时，试验梁的位移延性提高了 75.6%，故提高试验梁的混凝土强度能有效地提高其位移延性。

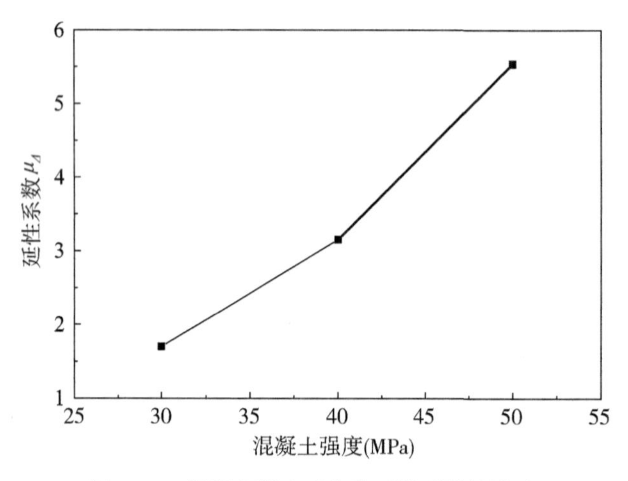

图 7.40　混凝土强度对位移延性系数的影响

4. 预应力筋根数对延性系数的影响

图 7.41 所示为预应力筋根数对位移延性系数的影响，结合表 7.7，可以看出，随着预应力筋根数的增加，试验梁的位移延性系数不断减小，当预应力筋根数从 $n=1$ 增大到 $n=2$ 时，试验梁的位移延性降低了 34.1%；当预应力筋根数从 $n=2$ 增大到 $n=3$ 时，试验梁的位移延性降低了 42.4%，故减小试验梁的预应力筋根数能有效地提高其位移延性。

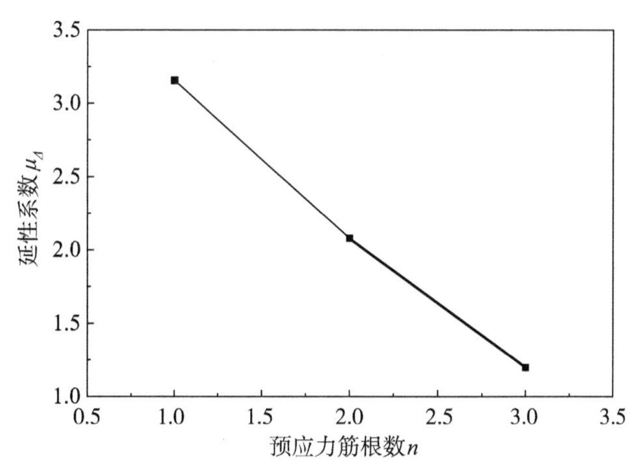

图 7.41　预应力筋根数对位移延性系数的影响

本 章 小 结

本章以非预应力筋配筋率、综合配筋指数、预应力筋根数和混凝土强度为试验参数，对预应力自密实再生混凝土梁进行了受弯性能试验研究，主要得到以下结论：

(1)试验梁均符合平截面假定；预应力自密实再生混凝土梁的破坏形态和荷载-挠度曲线与预应力普通混凝土梁相似；开裂荷载小于预应力普通混凝土梁，开裂荷载与非预应力筋配筋率、CRI 无关，提高预应力筋根数能够显著提高开裂荷载；受弯承载力与预应力普通混凝土梁相当，提高非预应力筋配筋率、CRI、预应力筋根数和混凝土强度均能够有效地增大受弯承载力；极限挠度较预应力普通混凝土梁偏大，提高非预应力筋配筋率、CRI 和预应力筋根数能够减小 PSRC 的极限挠度，但提高混凝土强度能够提高试验梁的极限挠度；裂缝宽度小于预应力普通混凝土梁，裂缝宽度随荷载水平的增大而增大，随着非预应力筋配筋率的提高而减小。

(2)预应力自密实再生混凝土梁的曲率延性系数、位移延性系数和耗能延性系数均明显高于预应力普通混凝土梁，说明预应力自密实再生混凝土梁的变形性能优于预应力普通混凝土梁，延性系数随着 ρ_s 和 CRI 的增大而逐渐减小，提高试验梁的混凝土强度、减小试验梁的预应力筋根数均能有效地提高其位移延性。

参考文献

[1]刘云峰. 预应力自密实再生混凝土梁受弯性能试验研究[D]. 沈阳：沈阳工业大学，2019.

[2]Padmarajaiah S K, Ramaswamy A. Flexural strength predictions of steel fiber reinforced high-strength concrete in fully-partially prestressed beam specimens [J]. Cement and Concrete Composites, 2004, 26(4): 275-290.

[3]Ghallab A. Ductility of Externally Prestressed Continuous Concrete Beams[J]. KSCE Journal of Civil Engineering, 2014, 18(2): 595-606.

[4]Kwan A K H, Au F T K. Flexural strength-ductility performance of flanged beam sections cast of high-strength concrete[J]. The Structural Design of Tall and Special Buildings, 2004, 13(1): 29-43.

[5]Chang Zhaoqun, Xing Guohua, Zhao Jiahua, et, al. Feasibility and flexural behavior of RC beams prestressed with straight unbonded aluminum alloy tendons [J]. Advances in Structural Engineering, 2020, 24(7): 1466-1479.

[6]Rashid M U, Qureshi L A, Tahir M F. Investigating flexural behavior of prestressed concrete girders cast by fibre-reinforced concrete[J]. Advances in Civil Engineering, 2019, 1-11.

[7]Wang Xiaomeng, Petrů M, Jun Ai, et al. Parametric study of flexural strengthening of concrete beams with prestressed hybrid reinforced polymer[J]. Materials, 2019, 12(22).

[8]González J S, Gayarre F L, Pérez C, et al. Influence of recycled brick aggregates on properties of structural concrete for manufacturing precast prestressed beams [J]. Construction and Building Materials, 2017, 149: 507-514.

[9]Li Shiping, Zhang Yibei, Chen Wujun. Bending performance of unbonded prestressed basalt fiber recycled concrete beams[J]. Engineering Structures, 2020, 221, 110937.

[10]Kunieda M, Hussein M, Ueda N, et al. Enhancement of crack distribution of UHP-SHCC under axial tension using steel reinforcement [J]. Journal of Advanced Concrete Technology, 2010, 8(1): 49-57.

[11] Dancygier A N, Karinski Y S, Navon Z. Cracking localization in tensile conventionally reinforcedfibrous concrete bars[J]. Construction and Building Materials, 2017, 149: 53-61.
[12] Sunayana S, Barai S V. Flexural performance and tension-stiffening evaluation of reinforced concrete beam incorporating recycled aggregate and fly ash[J]. Construction and Building Materials, 2018, 174: 210-223.
[13]宋永发，宋玉普．无粘结部分预应力高强混凝土梁延性试验研究[J]. 大连理工大学学报，2002，42(5)：586-589.
[14]宋永发，王清湘，赵国藩，等．部分预应力高强混凝土梁无粘结筋极限应力及承载力的计算方法[J]. 中国公路学报，2000，13(1)：61-64.
[15]张利梅，赵顺波，黄承逵，等．预应力高强混凝土梁延性性能分析与试验研究[J]. 工程力学，2005，22(3)：166-171.
[16]张利梅，赵顺波，黄承逵，等．高效预应力混凝土梁受力性能试验研究[J]. 东南大学学报(自然科学版)，2005，35(2)：288-292.

第8章　预应力自密实再生混凝土梁的设计方法

在第7章中，我们已经对预应力自密实再生混凝土梁的受弯性能进行了试验研究，结果表明，预应力自密实再生混凝土梁在承载力和挠度方面的表现基本能够媲美预应力普通混凝土梁，在延性方面的表现甚至优于预应力普通混凝土梁。本章我们主要通过试验值与中、美以及欧洲各国规范计算值的对比，探讨各国规范对预应力自密实再生混凝土梁的适用性，提供或修订预应力自密实再生混凝土梁的最优设计方法。

8.1　抗裂性能分析

8.1.1　开裂荷载计算方法

1. 我国《混凝土结构设计规范》

依据我国《混凝土结构设计规范》(GB50010—2010)，预应力混凝土梁的开裂分为两个阶段。第一阶段，混凝土梁在施加有效预压应力的作用下，梁体上部受拉，下部受压。随着外荷载的逐渐增加，试验梁截面受拉边缘混凝土的预压应力逐渐减小。当外荷载作用产生的截面受拉边缘拉应力 σ_c 恰好与受拉边缘混凝土的预压应力 σ_{pc} 相互抵消，使试验梁受拉边缘混凝土的应力为零时，梁体处于消压状态，此时外荷载作用产生的弯矩称为消压弯矩。第二阶段，随着外荷载继续施加，梁体上部开始受压，下部开始受拉，当试验梁受拉边缘混凝土的拉应变达到其极限拉应变 ε_{cu} 时，即受拉边缘混凝土的拉应力达到其极限抗拉强度时，试验梁受拉区边缘混凝土开裂，此时相应外荷载作用下产生的截面弯矩值称为开裂弯矩。因此，预应力混凝土梁的开裂弯矩

由消压弯矩 $M_0 = \sigma_{pc} W_0$ 和开裂弯矩 $M_{crc} = \gamma f_{tk} W_0$ 组成，公式如下：

$$M_{cr} = (\sigma_{pc} + \gamma f_{tk}) W_0$$

$$\sigma_{pc} = \frac{N_p}{A_n} \pm \frac{N_p e_{pn}}{I_n} y_n$$

$$\gamma = \left(0.7 + \frac{120}{h}\right) \gamma_m$$

式中：M_{cr} ——预应力混凝土梁正截面开裂弯矩，kN · m；

f_{tk} ——混凝土轴心抗拉强度实测值，MPa；

W_0——换算截面抗裂验算边缘的弹性抵抗矩，mm^3；

γ ——混凝土构件的截面抵抗矩塑性影响系数；

γ_m ——混凝土构件的截面抵抗矩塑性影响系数基本值，对矩形截面，取 $\gamma_m = 1.55$；

h ——混凝土构件截面高度(mm)，当 $h < 400$ 时，取 $h = 400$；

σ_{pc} ——扣除全部预应力损失后，由预加力在抗裂验算边缘产生的混凝土预压应力，MPa。

2. 美国规范、欧洲规范

依据美国规范 ACI318-08 和欧洲规范 EN1992-1-1：2004 对开裂荷载的定义，预应力混凝土梁的开裂弯矩同样由消压弯矩和开裂弯矩两部分组成，其计算公式如下：

$$M_{cr} = (\sigma_{pc} + f_{\Gamma}) \frac{I_{uncr}}{y_t}$$

式中：f_{Γ} ——混凝土的弯曲抗拉强度，MPa；

I_{uncr} ——未开裂截面的惯性矩，mm^4；

y_t ——中和轴至受拉边缘的距离，mm。

8.1.2 规范公式对比

根据中国规范 GB50010—2010、美国规范 ACI318-08 和欧洲规范 EN1992-1-1：2004 提出的公式计算了 PSRC 梁的开裂荷载，并与试验所得实测值进行比较，结果见表 8.1。

表8.1 **计算值与实测值对比**

试验梁编号	实测值（kN）	PRC（kN）	USA（kN）	EU（kN）	实测值 PRC	实测值 USA	实测值 EU
PSRC40-1-0.17	56.03	62.39	58.65	58.60	0.898	0.955	0.956
PSRC40-1-0.25	64.60	62.28	58.46	58.81	1.037	1.105	1.099
PSRC40-1-0.60	61.70	61.82	57.69	59.58	0.998	1.069	1.036
PSRC40-1-0.98	63.65	61.07	57.05	60.28	1.042	1.116	1.056
PSRC40-1-1.30	62.21	60.16	56.47	60.78	1.034	1.102	1.023
PSRC40-1-1.77	62.06	58.90	55.78	61.50	1.054	1.113	1.009
PSRC40-1-2.05	60.34	57.95	55.50	61.88	1.041	1.087	0.975
PSRC40-2-0	102.58	105.19	99.21	97.35	0.975	1.034	1.054
PSRC40-2-0.35	122.41	104.16	91.91	98.05	1.175	1.332	1.248
PSRC40-2-0.60	112.07	103.59	90.46	98.55	1.082	1.239	1.137
PSRC40-2-0.80	112.06	102.97	89.73	98.96	1.088	1.249	1.132
PSRC40-3-0.60	145.68	135.24	118.29	130.27	1.077	1.232	1.118
PSRC30-1-0.60	58.62	60.12	56.82	58.62	0.975	1.032	1.000
PSRC50-1-0.60	58.00	63.85	60.42	62.74	0.908	0.960	0.924
均值					1.028	1.116	1.055
标准差					0.070	0.107	0.083

注：PRC代表按中国规范提供的计算公式得到的计算值；USA代表按美国规范提供的计算公式得到的计算值；EU代表按欧洲规范提供的计算公式得到的计算值。

从表8.1可以看出，PSRC梁的开裂荷载试验值与中国规范GB50010—2010、美国规范ACI318—08和欧洲规范EN1992-1-1：2004得到的计算值之比分别为1.028±0.070、1.116±0.106和1.055±0.071，由此可以看出，中国规范、美国规范和欧洲规范对于PSRC梁开裂荷载的计算结果均与试验结果比较吻合，并且计算值比试验值略小，具有足够的安全储备。因此，采用中国、美国及欧洲规范提供的计算式均可以用于PSRC梁开裂荷载的计算。

8.2 受弯承载力分析

8.2.1 受弯承载力计算方法

为了便于计算试验梁正截面破坏时的受弯承载力，各国都曾对受压区混凝土的应力分布图形提出过简化方法，有矩形、三角形、梯形、抛物线形等，由于矩形应力分布计算简单且与试验符合较好，许多规范均采用此假设。

1. 我国现行规范

我国《公路钢筋混凝土及预应力混凝土桥涵设计规范》(JTGD62—2004)和《混凝土结构设计规范》(GB50010—2010)中规定构件正截面的承载力按下列基本假定进行计算：

(1)构件弯曲后，其截面仍保持为平面。

(2)截面受压混凝土的应力图形简化为矩形，其压力强度取混凝土的轴心抗压强度设计值；截面受拉混凝土的抗拉强度不予考虑。

(3)极限状态计算时，受拉区钢筋应力取其抗拉强度设计值；受压区或受压较大边钢筋应力取其抗压强度设计值。

(4)钢筋应力等于钢筋应变与其弹性模量的乘积，但不大于其强度设计值。纵向受拉钢筋的极限拉应变取为0.01。

预应力自密实再生混凝土梁的正截面受弯承载力按以下公式计算：

$$\alpha_1 f_c bx = f_y A_s - f'_y A'_s + f_{py} A_p$$

若满足：

$$x \leqslant \xi_b h_0$$

$$x \geqslant 2a'$$

则

$$M_u = \alpha_1 f_c bx\left(h_0 - \frac{x}{2}\right) + f'_y A'_s (h_0 - a'_s)$$

若不满足，则

$$M_u = f_{py} A_p (h - a_p - a'_s) + f_y A_s (h - a_s - a'_s)$$

式中：M_u ——受弯构件正截面承载力，kN · m；

f_c——混凝土轴心抗压强度实测值，MPa；

f_y、f_{py}——普通钢筋、预应力筋抗拉强度实测值，MPa；

f'_y——普通钢筋抗压强度实测值，MPa；

$A_s A'_s$——受拉区、受压区纵向普通钢筋的截面面积，mm^2；

A_p——受拉区纵向预应力筋的截面面积，mm^2；

b——矩形截面的宽度，mm；

h、h_0——矩形截面的高度、有效高度，mm；

x——等效矩形应力图形的混凝土受压区高度，mm；

a_s、a_p——受拉区纵向普通钢筋、预应力筋至受拉边缘的距离，mm；

a'_s——受压区纵向普通钢筋合力点至截面受压边缘的距离，mm；

a'——受压区全部纵向钢筋合力点至截面受压边缘的距离，mm；当受压区未配置纵向预应力筋时，a' 用 a'_s 代替；

ξ_b——相对界限受压区高度，取 x_b/h_0；

α_1——混凝土受压区等效应力图形系数，当混凝土强度等级不超过 C50 时，α_1 取为 1.0，当混凝土强度等级为 C80 时，α_1 取为 0.94，其间按线性内插法确定。

2. 美国规范

美国规范 ACI318—08 规定预应力混凝土受弯构件在承载力极限状态时也采用混凝土等效矩形应力分布图，其计算公式与我国规范相类似。

$$0.85f'_c ab = A_{ps}f_{ps} + A_s f_y - A'_s f_y$$

$$M_n = A_{ps}f_{ps}\left(d_p - \frac{a}{2}\right) + A_s f_y\left(d - \frac{a}{2}\right) - A'_s fy\left(d' - \frac{a}{2}\right)$$

式中：f'_c——圆柱体抗压强度(ksi)，0.85 是对 f'_c 的修正，相当于我国的 α_1；

A_{ps}——预应力筋的截面面积，in^2；

f_{ps}——预应力筋的屈服应力，ksi；

d_p——预应力筋重心到构件上边缘的距离，in；

d——非预应力筋重心到构件上边缘的距离，in；

a——混凝土等效矩形应力图的高度，in。

3. 欧洲规范

欧洲规范 EN1992-1-1：2004 中预应力混凝土受弯构件极限承载力按下列公式计算：

$$\eta f_{cd}(\lambda x)b = A_s f_{yd} + A_p f_{py} - A_s \sigma'_s$$

$$M_{Rd} = A_p f_{yd}\left(d_p - \frac{\lambda x}{2}\right) + A_s f_{yd}\left(d - \frac{\lambda x}{2}\right) - A_s \sigma'_s\left(\frac{\lambda x}{2} - d'\right)$$

式中：f_{cd} ——混凝土强度设计值，MPa；

f_{yd} ——非预应力筋强度设计值，MPa；

σ'_s ——上部钢筋应力(MPa)，当 $\sigma'_s \geq f'_{yd}$，取 $\sigma'_s = f'_{yd}$。

8.2.2 规范公式对比

根据上述中、美以及欧洲国家规范提供的公式对 PSRC 梁受弯承载力进行计算，并与试验实测值进行对比，具体见表 8.2。

表 8.2　　**计算值与实测值对比**

试验梁编号	实测值 (kN)	PRC (kN)	USA (kN)	EU (kN)	实测值 PRC	实测值 USA	实测值 EU
PSRC40-1-0.17	138.79	116.02	121.74	130.87	1.196	1.140	1.061
PSRC40-1-0.25	156.90	125.49	131.13	140.87	1.250	1.197	1.114
PSRC40-1-0.60	184.48	169.32	171.65	184.90	1.090	1.075	0.998
PSRC40-1-0.98	234.48	222.80	209.96	227.86	1.052	1.117	1.029
PSRC40-1-1.30	273.28	256.16	242.83	266.17	1.067	1.125	1.027
PSRC40-1-1.77	318.97	288.69	275.25	306.04	1.105	1.159	1.042
PSRC40-1-2.05	349.14	324.24	311.11	352.86	1.077	1.122	0.989
PSRC40-2-0	226.72	195.82	189.92	199.29	1.158	1.194	1.138
PSRC40-2-0.35	271.55	245.81	225.28	229.25	1.105	1.205	1.185
PSRC40-2-0.60	300.86	273.91	249.22	251.50	1.098	1.207	1.196
PSRC40-2-0.80	313.79	295.87	268.90	269.26	1.061	1.167	1.165

续表

试验梁编号	实测值（kN）	PRC（kN）	USA（kN）	EU（kN）	实测值 PRC	实测值 USA	实测值 EU
PSRC40-3-0. 60	335. 34	330. 45	293. 21	342. 90	1. 015	1. 144	0. 978
PSRC30-1-0. 60	178. 45	169. 32	171. 06	184. 57	1. 054	1. 043	0. 967
PSRC50-1-0. 60	201. 72	169. 32	175. 77	187. 32	1. 191	1. 148	1. 077
均值					1. 108	1. 146	1. 069
标准差					0. 064	0. 046	0. 076

从表 8. 2 可以看出，PSRC 梁受弯承载力试验值与中国规范 GB50010—2010、美国规范 ACI318-08 和欧洲规范 EN1992-1-1：2004 得到的计算值之比分别为 1. 108±0. 064、1. 146±0. 046 和 1. 069±0. 076，可见中国规范、美国规范和欧洲规范计算得到的 PSRC 梁的受弯承载力均与试验结果符合较好，并且试验值比计算值偏小，计算值具有一定的安全储备。因此，PSRC 梁可以采用现行中国规范、美国规范和欧洲规范计算受弯承载力。

8. 3　变形分析

8. 3. 1　反拱值计算

1. 反拱及有效预加力的计算

1) 反拱值的计算

预应力混凝土梁的上拱变形又称反拱，是由预加力 N_p 作用引起的，它与外荷载引起的挠度方向相反，对张拉阶段的试验梁而言，外荷载即为试验梁自重。在预加力作用下，预应力混凝土梁的上拱值可根据给定的构件刚度用结构力学的方法计算，故后张法预应力自密实再生混凝土简支梁跨中的反拱值为：

$$\delta_{pe} = \int_0^l \frac{M_{pe} \cdot \overline{M}_x}{\alpha \cdot B_s} \mathrm{d}x = \frac{M_{pe} L^2}{\alpha \cdot B_s}$$

式中：M_{pe} ——由有效预加力在任意截面 x 处所引起的弯矩值，kN · m；

$\overline{M_x}$ ——跨中作用单位力时任意截面 x 处所产生的弯矩值，kN · m；

B_s ——构件弹性刚度(N · mm^2)，计算时按实际受力阶段取值，因试验梁张拉阶段为弹性阶段，故取 $B_s = E_c I_n$；

α ——弹性刚度折减系数；

L ——试验梁的计算跨度，mm。

由试验梁自重引起的下挠度为：

$$f_G = \frac{5M_G L^2}{384B_s}$$

式中：M_G ——由自重在跨中截面处所产生的弯矩值，kN · m。

因试验梁的梁长较短、自重较轻，导致 $f_G \leqslant \delta_{pe}$，故由试验梁自重产生的弯矩可以忽略不计，因此 $f_{总} = \delta_{pe} - f_G \approx \delta_{pe}$。

2)有效预加力的计算

根据试验得到的混凝土受压区应变值，可获得预应力自密实再生混凝土梁的有效预加力为：

$$\sigma = \frac{N_p}{A_n} \pm \frac{N_p e_{pn}}{I_n} y_n = \varepsilon E_c$$

式中：σ ——由预加力产生的混凝土法向应力，MPa；

N_p ——预应力自密实再生混凝土梁的有效预加力，kN；

A_n ——试验梁净截面面积，mm^2；

I_n ——试验梁净截面惯性矩，mm^4；

e_{pn} ——净截面重心至预应力钢筋和普通钢筋合力点的距离，mm；

y_n ——净截面重心至所计算纤维处的距离，mm；

ε ——计算纤维处混凝土的应变值；

E_c ——混凝土的弹性模量，N/mm^2。

2. 刚度折减系数计算

由于 N_p 是考虑第一批预应力损失的预应力筋和普通钢筋的合力，因此试验梁在施加预应力后，在不考虑梁体自重的情况下，得出作用在预应力自密实再生混凝土梁上的等效荷载为：

$$M_p = N_p e_{pn}$$

得到弹性刚度系数表达式为

$$\alpha = \frac{M_p L^2}{8f_{总} B_s}$$

根据上述方法对部分预应力自密实再生混凝土梁的弹性刚度折减系数进行计算，具体计算结果见表 8.3。

表 8.3　　　　弹性刚度折减系数计算结果

试验梁编号	ε_1	ε_2	a (mm)	b (mm)	c (mm)	f (mm)	N_{P1} (kN)	N_{P2} (kN)	α
PSRC40-1-0.17	9.77	15.65	0.03	0.03	0.69	0.67	72.88	116.79	0.868
PSRC40-1-0.60	8.97	14.08	0.02	0.05	0.63	0.59	70.96	111.31	0.878
PSRC40-1-0.98	9.21	13.87	0.01	0.01	0.60	0.59	76.30	114.94	0.859
PSRC40-1-1.30	8.55	12.99	0.01	0.02	0.55	0.53	73.55	111.78	0.891
PSRC40-1-2.05	8.33	13.43	0.07	0.04	0.59	0.54	75.42	121.66	0.894
PSRC40-12-8(1)	17.79	28.43	0.02	0.04	0.49	0.46	69.44	110.94	0.887
PSRC40-14-8(1)	16.87	27.01	0.13	0.08	0.53	0.42	68.64	109.89	0.915
PSRC40-16-8(1)	18.92	28.29	0.13	0.10	0.56	0.45	80.51	120.34	0.893
PSRC40-12-8(2)	19.69	30.56	0.05	0.09	0.58	0.50	94.81	147.16	0.871
PSRC40-12-12(2)	22.29	31.49	0.17	0.01	0.62	0.53	107.1	151.34	0.854
PSRC40-14-8(2)	19.13	30.99	0.03	0.07	0.55	0.50	96.03	155.56	0.879
PSRC40-16-8(2)	16.71	26.03	0.03	0.16	0.53	0.43	87.74	136.63	0.862
平均值									0.879
标准差									0.017

注：ε_1 为第一次张拉混凝土应变，ε_2 为第二次张拉混凝土应变，a 为第二次张拉张拉端位移计实测值，b 为第二次张拉锚固端位移计实测值，c 为第二次张拉跨中位移计实测值，f 为实测反拱值，N_{P1} 为第一次张拉有效预加力，N_{P2} 为第二次张拉有效预加力，α 为弹性刚度折减系数。PSRC40-12-8(1)是尺寸为 140mm×200mm×1600mm、混凝土强度等级为 C40 的预应力自密实再生混凝土梁，其中第二个数字“12”表示纵向受拉钢筋直径，第三个数字“8”表示受压钢筋直径，括号中的数表示试验梁不同的制作批次。

由表 8.3 可以看出，第二次张拉后的有效预加力均大于第一次张拉后的有效预加力，增幅为 41.3%~61.9%，说明使用低回缩锚具及辅助张拉装置结合二次张拉工艺方法，能够有效地降低由于张拉端锚具变形和预应力筋内缩引起的预应力损失。本书经试验所得到的预应力自密实再生混凝土梁的弹性刚度折减系数为 0.854~0.915，姚大立等根据预应力超高强混凝土梁的试验结果所得到的弹性刚度折减系数为 0.998~1.089，张克波根据 A 类预应力混凝土梁及未开裂的 B 类预应力混凝土梁（$M \leqslant M_{cr}$）的试验结果所得到的弹性刚度折减系数为 0.91~1.06，现行中国规范规定的预应力混凝土构件弹性阶段的弹性刚度折减系数为 0.95。通过对比可以看出，本书经试验所得到的弹性刚度折减系数小于姚大立、张克波的试验值及规范规定值，这主要是因为本试验所采用的自密实再生混凝土的弹性模量及抗拉强度均较超高强混凝土及普通混凝土小的缘故。因此，现行规范建议的弹性阶段刚度折减系数不适用于预应力自密实再生混凝土梁，需要对刚度折减系数进行修正。本书得到的试验梁的弹性刚度折减系数的平均值为 $\overline{X}=0.87935$，若取保证率为 95%，则有

$$\alpha = \overline{X} - 1.645\sigma$$

式中：α ——弹性刚度折减系数；

$\overline{X}$ ——试验梁的弹性刚度折减系数平均值；

σ ——标准差。

根据上式得到预应力自密实再生混凝土梁的弹性刚度折减系数修正值 α 为 0.85。

3. 弹性阶段挠度实测值与计算值对比分析

为了验证本书给出刚度计算公式的适用性，对其他 3 根不同设计参数下的预应力自密实再生混凝土梁进行了受弯性能试验，并将弹性阶段的跨中挠度实测值、按照现有规范公式计算值与按本书公式计算值进行对比，其对比结果见表 8.4。

由表 8.4 可知，按规范建议公式所得的计算挠度与实测挠度之比的平均值为 0.899，标准差为 0.050，而按本书建议公式所得的计算挠度与实测挠度之比的平均值为 1.003，标准差为 0.056，说明在预应力自密实再生混凝土梁的任一弹性加载阶段，挠度实测值较按规范公式所得的挠度计算值大，而本书建议公式所得的挠度计算值与实测值符合较好。

表 8.4　　　　**实测挠度与计算挠度比较**

试验梁编号	L_0 (mm)	P_{cr} (kN)	P_k (kN)	f_c		f_s(mm)	f_{c1}/f_s	f_{c2}/f_s
				f_{c1}(mm)	f_{c2}(mm)			
PSRC40-1-0.25	2700	64.6	10	0.336	0.374	0.478	0.702	0.784
			20	0.671	0.749	0.722	0.930	1.038
			30	1.007	1.123	1.127	0.893	0.996
			40	1.342	1.498	1.465	0.916	1.022
			50	1.678	1.872	1.845	0.909	1.014
			60	2.013	2.246	2.192	0.918	1.025
PSRC40-1-1.77	2700	62.06	10	0.305	0.340	0.346	0.880	0.982
			20	0.609	0.680	0.711	0.857	0.956
			30	0.914	1.020	0.975	0.937	1.046
			40	1.218	1.360	1.361	0.895	0.999
			50	1.523	1.699	1.692	0.900	1.005
			60	1.827	2.039	1.950	0.937	1.046
PSRC40-12-12(2)	1400	84.48	10	0.178	0.199	0.202	0.885	0.988
			20	0.357	0.398	0.406	0.879	0.980
			30	0.535	0.597	0.572	0.935	1.043
			40	0.714	0.796	0.795	0.897	1.001
			50	0.892	0.995	0.966	0.923	1.030
			60	1.070	1.194	1.146	0.934	1.042
			70	1.249	1.394	1.338	0.933	1.041
			80	1.427	1.593	1.562	0.913	1.019
平均值							0.899	1.003
标准差							0.050	0.056

注：L_0为计算跨度，P_{cr}为开裂荷载，P_k为工作荷载，f_{c1}为按中国规范建议公式计算挠度，f_{c2}为按本书建议公式计算挠度，f_s为挠度实测值。

8.3.2 跨中挠度计算方法

影响钢筋混凝土受弯构件短期变形的最大因素就是截面的抗弯刚度，由于构成材料的多样性、离散性以及刚度随荷载的变化性等因素，想要精确计算构件的截面刚度难度较大。目前，国内外主流计算挠度的方法主要包括两类：一类是曲率积分法，另一类是最小刚度法。

1. 曲率积分法

曲率积分法，顾名思义，是在构件计算跨度范围内对截面曲率进行积分而计算得到跨中挠度的方法，俄罗斯规范(CII52-101—2003)采用的就是此种方法，积分公式为：

$$f = \int_{x}^{l_0} \overline{M}(x)\varphi(x)\,\mathrm{d}x$$

式中：$\overline{M}(x)$ ——单位荷载在距梁端 x 处产生的弯矩，kN · m；

$\varphi(x)$ ——距梁端 x 处截面的曲率，mm^{-1}。

此种方法计算精度较高，但各截面的曲率不断变化，不易计算。

2. 最小刚度法

最小刚度法假定不考虑剪切变形因素，在受弯构件计算跨度范围内各截面的抗弯刚度均取最大弯矩处的截面刚度，再按照结构力学方法推导得到挠度的计算公式：

$$f = \beta \frac{Ml_0^2}{B_s}$$

式中：β——荷载形式和作用位置的影响系数，本试验取 $\beta=23/216$。

由上式可以看出，影响构件挠度的因素包括荷载特征(大小、形式和作用位置)、构件计算跨度和截面抗弯刚度，其中抗弯刚度是最难分析计算的。目前，国内外计算抗弯刚度的方法归纳起来主要分为三种，分别是有效惯性矩法、解析刚度法和双折直线法，这三种方法又统称为最小刚度法。

1)有效惯性矩法

有效惯性矩法是将构件开裂前的截面惯性矩和钢筋屈服时的开裂截面惯性矩按照开裂荷载占使用荷载的比例折算成介于两者之间的有效惯性矩。计算截面刚度时，不同截面的惯性矩均由有效惯性矩代替。美国规范(ACI318—

11)就是采用有效惯性矩法推导得到刚度计算公式：

$$I_e = \left(\frac{M_{cr}}{M_k}\right)^3 I_g + \left[1 - \left(\frac{M_{cr}}{M_k}\right)^3\right] I_{cr} \leqslant I_0$$

$$B_s = E_c I_e = \left(\frac{M_{cr}}{M_k}\right)^3 \cdot B_0 + \left[1 - \left(\frac{M_{cr}}{M_k}\right)^3\right] \cdot B_{cr}$$

式中：I_e ——有效惯性矩，mm^4；

I_g ——开裂前的截面惯性矩，mm^4；

I_{cr} ——开裂后的截面惯性矩，mm^4；

B_0——构件开裂前的弹性抗弯刚度，$N \cdot mm^2$；

B_{cr} ——构件开裂后的开裂截面抗弯刚度，$N \cdot mm^2$；

B_s ——构件短期抗弯刚度，$N \cdot mm^2$。

2)刚度解析法

刚度解析法是根据构件的几何变形条件和本构关系通过力学平衡推导得到截面的平均刚度。该方法更多应用于计算钢筋混凝土受弯构件的截面抗弯刚度，根据大量试验数据进行回归分析，从而得到平均刚度计算公式：

$$B_s = \frac{E_s A_s h_0}{1.15\psi + 0.2 + 6\alpha_E \rho}$$

3)双折直线法

由挠度的计算公式可知，构件截面抗弯刚度可以看成是构件的荷载-挠度曲线的斜率。那么双折线直线法的计算原理就来源于受弯构件的荷载-挠度(曲率)曲线，该方法假定荷载-挠度曲线大致成两段直线，受弯构件开裂前，构件全截面的受力近似线弹性，挠度曲线近似直线，抗弯刚度近似恒定，此阶段的截面抗弯刚度为 B_0。以开裂荷载 M_{cr} 为转折点，荷载-挠度曲线发生转折，曲线斜率减小。随着裂缝的产生和发展，挠度呈非线性增加，构件截面抗弯刚度逐渐减小。由于构件开裂后的截面抗弯刚度变化过程较为复杂，为了简化计算，假定此阶段的开裂截面抗弯刚度为 B_{cr}。我国现行规范 GB 50010—2010、JTGD62—2004、《无黏结预应力混凝土结构技术规程》(JGJ 92—2004)、《预应力混凝土结构设计规范》(JGJ369—2016)，以及欧洲规范 BS EN1992-1-1：2004 等，均是以双折直线法建立的刚度计算公式。本试验绘制的荷载-挠度曲线因设计变量不同而略有差异，但均呈现明显的双折直线特征，因此采用双折直线法计算部分预应力混凝土梁的截面抗弯刚度是合理的。

现行《混凝土结构设计规范》(GB50010—2010)规定对不出现裂缝构件的短期刚度，考虑混凝土材料特性统一取为：

$$B_s = 0.85E_cI_0$$

而《公路钢筋混凝土及预应力混凝土桥涵设计规范》(JTGD62—2004)规定的对不出现裂缝构件的短期刚度为：

$$B_s = 0.95E_cI_0$$

本书对张拉阶段弹性刚度折减系数的修正，取 $\alpha=0.85$。

对实用阶段已出现裂缝的预应力混凝土受弯构件，假定弯矩与曲率(弯矩与挠度)曲线是由双折直线组成，双折直线的交点位于开裂荷载 M_{cr} 处，则可求得短期刚度的基本公式为：

$$B_s = \frac{E_cI_0}{\dfrac{1}{\beta_{0.4}} + \dfrac{\dfrac{M_{\mathrm{cr}}}{M_k} - 0.4}{0.6}\left(\dfrac{1}{\beta_{cr}} - \dfrac{1}{\beta_{0.4}}\right)}$$

式中：M_{cr} ——截面的开裂弯矩，kN · m；

M_k ——不同荷载水平下的最大弯矩，kN · m；

$\beta_{0.4}$ 和 β_{cr} —— $M_{\mathrm{cr}}/M_k = 0.4$ 和 1.0 时的刚度降低系数，对 β_{cr}，可取为 0.85，对 $1/\beta_{0.4}$，根据试验资料分析，取拟合的近似值，规范给出的公式为：

$$\frac{1}{\beta_{0.4}} = \left(0.8 + \frac{0.15}{\alpha_E\rho}\right)(1 + 0.45\gamma_f)$$

将 β_{cr} 和 $1/\beta_{0.4}$ 代入上述公式，并经适当调整后即得规范公式，具体表示为：

$$B_s = \frac{0.85E_cI_0}{\kappa_{\mathrm{cr}} + (1 - \kappa_{\mathrm{cr}})\omega}$$

$$\kappa_{\mathrm{cr}} = \frac{M_{\mathrm{cr}}}{M_k}$$

$$\omega = \left(1.0 + \frac{0.21}{\alpha_E\rho}\right)(1 + 0.45\gamma_f) - 0.7$$

式中：α_E ——普通钢筋弹性模量与混凝土弹性模量的比值，即 E_s/E_c；

ρ ——纵向受拉钢筋配筋率(%)，对预应力混凝土受弯构件，取为

$(\alpha_1 A_p + A_s)/(bh_0)$，对灌浆的后张预应力筋，取 $\alpha_1 = 1.0$；

κ_{cr}——预应力混凝土受弯构件正截面的开裂弯矩与弯矩的比值，当 $\kappa_{cr} > 1.0$ 时，取 $\kappa_{cr} = 1.0$；

I_0——换算截面惯性矩，mm^4。

欧洲规范 EN1992-1-1：2004 以双折直线法建立的挠度变形计算公式为：

$$\alpha = \zeta\alpha_{11} + (1 - \zeta)\alpha_1$$

$$\zeta = 1 - \beta\left(\frac{M_{cr}}{M}\right)^2$$

式中：α——所考虑的变形参数，取为挠度，mm；

α_1、α_{11}——未开裂和完全开裂状态下计算的参数值；

ζ——考虑截面拉伸硬化的系数；

β——考虑荷载持续时间或反复荷载对平均应变影响的系数；

8.3.3　规范公式对比

根据上述规范提供的挠度计算公式对预应力自密实再生混凝土梁的工作挠度进行计算，并于试验实测值进行对比，具体见表 8.5。

表 8.5　**计算值与实测值对比**

试验梁编号	实测值（mm）	PRC（mm）	USA（mm）	EU（mm）	PRC 实测值	USA 实测值	EU 实测值
PSRC40-1-0.17	5.41	6.62	5.13	8.02	1.223	0.948	1.587
PSRC40-1-0.25	5.51	7.94	6.61	6.65	1.441	1.199	1.715
PSRC40-1-0.60	6.34	7.33	7.27	4.84	1.157	1.146	1.251
PSRC40-1-0.98	6.88	8.12	8.34	4.64	1.180	1.213	1.224
PSRC40-1-1.30	8.09	8.34	8.68	4.81	1.031	1.073	1.062
PSRC40-1-1.77	8.81	8.12	8.77	5.12	0.921	0.996	0.972
PSRC40-1-2.05	8.92	8.16	9.00	5.41	0.915	1.009	0.982
PSRC40-2-0	6.26	8.47	7.50	7.34	1.353	1.198	1.151

续表

试验梁编号	实测值（mm）	PRC（mm）	USA（mm）	EU（mm）	PRC 实测值	USA 实测值	EU 实测值
PSRC40-2-0.35	7.58	9.48	9.75	6.59	1.251	1.286	1.114
PSRC40-2-0.60	7.89	9.37	10.03	6.26	1.187	1.271	1.081
PSRC40-2-0.80	7.85	9.07	9.79	6.13	1.156	1.247	1.065
PSRC40-3-0.60	8.32	8.15	9.27	7.50	0.979	1.114	0.997
PSRC30-1-0.60	6.52	7.85	7.00	4.77	1.203	1.073	1.167
PSRC50-1-0.60	7.47	8.04	7.80	5.00	1.076	1.044	1.168
均值					1.148	1.130	1.181
标准差					0.147	0.105	0.210

从表8.5可以看出，中国规范GB50010—2010、美国规范ACI318—08和欧洲规范EN1992-1-1：2004计算得到的工作挠度与试验值之比分别为1.148±0.147、1.130±0.105和1.181±0.210，可见，中、美、欧规范计算的工作挠度均与实测结果比较符合，且计算值比试验值偏大，具有足够的安全储备；而从计算标准差来看，欧洲规范EN1992-1-1：2004的计算结果离散程度较大，美国规范ACI318—08计算精度最高。因此，中国规范、美国规范和欧洲规范均可以用于计算PSRC梁的工作挠度。

8.4 裂缝宽度分析

8.4.1 裂缝计算理论

目前，对于混凝土受弯构件裂缝的产生机理、影响裂缝宽度的因素等问题，国内外进行了大量的试验和理论研究，提出了多种不同的计算裂缝的理论，并根据这些理论提出了不同的计算方法，归纳起来主要包括：黏结滑移理论、无滑移理论、黏结滑移-无滑移理论以及基于试验的数理统计方法。

1. 黏结滑移理论

黏结滑移理论是最早提出的裂缝计算理论，称为经典计算理论。黏结滑移理论认为裂缝控制主要取决于钢筋和混凝土之间的黏结性能，钢筋应力是通过钢筋与混凝土之间的黏结应力传递给混凝土的。当混凝土开裂后，钢筋与混凝土之间就会产生相对滑移，两者的变形不一致导致裂缝开展。黏结滑移理论假定混凝土构件表面裂缝宽度与钢筋表面处的裂缝宽度一致。因此，在两条裂缝间距的区段内，钢筋和混凝土的伸长之差就是平均裂缝宽度。

2. 无滑移理论

无滑移理论认为在允许的裂缝宽度范围内，钢筋与混凝土之间的黏结应力并没有被破坏，两者之间的相对滑移可以忽略不计，并且假定钢筋表面处的裂缝宽度比混凝土构件表面裂缝宽度小得多。那么，混凝土构件表面裂缝宽度是由钢筋表面处至构件表面的应变梯度控制的，即裂缝宽度与距钢筋的距离成正比。影响裂缝宽度的主要因素是混凝土保护层厚度，表面裂缝宽度主要是由钢筋周围的混凝土受力变形不均匀形成的，因此可使用弹性理论方法计算钢筋与某部位的应变差来确定该处的裂缝宽度。

3. 黏结滑移-无滑移理论

黏结滑移理论和无滑移理论分别描述了构件混凝土裂缝机理的两种极端情况，而裂缝的真实情况则介于两种状态之间，各研究者进行的相关试验证明了钢筋与混凝土之间相对滑移的存在，同时也证明了裂缝宽度在钢筋表面处最小，在构件表面处最大，这也为黏结滑移-无滑移理论提供了有力的试验依据。黏结滑移-无滑移理论是将黏结滑移理论和无滑移理论进行综合而得来的，它既考虑了应变梯度的影响，又考虑了钢筋与混凝土之间可能出现的相对滑移，可见黏结滑移-无滑移理论更为合理。

4. 数理统计方法

数理统计方法是1968年美国学者Gergely-lutz首先提出的，他们对6组受弯构件裂缝试验数据进行统计分析来确定各影响因素的重要性。对各变量进行多种组合后发现很难得出适用于所有数据的公式，但研究发现，影响裂缝宽度的主要因素有：受拉混凝土的有效截面面积、钢筋数量、侧面或底部混凝土保护层厚度、钢筋到受拉面的应变梯度和钢筋应力，其中钢筋应力是最主要的影响因素。

我国现行规范 GB50010—2010 正是基于黏结滑移-无滑移理论建立的预应力混凝土构件最大裂缝宽度计算公式，首先以平均裂缝间距为基础，推导得到平均裂缝宽度，再通过引入各种扩大系数来考虑裂缝的概率分布特性和长期作用的影响，从而得到最大裂缝宽度计算公式。

8.4.2 最大裂缝宽度计算方法

1. 中国规范

1)平均裂缝间距

在大量试验数据统计分析的基础上，并考虑了工程实践经验，我国现行规范 GB50010—2010 提出了配置带肋钢筋混凝土构件的平均裂缝间距 l_{cr} 的计算公式：

$$l_{cr} = \beta\left(1.9c_s + 0.08\frac{d_{eq}}{\rho_{te}}\right)$$

$$d_{eq} = \frac{\sum n_i d_i^2}{\sum n_i v_i d_i}$$

$$\rho_{te} = \frac{A_s + A_p}{A_{te}}$$

式中：β——考虑构件受力特征的系数，对于受弯构件，取 $\beta = 1.0$；

c_s——最外层纵向受拉钢筋外边缘至受压区底边的距离(mm)，当 c_s<20mm时取 c_s=20mm，当 c_s>65mm 时取 c_s=65mm；

d_{eq}——受拉区纵向受拉钢筋的等效直径(mm)，对于有黏结后张构件，为纵向受拉的非预应力钢筋和预应力钢筋的等效直径；

ρ_{te}——按有效受拉混凝土截面面积计算的纵向受拉钢筋配筋率，当 $\rho_{te} < 0.01$ 时，取 $\rho_{te} = 0.01$；

A_s——受拉区纵向非预应力钢筋截面面积，mm^2；

A_p——受拉区纵向预应力钢筋截面面积，mm^2；

A_{te}——有效受拉混凝土截面面积(mm^2)，对矩形截面的受弯构件，取 $A_{te} = 0.5bh$。

2)平均裂缝宽度

平均裂缝宽度 ω_m 由裂缝间纵向受拉钢筋的平均伸长 $\varepsilon_{sm}l_{cr}$ 与裂缝间混凝土纵向纤维的平均伸长 $\varepsilon_{cm}l_{cr}$ 之差求得，即：

$$\omega_m = (\varepsilon_{sm} - \varepsilon_{cm})l_{cr} = \varepsilon_{sm}\left(1 - \frac{\varepsilon_{cm}}{\varepsilon_{sm}}\right)l_{cr}$$

式中：ε_{cm} ——受拉混凝土平均应变；

ε_{sm} ——受拉钢筋平均应变；

l_{cr} ——裂缝平均间距，mm。

令

$$\alpha_c = 1 - \frac{\varepsilon_{cm}}{\varepsilon_{sm}},\ \psi = \frac{\varepsilon_{sm}}{\varepsilon_s} = \varepsilon_{sm}\frac{E_s}{\sigma_{sk}}$$

则有

$$\varepsilon_{sm} = \psi\frac{\sigma_{sk}}{E_s}$$

式中：E_s ——钢筋弹性模量，N/mm^2；

σ_{sk} ——在荷载标准值作用下，开裂截面受拉钢筋应力，MPa；

ψ ——裂缝间纵向受拉钢筋应变不均匀系数。

整理可得：

$$\omega_m = \alpha_c\psi\frac{\sigma_{sk}}{E_s}l_{cr}$$

3)纵向受拉钢筋应变不均匀系数 ψ

由于钢筋与混凝土之间存在黏结应力，距离裂缝截面越远的混凝土参与受拉工作更多，则钢筋的应力越小；反之，距离裂缝截面越近的混凝土逐渐退出工作，则钢筋的应力逐渐增大。因此，裂缝间的纵向受拉钢筋应变不均匀系数 ψ 反映的是裂缝间混凝土参与受拉工作的程度。即：

$$\psi = 1.1 - 0.65\frac{f_{tk}}{\rho_{te}\sigma_{sk}}$$

4)最大裂缝宽度

最大裂缝宽度 ω_{max} 由平均裂缝宽度 ω_m 乘以扩大系数 τ_s 及 τ_l 得出：

$$\omega_{max} = \tau_s\tau_l\omega_m = \tau_s\tau_l\alpha_c\psi\frac{\sigma_{sk}}{E_s}l_{cr}$$

式中：τ_s——加载时刻的最大裂缝宽度与平均裂缝宽度的比值，它反映了混凝土的不匀质性，因为即使在纯弯段，裂缝开展也有先有后，有大有小。

另外，构件长期使用后，由于受拉区混凝土的收缩、受压区混凝土的徐变、钢筋与混凝土的黏结滑移徐变、荷载持续作用以及外界环境变化等原因，使裂缝宽度又会进一步增大，一般在3年后，裂缝宽度才趋于稳定，故最终的最大裂缝宽度应再乘以长期使用影响的扩大系数τ_l。根据试验实测数据，一般认为可取$\alpha_c = 0.85$，$\tau_s = 1.66$，$\tau_l = 1.5$。

令$\alpha_{cr} = \tau_s \tau_l \alpha_c \beta$，称为构件受力特征系数，对预应力混凝土受弯构件，取$\alpha_{cr} = 1.7$，从而规范按荷载效应的标准组合并考虑长期作用影响的最大裂缝宽度公式为：

$$\omega_{max} = \alpha_{cr} \psi \frac{\sigma_{sk}}{E_s} \left(1.9 c_s + 0.08 \frac{d_{eq}}{\rho_{te}} \right)$$

2. 美国规范

美国规范ACI318—08采用的最大裂缝宽度计算公式是在大量试验结果统计分析的基础上提出的，如下：

$$w_{max} = 2 \frac{f_s}{E_s} \beta \sqrt{d_c^2 + \left(\frac{s}{2} \right)^2}$$

式中：ω_{max}——裂缝最大宽度(0.001in)；

β——受拉表面至中和轴与钢筋中心只中和轴距离之比；

f_s——钢筋应力，ksi；

d_c——从受拉表面至最靠近该面的钢筋中心距离，in；

s——最大钢筋间距。

3. 欧洲规范

欧洲规范EN1992-1-1：2004中采用特征裂缝宽度验算混凝土构件的裂缝，特征裂缝宽度的计算公式为：

$$\omega_k = s_{r,\ max} (\varepsilon_{sm} - \varepsilon_{cm})$$

式中：ω_k——裂缝宽度特征值，mm：

$s_{r,\ max}$——裂缝最大间距，mm：

ε_{sm}——钢筋平均应变；

ε_{cm}——裂缝件混凝土的平均应变。

8.4.3 最大裂缝宽度分析

根据上述裂缝宽度计算公式对预应力自密实再生混凝土梁工作荷载作用下的最大裂缝宽度进行计算，并与试验实测值进行对比，具体见表 8.6。

表 8.6　　　　计算值与实测值对比

试验梁编号	实测值（mm）	PRC（mm）	USA（mm）	EU（mm）	建议值（mm）	PRC 实测值	USA 实测值	EU 实测值	建议值 实测值
PSRC40-1-0.17	0.18	0.25	0.18	0.33	0.17	1.387	0.976	1.808	0.925
PSRC40-1-0.25	0.18	0.23	0.16	0.29	0.17	1.275	0.906	1.635	0.940
PSRC40-1-0.60	0.16	0.20	0.15	0.19	0.17	1.267	0.964	1.159	1.046
PSRC40-1-0.98	0.14	0.18	0.15	0.16	0.16	1.287	1.096	1.169	1.150
PSRC40-1-1.30	0.14	0.16	0.16	0.15	0.15	1.177	1.123	1.086	1.105
PSRC40-1-1.77	0.14	0.17	0.16	0.14	0.17	1.230	1.121	0.975	1.202
PSRC40-1-2.05	0.12	0.15	0.18	0.13	0.15	1.255	1.497	1.106	1.215
PSRC40-2-0	0.14	0.18	0.17	0.23	0.13	1.285	0.752	1.027	0.903
PSRC40-2-0.35	0.12	0.14	0.19	0.21	0.13	1.184	1.594	1.712	1.090
PSRC40-2-0.60	0.16	0.18	0.18	0.19	0.15	1.094	1.097	1.157	0.943
PSRC40-2-0.80	0.18	0.20	0.18	0.17	0.18	1.131	0.987	0.954	1.016
PSRC40-3-0.60	0.12	0.19	0.21	0.20	0.17	1.614	1.744	1.640	1.445
PSRC30-1-0.60	0.14	0.20	0.15	0.18	0.16	1.436	1.102	1.278	1.160
PSRC50-1-0.60	0.16	0.19	0.15	0.20	0.15	1.181	0.961	1.255	0.943
均值						1.272	1.137	1.283	1.077
标准差						0.130	0.270	0.078	0.145

从表 8.6 可以看出，中国规范 GB50010—2010、美国规范 ACI318-08 和欧

洲规范 EN1992-1-1：2004 计算的 PSRC 梁的最大裂缝宽度与试验结果之比分别为 1.284±0.133、1.137±0.270 和 1.288±0.062，表明各国规范计算的裂缝宽度虽然比较安全，但都比较保守，各国规范并不能准确地预测 PSRC 梁的最大裂缝宽度。因此，需要进一步改进规范给出的最大裂缝宽度公式，以更准确地预测 PSRC 梁的最大裂缝宽度。

根据现行中国规范 GB50010—2010 给出的最大裂缝宽度计算公式，基于 PSRC 梁裂缝宽度实测数据进行修正。

本书参考规范中平均裂缝间距的计算模式，根据各试验梁平均裂缝间距实测值进行拟合，获得预应力自密实再生混凝土梁的平均裂缝间距计算公式为：

$$l_m^R = 3.29c_s + 0.03\frac{d_{\mathrm{eq}}}{\rho_{\mathrm{te}}}$$

将修正后的平均裂缝间距拟合式代入最大裂缝宽度计算式，得到自密实再生混凝土梁的裂缝宽度公式：

$$\omega_{\max} = \alpha_{\mathrm{cr}}\psi\frac{\sigma_{\mathrm{sk}}}{E_s}\left(3.29c_s + 0.03\frac{d_{\mathrm{eq}}}{\rho_{\mathrm{te}}}\right)$$

根据修正后的建议最大裂缝宽度公式计算了 PSRC 梁的工作荷载作用下的裂缝宽度，由表 8.6 可知，建议最大裂缝宽度公式计算值与实测值之比为 1.077±0.145，说明该公式的计算结果与试验值符合较好，且离散性较小。因此，本书建议的最大裂缝宽度公式对预应力自密实再生混凝土受弯构件具有较好的适用性。

本章小结

本章验证了现行中国、美国及欧洲规范提供的开裂荷载计算公式、受弯承载力计算公式、短期刚度计算公式和最大裂缝宽度计算公式对预应力自密实再生混凝土梁的适用性，其中，中美欧规范提供的开裂荷载计算式、受弯承载力计算式以及短期挠度计算公式均可以用于预应力自密实再生混凝土梁的计算；而对于预应力自密实再生混凝土梁的最大裂缝宽度计算，中国规范、美国规范和欧洲规范均过于保守，因此基于实测结果提出了最大裂缝宽度建议公式。

参考文献

[1]贡金鑫，魏巍巍，胡家顺．中美欧混凝土结构设计[M]．北京：中国建筑工业出版社，2007.

[2]姚大立，刘云峰，余芳．预应力自密实再生混凝土梁弹性阶段挠度计算[J]．沈阳工业大学学报，2020，42(3)：355-360.

[3]叶见曙．结构设计原理[M]．第 3 版．北京：人民交通出版社，2014.

[4]林同炎．预应力混凝土结构设计[M]．第 3 版．北京：中国铁道出版社，1993.

[5]姚大立，余芳，鲍文博，等．试验用超短预应力梁的预应力锚具及其张拉工艺[P]．中国专利：CN104453100A，2015-03-25.

[6]姚大立，贾金青，涂兵雄，等．预应力超高强混凝土梁弹性刚度分析[J]．武汉理工大学学报(交通科学与工程版)，2013，37(1)：74-76.

[7]张克波．静载和疲劳荷载作用下 PPC 受弯构件的挠度[J]．长沙交通学院学报，1990(4)：59-68.

[8]叶强．再生粗骨料钢筋混凝土梁弯曲刚度试验研究[D]．南京：南京航空航天大学，2008.

[9]杨桂新，吴瑾，叶强．再生粗骨料钢筋混凝土梁短期刚度研究[J]．土木工程学报，2010，43(2)：55-63.

[10]周建民，陈硕，王晓锋，等．高强钢筋混凝土梁短期变形计算方法研究[J]．同济大学学报(自然科学版)，2013，41(4)：503-509.

[11]杜进生，刘西拉．无黏结部分预应力混凝土梁的挠度、裂缝宽度计算[J]．中国公路学报，2000，13(4)：70-74.

[12]王凌波．在役预应力梁桥残余承载力评估方法研究[D]．西安：长安大学，2011.

[13]周博．预应力混凝土梁开裂后刚度模型研究[D]．西安：长安大学，2010.

[14]卢树圣．现代预应力混凝土理论与应用[M]．北京：中国铁道出版社，2000.

[15]过镇海，时旭东．钢筋混凝土原理与分析[M]．北京：清华大学出版社，2003.

[16]周建民，陈硕，王晓锋，等．高强钢筋混凝土梁短期变形计算方法研究

[J]. 同济大学学报(自然科学版), 2013, 41(4): 503-509.
[17] Fang Yu, Min Wang, Dali Yao, et al. Experimental research on flexural behavior of post-tensioned self-ompacting concrete beams with recycled coarse aggregate[J]. Construction and Building Materials, 2023, 377: 131098.